貓頭鷹書房

有些書套著嚴肅的學術外衣，但內容平易近人，非常好讀；有些書討論近乎冷僻的主題，其實意蘊深遠，充滿閱讀的樂趣；還有些書大家時時掛在嘴邊，但我們卻從未看過……

如果沒有人推薦、提醒、出版，這些散發著智慧光芒的傑作，就會在我們的生命中錯失——因此我們有了**貓頭鷹書房**，作為這些書安身立命的家，也作為我們智性活動的主題樂園。

貓頭鷹書房——智者在此垂釣

內容簡介

藍鯨，地球上最大的動物，最大的藍鯨比最大的恐龍還重三倍以上；牠的聲音可以在深海中穿越一千多公里，呼喚浩瀚海洋中的同伴。藍鯨是地球上最神祕的動物，然而人類卻在還不知道藍鯨的習性之前，就把南極最大的鯨群，從三十三萬多隻獵殺到剩下六百多隻！本書作者柏托洛帝展開三年追尋藍鯨謎團的旅程，他秉持對自然的好奇心和疑問，加上走訪幾位捕鯨船上重量級砲手與捕鯨人，以及科學家不畏險阻得到的研究資訊，轉化為深刻幽默的文字，娓娓道出悲慘血腥的捕鯨史、詳細描繪你我今生也許無緣親眼見到的藍鯨祕辛，以及身為「萬物之靈」的人類如何牽動藍鯨的命運。

作者簡介

柏托洛帝（Dan Bortolotti）於一九六九年出生於多倫多，他對藍鯨的好奇心，是從編輯一系列野生生物保育童書開始的。他看到一位作者寫道：「人類對藍鯨的未知遠遠超過已知。」短短一句話給了他大大的震撼。為什麼我們對藍鯨了解這麼少？這麼大的動物怎麼會這麼難了解？後來他才明白研究大型鯨類有多困難，也深深景仰克服這些難關的科學家。於是他花了三年時間追尋世界上最大生物——藍鯨的謎團。他是一位記者，撰寫的報導刊登在北美二十幾家刊物上。

譯者簡介

龐元媛，台灣師範大學翻譯研究所畢業，台灣師範大學翻譯研究所、輔仁大學翻譯學研究所聯合專業考試及格，現為專職譯者。譯有《芳香藥草：對症下藥的自然療癒》、《圖解貓咪大百科》、《別當政治門外漢》、《記憶之塵：朱利安戰記》等書。

貓頭鷹書房 231

藍鯨誌

Wild Blue

A Natural History of the World's Largest Animal

柏托洛帝◎著

龐元媛◎譯

貓頭鷹

貓頭鷹書房 231　　ISBN 978-986-120-291-4

藍鯨誌

作　　者　柏托洛帝（Dan Bortolotti）
譯　　者　龐元媛
企畫選書／責任編輯　陳怡琳
協力編輯　林婉華
校　　對　魏秋綢
美術編輯　謝宜欣
封面設計　林宜賢
封面繪圖　張靖梅
總 編 輯　謝宜英
社　　長　陳穎青
出 版 者　貓頭鷹出版
發 行 人　涂玉雲
發　　行　英屬蓋曼群島商家庭傳媒股份有限公司城邦分公司
104台北市民生東路二段141號2樓
劃撥帳號：19863813；戶名：書虫股份有限公司
購書服務信箱：service@readingclub.com.tw
購書服務專線：02-25007718~9（周一至周五上午09:30-12:00；下午13:30-17:00）
24小時傳真專線：02-25001990~1
香港發行所　城邦（香港）出版集團　電話：852-25086231／傳真：852-25789337
馬新發行所　城邦（馬新）出版集團　電話：603-90563833／傳真：603-90562833
印　　刷　成陽印刷股份有限公司
初　　版　2010年10月

定　　價　新台幣360元／港幣120元

讀者意見信箱　owl @cph.com.tw
貓頭鷹知識網　http://www.owls.tw
歡迎上網訂購；
大量團購請洽專線(02) 2500-7696轉2729

城邦讀書花園
www.cite.com.tw

國家圖書館出版品預行編目資料

藍鯨誌／柏托洛帝（Dan Bortolotti）著；
龐元媛譯. -- 初版. -- 臺北市：貓頭鷹出版：
家庭傳媒城邦分公司發行, 2010.10
面；　公分. -- (貓頭鷹書房；231)
譯自：Wild Blue : A Natural History of the World's Largest Animal
ISBN 978-986-120-291-4（平裝）

1. 鬚鯨亞目

389.76　　99016294

■導讀

願與海洋巨人和諧共存

周蓮香

人類一向擁有對「巨大」事物憧憬的天性，這種憧憬，有時可以幻化成超然的力量，完成幾乎不可能的任務。人類和藍鯨之間的邂逅與交手就是一個好例子。

本書作者以歷史考證的精準手法，翔實又生動的記述，在茫茫大海中捕鯨或追鯨的人物及其成果進展，點線面地串聯起全方位的藍鯨故事；相映於人類血腥屠鯨的開場，到最後國際捕鯨業的政治角力，藍鯨在海中悠游的身影，及其在浩瀚大洋中生活的奧祕，不時浮現，並不斷的產生難以捉摸的吸引力，讓人欲罷不能的在書中的章節間翻閱，這是我看過最深刻的鯨豚科普書籍，更難得的是本書兼具豐富精準的科學知識與流暢動人的傳記文學意境。

你知道嗎？與藍鯨最初的邂逅，是起因於人類的貪婪。西方人早期獵殺鯨魚，主要為的是製作日常所需的奶油、肥皂；在大戰期間，進而還發展成提煉炸藥的原料（硝化甘油）。在這種逐利動機的驅使下，聰明的人類在捕鯨技術上日新月異，隨著蒸氣機發明，捕鯨船的噸位倍增，載著更多獵鯨者馳騁海上，加上捕鯨砲的發明，捕鯨行業不再只限於追逐動作緩拙、肥胖的露脊鯨，也擺脫了必須將鯨魚拖回到陸上基地解剖的限制。到了一九二〇年代，更以捕鯨加工船遠征全球各大洋，甚至到達南極；在大海作業時，獵殺的鯨從被拉上甲板，不出七小時，一頭約幾十公噸、二十幾公尺的藍鯨，在熟練的技術、精巧的機械下，即被解剖完畢，變成商品儲存。就這樣，人類在全球海洋展開屠鯨大浩劫，一九二〇至三〇年代是藍鯨獵捕的全盛時期，短短的十二年間即捕殺約二十萬頭藍鯨。後來因藍鯨族群驟減，一九四〇年以後，獵殺的鯨魚種類愈變愈小。竭澤而漁的行為與後果，已昭然若揭，無庸贅述。這是人類與野生動物間的大戰事，表面上看是人類一面倒的勝利了。

書中對反捕鯨思潮的演進也有詳盡的介紹。雖然，國際組織及科學家此舉的最初目的，也是為了更多、更長久的「捕鯨」利益，但隨著年年捕鯨資訊揭露，人類開始有了警覺，在忽視科學家的警語約十年後，國際捕鯨委員在一九六五年才對人們心中的終極獵物——藍鯨開始宣布禁獵。等到裴恩博士在一九七一年發表的唱片與報告揭露大翅鯨會唱歌、具有個人風格及家族方言，牠們聲音低沉緩慢，似乎是求救的輓歌，於是震撼世人，才漸漸引發人類對此自然巨物的崇拜風氣。他隨後又在海軍水中監聽海洋聲音的解析中，發現藍鯨聲音可傳千里彼此溝通，更激起人們對所有鯨魚產生好奇心，進而關心牠們的生存。

本書第五至十一章非常生動的描述對藍鯨的研究進展。通常，在我們的野生動物研究工作裡，一開始都會問些簡單的問題，例如：「牠們住在哪裡？牠們的家庭關係、族群結構何如？遷移路線行經何處？」……等。然而就藍鯨這種巨大、長壽、行動力大（每小時可游十幾公里）的動物，每個看似簡單的問題，其答案常常需要眾多科學家就其一生展開漫長、艱難的探索才能獲得。甚至有些科學家像頑固的傻子，長年（幾乎一輩子）在海上日夜的追尋，才得以一點一滴的揭開鯨家族的神祕面紗。

不同於陸上動物，藍鯨大多時間生活在海面下，要觀察牠們的行為原本幾乎是不可能的，感謝近代人類衛星訊號傳遞接收系統的發明，各式各樣的水中錄音、錄影精巧設備漸漸發明，加上不死心的海上追鯨者，嘗試用各種方法讓這些儀器能順利貼附在鯨魚身上，又能在某些時間後掉落，還得運氣好的在海洋中被再度撿回，這些種種的好運湊在一起，鯨類生態的奧祕才逐一被揭開，箇中辛苦與耐心真是筆墨難以形容。這些工作除了需超人的體力考驗外，還必須具備特別的睿智聰慧來思考，這群海上精靈們的日常生活方式，譬如：「牠們都如何進食？」這一個問題，科學家從野外觀察發現，這龐然大物最喜歡吃的居然是小巧的磷蝦。因為牠們完全沒有牙齒，只能靠著上頷的兩大排鯨鬚片，和黏黏稠稠的巨大舌頭進食（這大舌頭還曾經是捕鯨人在船上剖鯨作業的危險物，因為容易使人滑跤、絆倒）。科學家靠著有限的影片畫面，進行流體力學的推估，才發現藍鯨一開口可吞進約六十公噸含有磷蝦的海水，然後還得將海水擠出過篩濾磷蝦，口腔中就像個晃盪的大水缸，承受波浪四・九公尺／秒，約九萬牛頓／秒力量。你能想像這是個多費勁的事嗎？諸如此類的知識，作者在書中有條不紊的敘述著，將全球各大海洋上不同地點，多位科學家前仆後繼地探索藍鯨生態研究歷程，一幕幕精采生動的故事寫成文字、轉成畫面，映入你我的眼簾，讓我們深刻感受到他們對鯨的強烈熱愛，以及無怨無悔、窮其畢生投入這種艱困辛苦的研究生活點滴。

希爾斯是重要的開山始祖，他最初在聖羅倫斯河口研究鮭魚，一九七六年在海上巧遇藍鯨，那份悸動開啟往後三十幾年的追鯨，辛苦所得的寶貴知識卻慷慨傳授後學者，忙碌一生卻鮮少正式科學發表，但他對鯨的野外研究的貢獻，不亞於任何一位科學發表的研究者。對照今日科學研究成績的考核制度，造就了國內一窩蜂、著眼小生物的速成研究，這種變相鼓勵炒短線研究的作法，令人憂慮，恐怕導致需要長時間培育與鍛鍊的專業領域人才，走向式微、甚至滅絕。

最近看了得獎記錄片「血色海灣」，感慨良多，當然影片中有些刻意醜化日本人的捕鯨行為，然而，我們不能否認文化對人類行為影響的巨大力量，國際捕鯨委員會於一九八六年禁止全面商業捕鯨，卻開了一個後門准許日本人進行「科學捕鯨」，二十幾年來連一向以誠實著名的日本人也發生掛羊頭賣狗肉以及超額獵捕等問題，事實上捕鯨的實質經濟效益已不顯著，可見鯨肉消費文化在日本及其他少數靠海維生的國家或民族心目中，仍有著根深柢固的慣性影響。繼科學捕鯨的美麗謊言被拆穿，及「血色海灣」影片的文化污辱之後，捕鯨壓力在未來的發展還將是個未知數。人類與湛藍大海、海洋巨物之間和諧共存的願景，仍有待我們一起努力！

周蓮香　國立台灣大學生態學與演化生物學研究所教授。一九九〇年開始投入鯨豚研究工作，一九九六年成立「中華鯨豚擱淺處理組織網」，一九九八年成立「中華鯨豚協會」。畢生致力提倡鯨豚教育、保育及研究。

■推薦序

龐碩而神祕的接觸

廖鴻基

賞鯨活動行前解說，有時我會指著鯨豚圖表上大大小小八十種鯨豚問遊客們說：「這趟出航，最想看見哪一種？」我心裡以為，當過電影明星又黑白分明體態飽滿的虎鯨，應該會是不二「鯨」選，沒想到排名第一的，往往是體型修長體色灰淺、身形占圖表最大面積、身長超過圖表一半橫幅的藍鯨；第二名才落在虎鯨身上。

藍鯨不僅是這張圖表上的最大，也不單單是海域裡的第一，牠同時也是地球上體型最大的動物。藍鯨時常離岸在開闊的大洋裡生活，因此沒多少人在海上實際見過。如此的龐碩而神祕。

通常我會回應遊客們說：「在花蓮海域航行多年，我不曾見過藍鯨。大海儘管無可預約，但值得期待，若問我最期待看見哪一種，跟各位一樣，我會毫不猶豫期望這輩子有機會見到藍鯨。」

那共同且最大的渴望，讀過《藍鯨誌》後，確實相當程度彌補了海上難得一見的缺憾。

過去從事海上鯨豚調查，包括數度遠航，貓頭鷹出版的《世界鯨豚圖鑑》是我船上不能少的鯨豚參考書；與圖鑑最大的不同，同樣貓頭鷹出版的《藍鯨誌》這本書，不只是工具書，也不僅只是鯨豚生態參考書，作者柏托洛帝先生，以報導文學形式為藍鯨作傳，史詩般寫下人類過去對牠們幾近趕盡殺絕的一場大屠殺，也廣泛報導世界各地研究藍鯨的科學家，如何透過各種嘗試，一小步、一小步的掀開這種龐大神奇動物的神祕面紗。

本書以大量科學數據及知識，翔實有據但又不失有趣的介紹藍鯨，關於牠們目前的情況和未來可能面對的問題。恐怕再也沒有第二本書，能將陸地人類與大洋鯨豚之關係譜寫出如此厚實且動人的篇章。

歷史為脈，科學為幅，這類以大量資料見長的書寫，最怕的就是引用浮濫而讓整本書陷於艱澀而無趣，但作者顯然是個說故事的高手，他擅長以幽默輕鬆的筆調書寫可能讓人疲乏、厭倦但又不得不呈現的資料，他也極懂得以舉例和譬喻，來化解科學性的艱深乏味；作者相當理性客觀的論述卻又難得的姿勢並不僵硬、態度也不驕傲自得。更高明的是連結，作者將藍鯨這種海洋哺乳動物對比陸地人類發展史，竟然世界大戰甚至蘇聯共產極權垮台，都牽連了藍鯨的故事。

「人類從鯨油中提煉甘油，再用甘油製造炸藥，除了使用在捕鯨船上以鯨砲轟殺鯨魚，也用於戰場上轟炸自己。」這樣的敘述，不必多說但已直擊我們心底。「一九二八年算起的十二個獵鯨季，足足有十九萬一千多隻藍鯨遭到獵殺，後來德國在一九三九年引發了橫跨六大洲的世界大戰，人類忙著自己殺自己的這些年，對藍鯨的屠殺才得以暫時停止。」這樣的表達無須控訴，但已讓人深刻感受人類一向並不充分自覺的無知、荒謬和殘暴。

這本書也藉由藍鯨四處游走，類似不按牌理出牌的游蹤，儘管作者並未明說，但相對於一直在走窄路的人類，藍鯨顯得拓落大方十分寬敞。「藍鯨可以輕鬆穿越寬廣海域，數百公里對牠們而言不過是一日遊；人類的視野難以想像藍鯨對空間、距離的概念。」《藍鯨誌》這本書撐開的顯然是跨洋行為、國際視野、全球格局。作者屢屢以甚為寬廣的哲學隱喻來詮釋藍鯨，並對比人類可笑的愚昧。「一九四六年成立國際捕鯨委員會，目的是適當保護鯨魚存量，以推動捕鯨業正常發展；捕鯨公約簽訂那年，各國鴨子划水反而獵殺更多鯨魚；各種鯨魚將近滅絕的數據就擺在眼前，委員會還是一錯再錯，他們不過是設計了一個制度，然後眼睜睜看著世界上剩下的鯨魚徹底滅絕。」直到今天，我們何嘗不是如此，與保育衝突的推說經濟發展優先，又那麼自以為是的自認為可以有效管理。

本書第二大段溫暖許多，報導各國許多位海洋生物學家，關於他們做的多樣研究，以及他們一步步了解的藍鯨生態。從構想、探索、嘗試、失敗或者逐漸得到，都是一輩子點滴累積的研究成果，這樣的研究態度、精神、熱情以及持續的毅力讓人敬佩。值得一提的是作者本身並非科學專業，但書中所呈現的科學豐度讓人驚訝，這代表背後有多少藍鯨研究學者們願意無私分享的風度。這值得我們參考，科學加文學，結合各自的專長來彰顯最大的價值；何必像過去那樣的壁壘分明。

最後，鯨書提到未來，自一九六五年全球禁止獵鯨，人類終於停止殺戮，並不是保育觀念改變，也不是忽然良心發現，而是鯨魚已經少到不具商業捕鯨價值。「過去六十多年南極捕鯨年代，總共有三十三萬隻藍鯨慘遭獵殺。」禁獵五十年了，藍鯨的數量尚未恢復到原來的水平，接著面對的將是毒性化合物污染擴及海域的問題，是氣候變遷可能導致的嚴重環境影響，而且，幾個捕鯨國已迫不及待的運用各種力量介入開放捕鯨的運作……

這部鯨書讓我們看見藍鯨不僅龐碩而已，牠們優雅、具越洋能力、有隔海呼喚的本事，牠們是造物神仍擁在懷裡的珍貴傑作，這本書告訴我們必要懂得讚美和尊重，也警惕我們，血淋淋的捕鯨歷史顯示地球生態最大殺手是人類的短視和無知，更重要的是，千萬不要再允許任何國家以任何理由獵殺藍鯨。

《藍鯨誌》告訴我，牠們的價值不是鯨油和鯨肉，人類寧可過得辛苦一點，但別再犯那樣的罪愆，別再造那樣的孽。

廖鴻基　海洋文學作家，一九九八年發起黑潮海洋文教基金會，致力於台灣海洋環境、生態及文化工作。出版作品豐富，包括《討海人》、《鯨生鯨世》、《後山鯨書》、《飛魚．百合》等書。多篇文章入選台灣中學國文科課本，作品曾獲時報文學獎散文類評審獎、吳濁流文學獎小說正獎、賴和文學獎等。

謹以本書獻給教導我要胸懷大格局的父母

藍鯨誌 目次

編輯弁言

本書編譯期間承蒙國立台灣大學生態學與演化生物學研究所周蓮香教授協助，針對本書名詞與概念給予指教，謹此致謝。

本書資料來源與原書參考文獻可於貓頭鷹知識網（www.owls.tw/）下載取得，亦可來信owl_service@cite.com.tw索取。

前言

那是七月的豔陽天，我在陽光下瞇著眼睛，開著租來的車子，走下美國一〇一號公路，進入加州聖塔芭芭拉的教會街。後來我沿著起伏的道路開向自然史博物館，我打算在這裡待一下，再從洛杉磯搭飛機回家。前一天的下午我和生物學家卡拉博克迪斯一起搭著小充氣艇從文圖拉出海，駛入聖塔芭芭拉海峽。上船大概兩小時後，我這輩子第一次看到藍鯨。我之前看過比較小的鯨魚，但是我完全沒想到會有這次邂逅。這隻藍鯨大聲噴氣向我們打招呼，氣柱高達六公尺。我看著這隻藍鯨的背部花了好久的時間才穿越水面，真是嘆為觀止，我覺得在我眼前晃過的斑駁藍色身體應該有一．六公里長吧！等了好久才看到背鰭。接下來的幾個鐘頭，卡拉博克迪斯又帶著我們接近十二隻藍鯨，每一隻都好壯觀。等我們回到岸上，我又是曬傷又是暈船，同時也對我有幸見到的神奇藍鯨充滿敬畏。

我走向聖塔芭芭拉的博物館，腦海裡藍鯨的影子仍舊十分清晰，這間博物館有個二十二公尺長的藍鯨骨架突然出現在我眼前，就佇立在入口前面。每一根肋骨都盤踞在我頭上，還有那麼大的一個頭顱，大到我可以把租來的車子開進去。我仔細打量這個龐然大物，這時候一群小學生也來到這裡，他們大概十二、十三歲吧！其中一個也看到骨架了：「嘿，是恐龍耶！」

「不是啦，」另外一個糾正他，「這是鯨魚。」

第三個小男生只瞄了一眼，時間短到不能再短，就轉過頭去了。「我要無聊死了。」他大叫。

我真的不懂。世界上的小孩都愛死恐龍，雖然他們只看過恐龍化石，不然就是好萊塢特效。現在地球上有史以來最大的物種的骨架就在他們眼前，他們卻連走近仔細瞧瞧都不願意。更不用說這個小孩大概不知道離岸三十公里的海域就有活生生、會呼吸的藍鯨在覓食。野生生物學家查德維克寫道：「我們對恐龍深深著迷，歷久不衰，我在想要是世界上的鯨魚都絕種了，我們只能看到陳年化石，看不到活生生的鯨魚，那大家對史上最大動物的一生會不會比較感興趣？」[1]

我展開一段旅程，我要盡可能挖掘藍鯨的生活的祕密，再盡我所能與讀者分享，這趟到南加州就是旅程的第一站。我對藍鯨的好奇心是在前一年開始的，那時我在編輯一系列野生生物保育的童書。我看到一位作者寫道：「人類對藍鯨的未知遠遠超過已知。」[2]短短的一句話給了我大大的震撼。為什麼我們對藍鯨的了解這麼少？這麼大的動物怎麼會這麼難了解？後來我才明白研究大型鯨類有多困難，也深深景仰克服這些難關的科學家。我第一次去加州過了一個月後，我又回到加州，和卡拉博克迪斯的同僚搭著「約翰馬丁號」出海到蒙特瑞灣，一整個禮拜都在海上。我後來又到魁北克，花了幾個禮拜的時間向希爾斯求教。他是生物學家，也是全世界展開長期藍鯨研究計畫的第一人，在聖羅倫斯灣與河口做研究。我也聯繫了在澳洲、智利、印尼與南極等地研究藍鯨的科學家，探討他們對藍鯨生活的研究。

現代研究很精采，也很重要，但是要說藍鯨的故事，絕對不能省略人類血腥的捕鯨史。捕鯨時代遺留下很多書籍，提供了不少藍鯨這個最大的獵物的故事，不過我很快就發現其中很多都帶有虛構成分。我要聽第一手的故事，我要訪問那些當年離鄉背井，搭船遠赴南極捕鯨的人。我有幸遇到幾位不吝分享經驗的前輩，其中兩位還是捕鯨砲手。

我訪問的對象很多都說藍鯨值得我們為牠寫一本好書，一本融合歷史與科學，又訴說著神祕藍鯨故事的好書。這本書就是我用盡全力的心血之作。

柏托洛帝謹識

二〇〇八年三月寫於安大略省奧洛拉

第一章 藍鯨的世界

藍鯨是世界上體積最大的動物，也是最神祕的動物，是世界上最長、最重、聲音最大的生物，偏偏又來無影去無蹤，很難發現。只有極少數人有幸在野外看到藍鯨，或者聽到藍鯨的聲音。人類對待藍鯨的態度充滿矛盾。古代的人對體積最大的海洋生物所知有限，把藍鯨當成神話主角。現代人可就沒那麼客氣了，天涯海角追殺藍鯨，用魚叉炸彈狠狠轟炸。數十萬隻藍鯨死於非命，就因為人類要做肥皂、做奶油。到了現在，藍鯨的地位又回到原點，大家還是心懷敬畏，卻也還是不怎麼了解。

大家會誤解藍鯨，其實也沒有什麼好奇怪的，畢竟藍鯨的身體實在太有分量，人類想了解也不是那麼容易。有人跟你說太陽核的溫度將近攝氏一千五百萬度（這可是千真萬確），你對這個數字有概念嗎？如果另外一個人跟你說是一千八百萬度，你會不會還是覺得難以置信？藍鯨給人的感覺也差不多。常有人對藍鯨的生理特徵誇大其詞，幾乎到了天花亂墜的地步，不過我們就算聽見也沒發覺有什麼不對勁。很多書籍、文章都說藍鯨的身長超過三十四公尺，甚至還有人說超過三十五公尺，這當然是瞎扯。二〇〇七年版的《金氏世界紀錄》說藍鯨的心跳在三十一公里外都能聽見，這根本就是胡說八道。從來就沒有人聽見藍鯨的心跳，更不要說在什麼三十一公里外。還有人說藍鯨的叫聲就跟噴射機、重金屬樂團，甚至跟海底地震一樣大聲，還說藍鯨經常在海裡隔著幾千公里互相溝通。說到藍鯨的食量，根據我們敬愛的「國家地理雜誌」，藍鯨一天要吃下七千兩百五十七公斤的磷蝦呢！想當然耳這些都是胡扯，都是謬誤，都沒有經過證實，至少都是嚴重誤導。說這些話的人好像怕藍鯨的真相還不夠嚇人似地。

藍鯨的真相還**真夠嚇人的**，不用誇張也很嚇人。藍鯨的確是古往今來世界上體積最大的動物。我們不時會聽到人家說體積最大的恐龍比藍鯨還大，不過除非有人能用可靠的方法，從已經變成化石的恐龍骨骸算出恐龍的體重，不然這種說法只是純粹猜測而已。沒錯，少數幾種恐龍從頭頂到尾巴的長度的確比較長，不過話又說回來，目前以科學方式測量出最長的藍鯨長達三十公尺，最長的恐龍「梁龍」的完整骨骸還不到二十七公尺，而且沒有一種史前動物的體重超越藍鯨，最魁梧的藍鯨體重可達一百八十多公噸。當然絕大多數的藍鯨身長、體重沒有這麼誇張，現在的藍鯨平均身長大約二十一公尺，平均體重大約六十三公噸，南極的藍鯨平均身長二十四公尺，平均體重在九十公噸左右。相較之下，最重的非洲象也不過才五公噸多。美國科學先驅裴恩跟鯨魚生活在一起四十多年，到現在他還清楚記得他遇見的第一隻藍鯨：「那個時候我看過的鯨魚就跟我看過的活人一樣多，那隻藍鯨卻讓我覺得這是我這輩子第一次看到鯨魚。」[1]

有人可能認為藍鯨體積這麼大，科學家對藍鯨想必研究很透徹吧！大家對藍鯨的誤解這麼多，這個可能是最嚴重的。我們生活在這個世界，科學新發現往往都很新奇，跟日常生活差別很大，看了都會覺得人類真是無所不知啊！從一九九五年到現在，天文學家已經在遙遠的恆星附近發現兩百五十多個行星。生物學家快要完成人類整個基因組的排序。要研究二十幾公尺長的動物能有多難？當然要研究藍鯨得花好幾個鐘頭在船上，還要仰賴新奇科技，不過話又說回來，我們連綿羊都能複製了，要了解藍鯨的一生會有多困難？如果你這樣想，現實情況會讓你大吃一驚。

想像一下，每年夏天你都會與一群好友見面。你跑到他們最喜歡的餐廳，當季食物正好是他們最愛吃的菜，你在那裡遇到他們的機會很大。不過就算你遇到他們，他們每天只出現個幾分鐘就消失了，而且你沒看著他們的時候，你完全不知道他們在幹嘛。的確，有時候你會覺得你完全不了解他們的人生。你不曉得他們跟誰約會，他們彼此溝通的語言你聽不懂，說句實在話，他們的聲音實在太低了，你根本聽不清楚他們在講什麼。每年一到冬天他們就消失無蹤，也不跟你說要去哪裡，有些就再也不回來了。每年都有幾個媽媽帶著新生的寶寶回來，可是她們也不肯說孩子的爸是誰。

如果你有這樣的朋友，那你就會了解研究藍鯨的感受，要藍鯨洩漏自己的祕密可沒那麼容易。

世界上大約有八十種鯨魚、海豚與鼠海豚，統稱鯨豚類動物，一般分為兩大類，一種叫做齒鯨，所有的海豚、鼠海豚皆屬此類，另外也包括抹香鯨、虎鯨、白鯨與喙鯨。其中抹香鯨的身長大約十八公尺，其他幾種齒鯨以鯨魚來說體型都不算大。另外一種叫做鬚鯨，這些就很像《聖經》裡面的大海怪利維坦。鬚鯨的特色是嘴巴的構造很特別，嘴巴裡面沒有牙齒，而是有一排短短硬硬、富有彈性的毛，叫做鯨鬚。鬚鯨就用這個過濾來自海裡的獵物。不同品種的鬚鯨鯨鬚的大小、形狀都不一樣，短的可以不到二十公分，長的可以超過三公尺，這是因為不同品種的鯨魚嗜吃獵物的大小也各有不同，有些愛吃魚，有些愛吃橈腳類，有些則愛吃磷蝦，那是一種體型嬌小、很像蝦子的甲殼動物。有些鬚鯨這些統統都吃，藍鯨可是最挑剔的，幾乎只吃磷蝦。

齒鯨與鬚鯨還有其他地方不一樣，齒鯨只有一個噴氣孔，鬚鯨有兩個。雄齒鯨的體型通常比雌齒鯨大，抹香鯨與虎鯨雌雄體型的差異更是極端。鬚鯨可就不一樣了，雌鬚鯨體型比較大。齒鯨使用一種複雜的聲納尋找獵物的位置，發出高頻率的短短尖尖的聲音與口哨聲，再仔細聆聽回音，很像蝙蝠在黑暗中覓食昆蟲。鬚鯨也有一套複雜的聲音，我們在後面的章節會深入討論，不過鬚鯨不是用聲音尋找獵物。

鬚鯨的涵蓋範圍很廣，除了少數幾個品種之外，大部分體型都很龐大。一千多年前最早被歐洲捕鯨人鎖定的露脊鯨與弓頭鯨身體長達十五至十八公尺。名氣不高的小露脊鯨只在南半球出沒，身長只有露脊鯨與弓頭鯨的三分之一。灰鯨的身長大概在十二到十三公尺。其他品種的鬚鯨統統歸類在鬚鯨科，最大的生理特徵就是蔓延在腹部三分之二的喉腹褶。這種皺褶能讓鯨魚把嘴巴張成一個像山洞一樣大的囊袋，就像鵜鶘與牛蛙那樣，可以吸入大量的海水與獵物。這是鬚鯨經過不斷演化發展出的特徵，也是鬚鯨能成為海洋最大體積動物的關鍵。

鬚鯨類的英文 rorqual 的來源不清楚，挪威語 rør 的意思是「皺褶」、「管路」或「溝渠」。Hval 的意思是「鯨魚」。很多人都說 rorqual 的意思應該接近「身上有皺褶的鯨魚」，強調鯨魚的喉腹褶，這個說法倒也合理。不過大部分的字典卻不同意，有些字典認為 rør 源自比較古老的挪威語，是「紅色」的意思。鬚鯨類每個品種都是黑色、灰色、藍色、白色的各種組合，說「紅色」好像有點奇怪，其實這也不難解釋。鬚鯨腹囊的顏色很淡，不過張開的時候會充血，會變成淺紅色。撇開詞源學不談，鬚鯨類至少有七個品種，其中有個怪胎叫做大翅鯨，超大的白底胸鰭、渾圓的身體，還有頭部一些凸起的節瘤，都是大翅鯨的特色。鬚鯨科的其他六個品種都歸類在鬚鯨屬，外形也非常相似，只有顏色與體型有點不同。叫外行人看這六個品種的側影，如果不管體型的話，恐怕根本分不出來。除了特別的喉腹褶之外，這些品種還有平滑的流線型身體，以及靠近尾幹的小小背鰭。

小鬚鯨是體型最小、數量最多的鬚鯨，一般分為兩個品種：分布在北半球的小鬚鯨以及分布在南極的南極小鬚鯨。小鬚鯨平均身長七公尺，由於體型太小，在以前的捕鯨人眼裡沒什麼價值，不過現在每年都有好幾百隻死在日本與挪威捕鯨人的手

裡。熱帶品種布氏鯨身長達十五公尺，是人類最不了解的鬚鯨，因為從來就沒有被人類大量捕獲。塞鯨的體型稍微大一些，世界上所有的海洋都有塞鯨的蹤跡，通常分布在中緯度地區，不過捕鯨人也曾經在南極捕獲塞鯨。體型第二大的鬚鯨是長須鯨，也是全世界體型第二大的動物，身長大約十九至二十公尺，不過體型最大的雌長須鯨身長可達二十五公尺以上。最後還有一種體型最大的鬚鯨，那就是藍鯨，南極之外的藍鯨平均身長二十一至二十二公尺。捕鯨人曾在南冰洋捕獲身長超過三十公尺、體重重達一百八十公噸的藍鯨。

各品種的鬚鯨血緣相近，有時候也會雜交。研究人員在北大西洋發現既像藍鯨又像長須鯨的鯨魚，經過基因分析，發現至少四隻是雜交種。其中一隻一九八六年在冰島外海被捕鯨人宰殺，體內還有胚胎，這是重大發現，因為同品種之間的雜交種通常不能生育。也有人聲稱發現藍鯨與大翅鯨的雜交種，不過並沒有經過證實。鬚鯨的血緣實在太相近，科學家到現在還在研究分類法。最近又發現了幾種鬚鯨，如果證實是新品種的話，那世上可能有九個品種的鬚鯨。

世界上所有的海洋都有藍鯨的蹤跡，不過人類通常只在藍鯨春夏兩季的覓食區域發現牠們的蹤跡。廣義來說，藍鯨在全球各地大約有十二個覓食區。藍鯨在北大西洋的覓食區域包括魁北克的聖羅倫斯灣、戴維斯海峽，還有冰島與亞速群島外海的水域。太平洋東北部、南加州外海以及墨西哥下加利福尼亞半島兩側外海都有藍鯨的蹤跡。也曾有人在北太平洋的西部看見藍鯨，尤其是在俄羅斯堪察加半島與西部的阿留申群島外海，不過目前還沒人看到一個有大批藍鯨覓食的地方。藍鯨一年到頭在熱帶東太平洋「哥斯大黎加圓突區」一帶出沒。再往南走，厄瓜多與祕魯外海都有人看過藍鯨，不過放眼南美洲外海，藍鯨唯一大批聚集的地方是智利南部的峽灣。藍鯨固定會在澳洲南部與西部、印尼與馬達加斯加島外海出沒。而在印度洋中北部，藍鯨也會固定在斯里蘭卡東部與馬爾地夫外海出沒。南冰洋一帶的藍鯨族群曾經高達二十四萬隻，現在只剩兩千隻左右。

現在研究人員每年都前往藍鯨的覓食區域進行研究，建立個別藍鯨的檔案，不過第一項針對藍鯨的長期研究一九七九年才開始。那是美國生物學家希爾斯在聖羅倫斯灣展開研究，後來他的研究範圍又擴及大西洋的其他區域。加州外海規模龐大的藍鯨族群是在一九八○年代中期突然出現，科學家直到一九九○年代末才開始研究澳洲南部與印尼

南冰洋的這隻藍鯨浮上水面呼吸，濺起好大的浪花，牠的身旁兩側都有些許浮冰。

一帶的藍鯨。二〇〇三年科學家大張旗鼓宣布在智利南部發現藍鯨的覓食地點，其實捕鯨人早就知道這個地方。馬達加斯加與斯里蘭卡外海一帶的藍鯨到現在還是沒什麼人研究。

藍鯨研究幾乎都是在夏季進行，不只是因為天氣比較好，也是因為有個難纏的問題沒辦法解決，那就是沒人知道藍鯨秋季、冬季都到哪裡去了。這些龐然大物一到秋冬就消失，好像太陽消失在地平線一樣，想出現才會再出現。到目前為止，沒有人在世界上的海洋發現藍鯨的育種地。幾十年來，生物學家都以為藍鯨的生活模式跟大翅鯨與灰鯨差不多，都是在夏天的時候從高緯度的覓食地點遷徙到熱帶、亞熱帶的水域交配生育。不過現在科學家發現藍鯨不會統統跑到特定的地方生產，而

一隻藍鯨噴出來的氣遇到南極的冷空氣凝結。一百多年前，大概有二十四萬隻藍鯨遨遊在南冰洋，現在大概只剩兩千隻。

是會在覓食季節結束之後分散，到不同的地方交配生育，這些地方大部分都距離海岸幾百公里遠。

南極數量眾多的藍鯨族群冬季究竟跑到哪裡去？這仍然是捕鯨人猜不透的大謎團。以前在非洲西南部的海岸，在冬天有時可以看到懷胎足月的雌藍鯨，也可以看到帶著仔鯨的雌藍鯨，不過這一帶已經幾十年沒看過藍鯨了。最鮮活的紀錄是一九一二年在南非薩爾達尼亞灣，有人看見身長二十九公尺的藍鯨媽媽：

> 這隻藍鯨媽媽才剛剛生完寶寶，累得動也不動地浮在海面上，這時一艘捕鯨船開過來，不由分說就用魚叉射穿了牠的背，藍鯨媽媽根本來不及逃。仔鯨也被拉上岸，仔鯨身長七．零三公尺，身上還掛著臍帶，尾鰭都捲曲成一團，最前面的鯨鬚才要伸出，背部的鯨鬚已經長了十公分左右。背部有皺褶的地方全是白色的，後面則有較大的淡灰色斑點。[2]

另外一次藍鯨誕生發生在一九四六年，這次的結局比較歡樂。一隻即將臨盆的藍鯨困在斯里蘭卡東部的亭可馬里港。根據報告，一位英國皇家海軍上校「走近這隻藍鯨，用繩子綁住牠的尾鰭，把牠拉進深海。」[3]不過這隻藍鯨馬上又回到港口，隔天生下寶寶。據說這位大英雄上校又再次把藍鯨媽媽拖進海裡，後來有人看見藍鯨媽媽在海裡自在悠游，報告沒有提到仔鯨的命運如何。

不曉得有沒有人親眼目睹藍鯨媽媽在亭可馬里港的生產過程，就算有，也沒留下紀錄。人類最接近藍鯨生產的經歷，大概就是發生在捕鯨船上的慘案，懷孕的藍鯨被宰殺之後吊在甲板上，肚中的胚胎有時就會滑出來。某些捕鯨站人員會把藍鯨體內的胚胎取出，測量大小。在一九二〇年代末，科學家大致拼湊出南半球藍鯨的交配時間表。科學家發現九月份取出的胚胎平均長度只有三十幾公分，十二月份取出的胚胎則長達兩公尺左右。四月份取出的胚胎平均長達五公尺，還是比足月出生、七公尺長的藍鯨寶寶短了許多。生物學家推斷在南半球夏季前來南極的雌藍鯨是在六月下旬到八月下旬之間受孕。懷孕期間長達十至十二個月。科學家認為雌藍鯨哺育寶寶七個月，接著回到覓食地點休養，然後才再次交配，所以雌藍鯨每兩年只能生一個寶寶。雌藍鯨究竟是在幾歲的時候性成熟，目前不得而知，不過最近的研究研判大概是在十歲左右。鯨魚生出雙胞胎或多胞胎的情形非常罕見，每隻雌鯨到了十五歲頂多生了兩、三個寶寶。藍鯨的生育率如此之低，人類又不曉得這個問題，久而久之對藍鯨將形成嚴重後果。

從來沒有科學家親眼目睹藍鯨生產，也沒有人瞧過藍鯨交配。雖然我們對藍鯨的性生活幾乎一無所知，關於藍鯨的陽具有多壯觀，外界倒是充斥不少說法。也許就是因為沒人知道詳情，才會有這麼多街談巷議吧！有人說藍鯨的陽具長達五公尺，一次射精可以射一千五百多公升的精液，可惜這只是傳說。成年藍鯨的陰莖通常約長二．一至二．四公尺，捕鯨時期曾經有人仔細測量過，發現藍鯨睪丸的總重量大約在二十九至七十五公斤之間。所有的鯨豚類雄性性器官都會內縮在體內，藍鯨也不例外，誰想拖個兩公尺長的陰莖游泳呢？那就像開船卻把錨垂在水裡一樣。藍鯨的陰莖是在需要用的時候才會從裂縫裡面擠出來。與其他哺乳類相比，鯨魚的陰莖比較堅硬，纖維比較多，而且鯨魚勃起是仰賴陰莖組織的彈性，而不是血液流動，不過我們對於鯨魚勃起的過程所知不多。這個問題就留給勇敢的研究生好好研究一番。

雌藍鯨的性器官與乳腺也不明顯，事實上，雌藍鯨的外陰部看起來就跟雄藍鯨的生殖器縫差不多，所以研究人員在野外觀察的時候很難分辨藍鯨的雌雄。要判斷雌藍鯨有個好用的辦法，就是看看藍鯨後面有沒有跟著仔鯨。一隻藍鯨如果常常跟在仔鯨身邊，那大概就是藍鯨媽媽沒錯。在七個月的哺育期間，只有媽媽會陪在仔鯨身邊，其他的成年藍鯨都不會，連仔鯨的爸爸也不會，不過藍鯨媽媽也不需要幫忙就是了。泌乳中的藍鯨媽媽精力旺盛。鯨魚必須浮出水面才能呼吸，所以有兩項「發明」，能儘量加快哺育過程，減少藍鯨媽媽與仔鯨在水裡的時間。第一項發明就是含有百分之三十五至五十脂肪的母乳，脂肪含量大約是牛乳的十倍，仔鯨喝了可以快快成長。在賽車場的停車加油站，工作人員都會用加壓水管為賽車加油，可以快速加滿油箱。同樣的道理，仔鯨喝奶的時候，藍鯨媽媽也可透過肌肉運動將乳汁快速送到仔鯨嘴裡。「加滿油」的仔鯨在斷奶之前體重會增加十八公噸，大概是一個鐘頭增加四公斤。

藍鯨其他的生理特徵就更是個謎了。藍鯨發出的聲音據說比世界上其他的動物都大，但是藍鯨的叫聲很多都比人類能聽見的最低頻率還要低。沒有人知道藍鯨究竟是怎麼發出這麼大的聲音，藍鯨沒有發聲器官，也沒有共鳴膜。除非有人能活捉一隻藍鯨研究看看，不然這個謎團恐怕很難解開。

科學家連藍鯨的壽命有多長都不知道，不過話又說回來，要研究這個問題可是難如登天。藍鯨一定要在野外才能存活，不能讓人飼養，所以科學家想知道藍鯨的壽命，就得弄清楚野外的藍鯨是何年生，何年死，就好像在鳥的腳上套環做研究，不然就得找出能看出鯨魚年齡的身體器官，就好像看年輪判斷樹的年齡一樣。科學家藉由直接觀察，發現目前為止最老的藍鯨是三十八歲。在一九七〇年，第一次有人拍到這隻藍鯨，後來在二〇〇八年又有人看到這隻藍鯨。不過科學家是在一九八〇年代才開始用照片辨識藍鯨，只要長期研究持續，一定會發現更老的藍鯨。

至於要從藍鯨的身體看出年齡，有

在下加利福尼亞半島外海，一隻仔鯨在母鯨身旁浮出海面。新生藍鯨身長通常超過六公尺，斷奶之前體重會增加約十八公噸。

幾種方法，不過每一種方法都不能百分之百確定。最早判斷藍鯨年齡的方法是研究性成熟雌藍鯨卵巢裡面的小塊組織「白體」，藍鯨每次排卵都會製造白體。一般認為藍鯨每兩年半頂多生出一隻仔鯨，所以就是兩年半排卵一次，如果說雌藍鯨十歲的時候開始排卵，卵巢裡面有六塊白體，那就表示這隻藍鯨大約二十五歲左右，八塊白體就是三十歲。一九三〇年代針對藍鯨卵巢的研究，發現少數藍鯨體內含有三十多塊白體，所以這些藍鯨應該超過八十五歲。一九七〇年代，一位日本科學家宣布發現一隻體內有四十塊白體的藍鯨，大概就是一百一十歲了。但是用這種方法判斷藍鯨的年齡至少有兩個缺點，第一，如果科學家對藍鯨的排卵率估算錯誤，或是對雌藍鯨性成熟的年齡估算錯誤，這樣估算出來的年齡可能就天差地遠。比方說雌藍鯨如果是每一年半排卵一次，那三十塊白體就應該是五十五歲，不是八十五歲。另外一個不確定的地方是藍鯨會不會停止排卵？如果會的話，那藍鯨停止排卵之後還能活個幾十年，這個問更年期婦女就知道，所以用這種方式無法判斷藍鯨的最長壽命。不過藍鯨很有可能是一直育種，到死才停止，生物學家就發現過年過四十還懷孕的長須鯨。

一九五〇年代，科學家又用另外一種方法估計藍鯨的年齡，發現鬚鯨類的外耳有蠟質的「耳塞」，是由幾層深色淺色交錯的蠟油形成。用耳塞判斷藍鯨的年齡也有問題，首先根本就無法確定藍鯨是一年會長出一層淺色的耳塞，隔年又長出深色的耳塞，還是一年就會長出深色一層、淺色一層。到了一九八〇年代，科學家發現至少長須鯨就是一年會長出深色淺色各一層，所以早年估計的年齡與實際年齡可能差了一、兩倍（藍鯨是不是也是這樣就不得而知了，不過長須鯨與藍鯨很像，所以不無可能）。另外對於年紀很小與很老的藍鯨，用耳塞判斷年齡恐怕不準，不過話又說回來，生物學家曾經發現至少有四十六層耳塞的藍鯨（應該是一年長出一層），也發現一隻懷孕的藍鯨，當時牠有三十三層耳塞。

總而言之，由此可見藍鯨確定可以活到三十八歲，幾乎可以活到五十多歲，應該是最長壽的海洋動物。就算以後證明藍鯨最長的壽命可以達到九十至一百歲，應該也沒有太多科學家會覺得驚訝。估計鯨魚的年齡還有第三種方法，科學家就是用這個方法找出能證明鬚鯨長壽的重大證據。這種方法是測量鯨魚眼睛晶體裡面某種氨基酸的含量（這個方法也從來沒有用在藍鯨身上）。一九九〇年代末，科學家研究四十八隻弓頭鯨的眼球，發現其中四隻已經一百多歲了，最年長的一隻據說已經兩百一十一歲了呢！也許你覺得這個數字太誇張（兩百一十一歲應該也是算錯了），要知道原住民捕鯨人獵殺的鯨魚裡面很多都能佐證。一九八一年以來獵殺的弓頭鯨至少有七隻被開膛剖肚，發現裡面有古代魚叉的刺頭碎片，有些碎片可能來自十九世紀。二〇〇七年五月在阿拉斯加外海被殺的弓頭鯨體內有魚叉砲彈的碎片，那是一八七九年製造的。也有研究人員發現體型較小的北極品種一角鯨可以活到一百一十五歲，不過比較研究發現小鬚鯨頂多只能活到三十二歲。由此可見很難界定鯨魚的壽命到底有多長，不過也可以說從一九〇四年到一九六六年南極的捕鯨時代，可說是藍鯨的一個世代，一隻藍鯨如果能在這六十幾年都安然無恙，就是天大的創舉，比被槍決沒死還了不起。

這就說到一個大家最熟悉的藍鯨疑雲：現在還有幾隻藍鯨活在世上？回答這個問題之前，要知道不過就在一百多年前，光是南極藍鯨族群就有二十到三十萬隻。在二十世紀的前七十年，捕鯨人在南冰洋宰殺了三十三萬多隻藍鯨，可能也在其他地區宰殺了五萬隻藍鯨。到了一九七〇年代初，南極的藍鯨只剩幾百隻，是原來數量的百分之零・一。換句話說，在不到七十年的時間，南極每一千隻藍鯨就有九百九十九隻死在人類手裡。沒有人精確計算目前全球藍鯨族群的規模，不過最可靠的資料顯示應該超過一萬隻。南極的藍鯨數量應該已經成長到兩千多隻，仍然不到原先數量的百分之一。鯨魚的自然死亡率很低，只要人類不要濫捕濫殺，鯨魚其實可以慢慢復育，所有品種的鯨魚都一樣。至於南冰洋的藍鯨數量能不能回到幾十萬，那就見仁見智了。南極藍鯨目前重新崛起，不過要從浩劫之後重新復育得花上很久的時間。

翻開古代文化的神話故事，常常可以看到海豚與其他小型鯨豚類的身影。身型碩大的鯨魚在古人眼裡就跟大海怪一樣，也經常擔任故事主角，出現在五花八門的文獻裡面，如《聖經》〈約拿書〉、老普林尼的《博物志》、聖布蘭登傳奇、《天方夜譚》與《失樂園》，不過只有一個國家的神話故事提到藍鯨，根據民族誌學者伯恩斯的說法，印尼拉姆巴塔島拉瑪樂拉村的村民宣稱他們是「乘坐一隻巨大的鯨魚」從鄰近的島嶼來到拉姆巴塔島：

> 宗族的一位祖先在故鄉的岸邊尋找一艘小船，就在那裡看到一隻巨大的鬚鯨，他問鯨魚可不可以載他一程，鯨魚說沒問題。他就拿了一根竹竿，就像他們綁在扇椰子樹上當梯子的那種竹竿。他在鯨魚身上打了一個洞，把竹竿插在上面……鯨魚潛在水裡的時

候，他爬到竹竿上，就不會掉到水裡。[4]

拉瑪樂拉村是少數留存下來的傳統捕鯨小村，不過捕鯨人現在只鎖定抹香鯨。藍鯨是唯一在拉姆巴塔島出沒的大型鬚鯨，並不是當地人獵捕的對象。一位村長在二〇〇七年告訴「雅加達郵報」的記者：「我們的祖先差點淹死在海裡，據說是藍鯨救了他一命，所以我們不殺藍鯨。」[5]

歐洲到了十七世紀末才發現藍鯨。在十七世紀初，英國與荷蘭的捕鯨業處於全盛時期，不過並沒有捕捉到藍鯨，所以博物學家只能靜待大自然的力量把藍鯨送上岸。到了十七世紀末，史書記載的第一隻藍鯨就是這樣來到西巴爾德爵士的眼前。西巴爾德爵士在一六八〇年代是愛丁堡皇家內科醫學院的創辦人之一，也是英王查理二世的御用地理學家，還是愛丁堡大學的第一位醫學教授。他也出版了幾本關於祖國的動植物的書籍，其中一本是一六九四年出版的《近來擱淺在蘇格蘭海岸的罕見鯨魚》，書中包含有史以來第一份藍鯨的紀錄：

一六九二年九月，在福斯灣南岸，靠近阿柏康古堡壘的地方，一隻身長二十一公尺的雄鯨擱淺……腰圍應該超過十公尺……整個上顎都長滿了黑毛，或者應該說是黑鬚，比舌頭的位置高，兩側分開的地方露出黑色、粗糙的鯨鬚板……這隻怪獸身上沒有噴氣孔，不過在靠近前額的地方有兩個金字塔形狀的小孔……側面的鰭有三公尺長，最寬的地方有七十六公分寬……陰莖垂在距離肚臍不遠的地方，一．五公尺長，較寬的地方有一・二公尺寬，愈接近尾端的地方愈窄，最尾端窄到極點……尾巴的最末端分裂成兩個尾鰭，尾鰭有三公尺長，（兩個尾鰭）最尾端相距五・六公尺。[6]

林奈就是依照西巴爾德爵士的紀錄創造知名的生物學分類法，他在著作《自然系統》的一七五八年版本命名了四個品種的鯨魚，其中一種就是參考西巴爾德爵士的紀錄，但是一百多年之後，藍鯨卻還是沒沒無名。歐洲博物學家寫了好幾本書、好幾篇論文研究大鯨魚，不過他們絕大多數根本沒看過鯨魚，他們對鯨魚的描述只是重複（應該說是抄襲）前人的作品而已。就算是最認真的自然史學家也沒什麼機會看到鯨魚，一直到了十九世紀，鯨魚的圖畫還是錯得離譜，看了都覺得好笑，把噴氣孔噴出的水柱畫得跟噴泉一樣。杜赫斯特一八三四年出版的著作《鯨目動物自然史》裡面有個「寬鼻鯨魚」（藍鯨的舊名）的插圖，還留著希特勒的鬍鬚呢！真不知道插畫家怎麼會想出這個造型，鬚鯨類的上下顎的確都有一點短毛，年輕的鬚鯨尤其如此，不過也沒這麼誇張。也許插畫家是受科學術語 *mysticete* 影響，這是拉丁文，意思是「有鬍鬚的鯨魚」，不過這裡指的是硬硬的鯨鬚，不是人類臉上的鬍鬚。

雖然杜赫斯特沒有親眼看過鬚鯨，他倒是把有史以來第一個公開展示的藍鯨骨骸形容得相當詳細。他說在一八二七年十一月四日，幾位漁民在北海發現一隻超大的鬚鯨屍體。三艘船同心協力才把這隻鬚鯨拖進奧斯坦德港（現在在比利時北部）。杜赫斯特寫道：「這麼有分量的一隻鯨魚出現在港口，引發一陣騷動，因為先前在法蘭德斯沿岸擱淺或捕獲的鯨魚體型都小得多。」這隻鯨魚身長二十九公尺，體重二百二十五公噸，杜赫斯特說：「這裡從來沒有捕獲體型這麼大的動物。」[7]這兩個數字當然是誇張了，北半球的藍鯨沒有一隻身長超過二十九公尺，二百二十五公噸的體重根本是瞎扯（十九世紀的法蘭德斯城鎮哪會有人知道怎麼幫大鯨魚量體重呢？）。不管那隻鯨魚到底有多長、有多重，反正後來就是被解剖，骨骸也拿出來展示。展示人員建造了一個可移動的木頭亭子，能容納整個骨骸。這個稀奇玩意就巡迴展出至少七年，在荷蘭、法國與英格蘭都有展出。這隻「奧斯坦德鯨」在一八五六年訪問俄羅斯，現在仍然定居在聖彼得堡的動物學博物館。

　　我們可以想像十九世紀的歐洲人看到「奧斯坦德鯨」有多驚訝，的確，像這樣

La Baleine d'Ostende;
Visitée par l'Eliphant, la Giraffe les Osages et les Chinois.

第一隻公開展示的藍鯨「奧斯坦德鯨」在一八二〇年代巡迴歐洲各地展出。這張插圖有點天馬行空，實際上展出的只有骨骸。

的巡迴展出持續了一百多年，因為這是社會大眾唯一可以看到大鯨魚的機會，哪怕是隻死鯨魚也好。有些展覽經理覺得光拿骨骸出來還不夠，要整隻拿出來才過癮。一八八〇年十二月，美國麻州商人紐頓開辦巡迴中西部各州的「威鯨王子展」，主角是一具十八公尺長的藍鯨屍體。威鯨王子搭乘火車先後訪問芝加哥、密爾瓦基、聖路易、辛辛那提、路易維爾、哥倫布市、克里夫蘭、費城與水牛城，可見紐頓一路上至少有將屍體的一部分冰存。據說超過十萬人付費觀看，「成人票一張二十五美分，兒童票一張十五美分，孤兒免費」。[8]王子在一八八一年五月抵達密西根州，腐化的速度實在太快了。雖然幾位底特律屠夫與一位本領不怎麼高強的動物標本剝製師拚命搶救，王子的風光歲月還是走到了盡頭。隔年春季，馬戲團團長巴納姆來到美國，帶來大象「金寶」，雖然沒有王子那麼壯觀，味道卻好聞多了。等到金寶登台，大家早就忘了王子是誰。

一九六〇年代末，美國紐約自然史博物館打算打造一個實際尺寸的藍鯨模型，這樣大家對藍鯨的模樣就會有個概念。那個時候只有少數幾間博物館有藍鯨模型，而且架設的姿勢都很不自然，史密森尼博物館的原始模型「鰭伸展的樣子好像又短又粗的翅膀，整個看起來好像在低空飛行的臘腸」。[9]一群紐約工匠花了兩年多的時間製作模型，他們對藍鯨的長相不熟悉，有些地方只能瞎猜。最後這個長二十九公尺，重九．五公噸的模型終於在一九六九年二月二十六日在三萬五千名觀眾的驚呼聲中亮相，打破了博物館的參觀人數紀錄。工匠發揮巧思，整個模型完全不用鐵絲支撐，而是靠在屋頂架上，架設的支點很隱蔽，很難發覺。整個模型好像飄浮在半空中一樣，彎曲的姿態很優雅，好像要潛進水裡一樣。（這個模型在二〇〇三年經過修飾，色彩與體型都經過調整，比較逼真，也比較好看。）那些在一九六九年冬季的那一天從模型下面走過的紐約人，很多一定也看了博物館知名的暴龍與雷龍化石。一定有少數幾個人會想，藍鯨是不是很快就要加入絕種大型動物的行列呢？

體型最大的鯨魚品種在十九世紀有很多種名稱，最常見的名稱有「寬鼻鯨魚」、「西巴爾德的鬚鯨」，還有「磺底鯨」。「磺底鯨」的名稱一直沿用到一九〇〇年代中期，源自淡黃色的矽藻（一種海藻）的薄膜，有時候在藍鯨的腹部可以看到。在一八五一年出版的《白鯨記》，梅爾維爾談到鯨魚的分類法，就提到「磺底鯨」：

> 第一部（對開本），第六章（磺底鯨）：另外一個孤僻的先生，牠的肚子是硫磺色的，一定是潛到海裡深處的時候身體摩擦到那些韃靼瓦片。牠很少露面，至少我只有在比較遙遠的南方海域看到牠，而且隔的距離也太遠，看不到牠的表情。從來沒有人能追逐牠，牠會像走鋼索一般溜走。關於牠的神奇三天三夜也說不完。再見了，磺底鯨！我對你的了解就只有這麼多，就是最古老的楠塔基特島人也不會知道的比我多。[10]

幾頁之後，梅爾維爾又寫出其他幾種鯨魚：

> 還有很多種不知名、來無影去無蹤、體型比較沒那麼巨大的鯨魚，我這個美國捕鯨

人只聽過牠們的名字，不知道牠們的底細……像是「瓶鼻鯨」啦，「垃圾鯨」啦，「布丁頭鯨」啦，「披肩鯨」啦，「領袖鯨」啦，「大砲鯨」啦，「弱鯨」啦，「紅銅鯨」啦，「象鯨」啦，「冰山鯨」啦，「闊鯨」（Quog）啦，還有藍鯨等等。[11]

根據《牛津英語大詞典》，這就是「藍鯨」一詞最早的出處，不過光從上下文看不出來梅爾維爾所謂的藍鯨是不是真的鯨魚。真的，整個章節都在反諷，一直消遣當時的科學家。就算梅爾維爾知道鬚鯨類，那也是第二手甚至第三手資訊，而且就算他知道比他的書中主角還要大得多的鯨魚，他可能也沒有寫出來。學者連恩寫道：

> 梅爾維爾沒有提到藍鯨，不知道他是有意還是無意……梅爾維爾本人曾經涉獵抹香鯨捕鯨業。為了讓埃哈伯船長身受重傷，梅爾維爾在他的道德劇裡面打造了一隻有牙齒的巨鯨。書中獵殺的對象一定得是抹香鯨才行，因為這樣才符合生態學，才有情色美感，也才符合精神分析的原則。所以為了打造一部史詩，打造一則寓言，獵殺抹香鯨就一定得是獵殺世界上最大的鯨魚。梅爾維爾就這麼將錯就錯，把抹香鯨當成最大的鯨魚。[12]

《牛津英語大詞典》「藍鯨」詞條的第二個引述內容是摘自一八八八年版本的《大英百科全

書》，就是現在我們所稱的藍鯨沒錯，不過距離《白鯨記》已經是三十七年的事了，「藍鯨」這個名字其實是在這段時間裡面才誕生的。現代捕鯨之父、挪威人福因改良魚叉炸彈之後不久，挪威就誕生了「藍鯨」（blåhval）一詞。福因知道還有藍鯨這麼個東西之後，馬上把他的新發明用在藍鯨身上。一八七四年，一位挪威科學家首度研究藍鯨：

從遠處看，藍鯨身上的底色很明顯帶有藍色陰影，我看過的鯨魚裡面只有藍鯨身上的藍色最明顯。福因給這種鯨魚取名叫「藍鯨」，我覺得非常恰當，所以我建議就採用這個名字，做為這個品種在挪威的俗名。[13]

沒想到才三十年左右，福因還有他的魚叉炸彈就把挪威北部外海的藍鯨幾乎逼到絕種，不過到了新世紀之初，南極考察隊傳來消息，原來南冰洋的藍鯨數目比一般人想像的還要多呢！梅爾維爾筆下「很少露面」的磺底鯨就要成為全面獵殺的對象。

第二章 最大的戰爭

人類的眾多產業裡面，沒有一個比捕鯨業更肆意妄為，更短視近利。打從一開始，捕鯨人就只鎖定一個品種不斷獵殺，直到所剩無幾，再獵殺下去不符合經濟效益，就換個品種，不然就換個海域重起爐灶。藍鯨游泳速度太快，身體又太沉重，捕鯨人拖不動，而且活動範圍又距離海岸太遠，難以捕捉，所以多年來都倖免於難，可是到了十九世紀末情況就不同了。藍鯨就是捕鯨人眼中的聖母峰，是他們的終極目標，等到科技終於克服技術問題，捕鯨人馬上進場大撈，彌補過去的空白。在捕鯨人駕著敞船，用手操作魚叉的年代，要把一個鯨魚品種獵殺到瀕臨絕種得要好幾百年，現代捕鯨人才花了幾十年就差點把海裡的藍鯨抓光、殺光。

人類打從史前時代就開始殺鯨，不過一開始並不是有計畫地獵殺鯨魚。大概就是一隻鯨魚跑到港口，被一艘船上的一群人趕上岸，或者是獵殺冰上海豹的人偶爾捕捉到一隻露出水面的小鯨魚。這種原住民的獵鯨行為是合法的，也一直持續到現在，對任何一個品種的長期生存應該沒有什麼影響。商業捕鯨可就不一樣了，每一種大型鯨豚類都飽受威脅。史學家認為商業捕鯨是巴斯克人在公元一千年開始獵鯨的時候才開始。

巴斯克人在現在的法國與西班牙的部分領土已經居住了幾千年，大概是歐洲最古老的文化。

他們的語言跟世界上其他語言完全沒有關係，對外人來說是出了名的難懂，不過巴斯克語的鯨魚balea對很多人來說卻是耳熟能詳。巴斯克人沒有留下捕鯨的紀錄，不過我們知道一千多年前，巴斯克人每年十月都會期待露脊鯨來到比斯開灣。海岸上的瞭望台一看到鯨魚現身，幾群男人就會駕著小敞船奔向獵物。魚叉手站在船頭，指揮船員靠近鯨魚。只要能掌握住時機，靠近的時候剛好遇到鯨魚浮上水面呼吸，魚叉手就可以把魚叉直接插進鯨魚的背部。魚叉的設計並不是要讓鯨魚一叉斃命，而是用一條繩子繫著一個中空的大葫蘆，能拖住驚嚇逃跑的鯨魚，鯨魚要拖著沉重的葫蘆游過水面，很快就會耗盡力氣。等到鯨魚筋疲力盡，捕鯨人就會用一根或幾根長矛刺穿鯨魚，用矛尖尋找心臟或肺臟的位置，結束鯨魚的小命。他們觀察鯨魚的噴氣孔，如果噴出來的是血不是水，就表示鯨魚已經奄奄一息。接著他們再把鯨魚拖上岸，大卸八塊，用大鍋煮鯨脂，提煉出鯨油。

中世紀除了巴斯克人之外，應該還有其他歐洲人從事小規模捕鯨，不過只有巴斯克人把捕鯨變成一種產業。他們跟丹麥人、英國人、法國人與荷蘭人買賣鯨油，這些人買了鯨油主要是用來點燈。露脊鯨擁有超大鯨鬚，這種富有彈性的鯨鬚可以做成很多東西，如髮梳、傘骨、緊身內衣的撐條與釣竿。鯨魚肉的市場甚至更大，天主教教會規定宗教節日不能吃肉，鯨魚肉不在禁止之列。

巴斯克人的獨占事業就這樣一直持續，直到十七世紀初北極發現了另外一種鯨魚。英國探險家回到故里，說他們在北邊的海洋發現好多鯨魚，後來他們稱做「格陵蘭鯨」。格陵蘭鯨是露脊鯨的近親，也就是現在的弓頭鯨。弓頭鯨的鯨脂比露脊鯨的還要厚，而且鯨油實在太值錢，英國人與荷蘭人馬上也要分一杯羹。一六一一年，英國考察隊帶著巴斯克魚叉手（那時候只有巴斯克人會用魚叉），在斯瓦爾巴特群島外海第一次殺了十三隻弓頭鯨。斯瓦爾巴特群島位在北冰洋的多山群島，距離北極僅約一千一百三十公里。接下來的一百年，英國人與荷蘭人一直爭奪這些極其險惡卻又遍布鯨魚的水域。在大西洋的另一頭，新英格蘭的殖民者在一六四〇年代開始捕捉露脊鯨，位於美國東岸的楠塔基特島就成為美國新興捕鯨業的中心。捕鯨業就這麼成了多國產業。

露脊鯨和弓頭鯨之所以吸引早期的捕鯨人，是因為牠們有兩個特色。牠們游泳速度很慢，要用人力划船追趕上牠們很容易，而且牠們油脂含量多，死後容易浮在水面上，要拖上岸也很方便。就是因為這樣，大西洋與北極的捕鯨業光靠這兩個品種就風光了七百多年。捕鯨人要是看到大翅鯨、灰鯨（現在只能在太平洋看到）還有其他鯨魚，也不會放過，不過在十八世紀之前，並沒有其他品種的鯨魚像這樣被鎖定獵殺。巴斯克人沒有留下捕鯨紀錄，所以我們也無從得知他們捕了多少隻鯨魚，不過到了一七〇〇年代初，露脊鯨幾乎在比斯開灣絕跡，現在北大西洋大概只剩四百隻。至於牠們的表親弓頭鯨，在以前的一些分布地區已經找不到了，不過在其他地方倒是逐漸復育，現在整個北極大概有兩萬多隻。

歐洲捕鯨人殺光了露脊鯨之後並沒有放下魚叉，到了一七一二年，楠塔基特島人已經發現了抹香鯨，後來抹香鯨就成為捕鯨業的生計。船員之間都盛傳抹香鯨是一種凶猛的怪獸，輕輕鬆鬆就能把一艘船打成碎片（一八〇〇年代還真的發生過這種事情，兩艘捕鯨船「艾塞克斯號」

與「安亞歷山大號」沉沒，替梅爾維爾的《白鯨記》做了宣傳，書中的「裴龐德號」也遭逢類似的命運）。抹香鯨的大頭裡面含有一種像蠟的物質，叫做抹香鯨鯨腦油（spermaceti，拼法類似sperm〔精液〕）。這個名字是捕鯨人發明的，他們在海上待了幾個月，大概是變笨了，還以為鯨腦油是抹香鯨的精液。這種特別的物質一般稱為抹香鯨油，後來成為捕鯨業最昂貴的商品。抹香鯨油一開始是用來製作低污染蠟燭與照明燃料，後來用作手錶與汽車傳動的潤滑劑、皮革柔軟劑，甚至還用來做肥皂與清潔劑，直到一九七〇年代情況才改變。

在一八〇〇年代中期之間，露脊鯨、弓頭鯨與抹香鯨因為某些特質成為捕鯨人的目標，鬚鯨類倒是憑藉獨特的生理特徵倖免於難。在北大西洋赫赫有名的藍鯨身長可達露脊鯨的兩倍，體內的油脂含量也多出許多。（至於到底有多少鯨油，就要看藍鯨的體積與工廠的效率。一隻藍鯨通常可提煉出七、八十桶鯨油，大概是一萬一千至一萬兩千五百公升左右。最高紀錄是一隻在非洲南部外海捕獲的藍鯨，整整榨出三百零五桶鯨油呢！）不過藍鯨游泳速度很快，用槳划船很難追上（藍鯨逃命的速度大概在一小時二十海里以上），就算捕鯨船能追上，再用魚叉長矛殺死藍鯨，死掉的藍鯨也會沉入海裡。就算是最勤勞的捕鯨人也沒辦法徒手把百噸重的藍鯨屍體從海底拖上岸。藍鯨因為速度快，浮力低，長久以來都很安全，直到有人發明新招，打敗這兩種優勢。大概在一八六〇年代，有人找到了能對抗這兩種優勢的辦法，很快藍鯨就面臨一場浩劫。

一八〇九年，福因生於挪威小鎮滕斯貝格，他的父親是商船船長，也是船主。福因四歲的時候，父親在海上失蹤，從此他的母親只能獨力撫養一家。福因永遠記得他們家經濟拮据的那些年，他從小就滿腦子要賺大錢，等到二十五、六歲，他就開始付諸行動。他承繼父親的衣缽，在一八三〇年代多次出海，在格陵蘭與斯瓦爾巴特群島之間的水域獵捕海豹與海象。他很快就發現幹這行可以賺大錢，他在一八四五年成立挪威的第一艘獵海豹船，就靠這一行成了大富翁。四年之後他出海獵海豹，破天荒頭一次殺了一隻鯨魚，那是一隻弓頭鯨。經過兩百五十多年的獵殺，弓頭鯨的數量已經相當稀少。不過福因發現北極的海洋還有許多大型鯨魚。他尤其希望能找到藍鯨，一隻藍鯨的價值可比三、四百隻海豹，可惜鬚鯨類移動速度太快，捕鯨人很難追上。福因要超越其他人，縮短這個差距。

這段時間全球經濟發生一些變化，對捕鯨業產生衝擊。從一八三〇年代開始，煤油、礦油、植物油等新產品相繼問世，鯨油就落伍了。一八五〇年代末，石油問世，鯨油的價格又持續下跌。那個時候最常遭到獵殺的幾種鯨魚在很多地方數量已經逐漸減少，愈來愈難捕捉，捕鯨業似乎已經奄奄一息。說來諷刺，科技進步導致鯨油落伍，但沒想到就是科技帶來的新發明，幫助人類獵殺福因垂涎了二十年的藍鯨。捕鯨業者要是能好好利用這表面看來取之不盡的資源，那捕鯨業不但能生存，規模還會超越以往。

人類獵捕藍鯨最重要的第一步就是發明汽船，汽船在一八五七年出現在英國捕鯨船隊裡。六年後，第一艘專為捕鯨打造的汽船就在福因的監督之下完成。這艘船長約二十九公尺，引擎擁有二十四馬力，每小時可航行七海里。這種速度要追上藍鯨還太難，等到幾十年後柴油引擎問世，人類才能跟藍鯨並駕齊驅。不過那個時候捕鯨業者明白人類不需要跟鬚鯨比快。如果船隻的航行能夠更靈活，引擎能夠小聲一些，不要嚇到鯨魚，開船慢慢靠近再用魚叉獵殺應該不難。

當然手拿的武器是殺不死藍鯨的，到了一八五〇年代，捕鯨業者發覺他們的未來要靠一種新武器，就是帶有炸藥的魚叉，威力足以殺死大型鯨魚，還有能從安全距離發射，打中獵物的槍。畢竟美國捕鯨業者可是學乖了，他們手拿著魚叉刺進一隻雄抹香鯨的背部，結果整艘船被負傷的鯨魚拖了好幾公里。他們後來把這齣慘劇稱為「楠塔基特雪橇行」。有了這次教訓，捕鯨業者覺得還是要設計一個能一槍斃命的武器，最好不死也半條命。

魚叉砲的概念早在一七三〇年代就已經出現，不過一直沒有人做出一個捕鯨業者能使用的魚叉砲。最早設計出來的產品笨重又危險，發射出來的魚叉多半太小，殺不死藍鯨。一位作者曾經指出：「把一．二公尺長的魚叉刺進有史以來最大、最強壯的動物，這種情節比較適合格列佛遊記，比較不適合現代貿易。」[1]至少要等到一百年後，這個構想才有點實現的希望。一八二〇年代，火箭之父英格蘭人康格里夫測試了用火藥發動的魚叉，連接一個碰到鯨魚就會爆炸的砲彈，結果一試成功，可惜被炸死的鯨魚馬上就沉到海底。後來又進行多項試驗，到了一八五〇年代，美國一家公司發明了「炸彈長矛」，十九世紀捕鯨船船長（後來又成為博物學家）史卡蒙把這個用來對付灰鯨，效果不錯。根據史卡蒙的親筆紀錄，一八五八年一艘橫帆雙桅捕鯨船在北太平洋遇到一大群藍鯨，就用新武器開火：

十隻鯨魚被最好的射擊手「轟炸」，射擊手說他們是「把握機會」，不過才一開火，鯨魚就不見了，什麼也看不到，只有一些泡沫，有時還摻著血水……磺底鯨在海裡游泳速度之快，要追上根本不可能。這群鯨魚裡面有幾隻中了槍，一定受了重傷，甚至當場斃命，不過鯨魚會沉到海底，又會在「水面下逃命」，所以捕鯨人再怎麼厲害也很難抓到牠們。[2]

一八六〇年代初，又有一個美國人打算做一個魚叉砲，把鬚鯨類一次搞定。羅伊斯船長在北極捕鯨已經有三十年的經驗。他這個人有點古怪，舉個例子，他聲稱自己曾在北太平洋被扔下船，騎到了一頭鯨魚背上。他和一位紐約煙火製造商合作，設計出一款火箭魚叉，像火箭筒一樣架在肩膀上。只要在三十公尺之內發射，就會射出帶刺的魚叉，連接著一個砲彈，打進鯨魚的身體之後幾秒鐘就會爆炸。羅伊斯的傳記作家表示，老船長在冰島外海進行實彈演習，對著好幾百隻藍鯨發射火箭魚叉。一八六六年，他在一次出征中殺了四十九隻鯨魚，其中多半是藍鯨，不過火箭魚叉的成本實在太高，也太費功夫，所以到頭來他也虧本。再說老問題還是沒解決，很多鯨魚一死就沉到海底去了，捕鯨船根本來不及撈。羅伊斯的創意以失敗告終，不過他還是堅信捕鯨業的未來要靠一個能殺死大型鬚鯨的武器。為了成就大業，他可是吃盡了苦頭，竟然搞到把自己的左手也給炸了，最後才不得不放棄試驗。

魚叉砲需要一個新的代言人，這次又是福因挑起大樑。他做了無數次小型試驗，不斷測試包裝火藥的方法、把刺頭裝上鋼軸的方法，還有點燃榴彈引信的方法（他用小玻璃瓶裝著硫酸，瓶身一碰撞就會碎裂，點燃引信）。他還研究繩子被大型鯨魚拉扯要怎樣才不會斷掉，最後這些問題都解決了。他最重要的貢獻大概就是發明了不用扛在肩上的武器。他發明了一個旋轉的托架，可以固定在捕鯨船的船頭，這樣要瞄準就容易多了。他的設計在一八七〇年代初經過大幅改良，這種裝在船頭的魚叉砲到現在依然是捕鯨船上的固定配備。當中經過多次改良，不過基本架構並沒有改變。藍鯨現在瀕臨絕種，這個昔日的海豹獵人實在居功厥偉。艾利斯寫道：「一直到現在，每一隻死在人類手上的鯨魚其實都是死於福因的發明。」[3]

現在獵殺鯨魚的問題解決了，還要想想如何趁鯨魚帶著牠們珍貴的鯨油沉到海底之前把牠們拉上岸。這個時候的捕鯨船都是使用蒸汽引擎，後來發明的強大絞車也是用蒸汽發動。巨大的絞車用一條繩索連接著魚叉，一旦鯨魚被魚叉叉中，捕鯨人可以依照鯨魚的移動收放繩索。如果繩索的另一端是一隻藍鯨，那拉力想必非常大，猛然一拉就會把繩子拉斷。一八六六年，羅伊斯發明了一個裝置，利用許多伸縮橡膠環索減輕突如其來的拉力。就好像釣魚線受到拉扯的時候，釣竿就會彎曲，抵銷一些拉力。就算鯨魚死掉之後沉到海底，也可以用絞車與一長串的滑輪拉到海面。不到二十年，捕鯨人就想出防止鯨魚沉到海底的好辦法。只要鯨魚一死，他們就把捕鯨船開到鯨魚身邊，把一根管子插進鯨魚身上的洞，把壓縮的空氣打入鯨魚的身體，增加浮力。獵殺藍鯨的最後一道技術難題就這麼解決了。

一八七三年，福因的整套捕鯨設備獲得專利，接下來的十年他壟斷挪威捕鯨業。挪威最北部的芬馬克郡外海鯨魚數量眾多，曾經僥倖逃過福因的魚叉的藍鯨現在成為他追逐的寶物。在他壟斷的十年當中，鯨油產品又找到市場，價格也因而回升。福因就這麼成了大富翁，挪威也一躍成為全球第一捕鯨大國，直到一百年後才把寶座讓給日本。福因每年大約獵捕八十至一百隻鯨魚，到了這個時候，就連福因的挪威同胞都覺得他太貪心了，其他公司也在挑戰他的壟斷生意，於是每年都有好幾百隻鯨魚死在各種新技術下。根據福因的航海日誌，他的船隊每年六、七、八月只獵捕藍鯨。於是開啟了藍鯨一百年的浩劫。

福因的獨占權在一八八三年到期，這個時候任何人都可以來芬馬克郡外海大開殺戒。其他公司搶著要來分一杯羹，每年獵殺的數量就大為增加。挪威人有了蒸汽船，又有了福因發明的大砲，在三十年左右的時間就把北大西洋東部的大型鬚鯨類獵殺一空。好幾位史學家都說這項「創舉」等於是殺了下金蛋的鵝。要解決這個問題，可以另外找一個東西取代金蛋，或者找一個能讓金蛋生生不息的方法，沒想到挪威人的解決辦法是另外找一隻鵝。他們一路找這隻鵝，一直找到世界的盡頭，最後得到意想不到的收穫。

如果有一天藍鯨會消失在世界上，可以說絕種的禍根就是在南極寂寞的南喬治亞島種下的。

南喬治亞島位於南緯五十四度的海面上，在福克蘭群島的東南方，距離南美洲最南端約兩千一百公里。島上最寬的部分長一百六十九公里，寬四十公里。整個島呈現新月形，上面有十一座標高超過一千九百八十公尺的高山。英格蘭探險家德拉羅什一六七五年可能來過這裡。他的船被大風吹到偏離航線，可能曾經在島上的港灣避風。不過根據紀錄，英國皇家海軍軍艦決心號船長庫克與他手下的船員應該是第一批登陸島上的人。庫克等人在尋找南極大陸的過程中發現了這個島，還以為這就是南極。他們很快就發現這只是一個島，把島的位置畫在地圖上，一七七五年一月十七日正式登陸，拿火槍打了幾發，做做樣子，這個偏遠又連棵樹都沒有的島就算是英國的領土了，他們以英王喬治三世的名號為島取名。庫克對這個島不怎麼滿意，說這個島「野蠻又恐怖」[4]、「這趟真不值得」。[5]

南喬治亞島並不屬於南極洲，不過仍然屬於南極聚合帶的範圍之內。南極聚合帶涵蓋了地球最南端的陸塊，這裡的氣候也非常特殊。南極聚合帶就像北半球的林木線一樣，並不是地圖上明確的界線，而是一條蜿蜒整個大陸，介於南緯四十八度與南緯六十一度之間的天然界線。沿著濃霧籠罩的狹長河流，南方來的冷空氣與水和北方來的熱流匯聚在一起。經過這一帶的水手都說可以明顯感受到氣溫下降。在這些冰冷的水域，大西洋、印度洋與太平洋匯流成為南冰洋，擁有非常多的小型浮游生物，牠們就是海裡磷蝦大軍的食物，磷蝦也曾經是這裡數十萬隻鬚鯨的主食。

南喬治亞島與沿岸水域一帶因為氣候獨特，野生生物相當豐富，海鳥、海豹與鯨魚尤其多（至少以前鯨魚很多）。庫克考察隊當中的一位科學家曾說，捕鯨業者要是在北冰洋找不到鯨魚了，大可來南極，這裡鯨魚多得很。不過要到一百年後，人類才掌握在南極捕鯨所需的科技，所以當時他說這話只引來嘲笑。不過到了十九世紀末，歐洲捕鯨業者都在偷偷流傳，說南極有一大堆鯨魚沒人獵殺呢！捕鯨業者眼見北方的鯨魚已經所剩無幾，知道要活下去就必須另闢財源。問題是南極真的是寶庫嗎？雖然從挪威、英國到北極水域的航程很短，在冰天雪地的北地捕鯨還是有夠困難又危險，成本又高。南極是在世界的另一頭，環境比北極還嚴峻，一直到一八九五年才有人踏上南極。把捕鯨船隊派到南極去根本是荒謬，就算那裡有一大堆鯨魚也一樣。不過在一八九二年九月，年輕的船長拉爾森從挪威桑德菲奧德市出發，要前往南冰洋。拉爾森鎖定的獵物不是芬馬克外海愈來愈稀少的長須鯨與藍鯨，他要的是露脊鯨，當時很多人都說冰冷的南極海域有很多露脊鯨。

拉爾森一八六〇年生於挪威托靈市，到了三十二歲，他的鬍鬚已經被北冰洋的鹽弄得硬梆梆的。他在北方海域獵捕鬚鯨與海豹，後來他帶領考察隊到南極尋找新的捕鯨地點。拉爾森的船傑森號在十一月經過南喬治亞島，再往南到達南極半島東邊的水域。南極半島就從南極大陸凸出來，好像一根冰冷的手指一樣。他沒找到露脊鯨，倒是殺了不少海豹，這趟才算沒白來。他看到好多好多藍鯨（「一次就看到二十隻」）[6]、長須鯨與大翅鯨在他的船邊游來游去。他沒有獵鯨的設備，只能乾瞪眼，就像福因早期出海獵海豹的時候一樣。

又到了獵海豹的季節，拉爾森再度前往南極，這次他還是沒有打擾鬚鯨類，只專心對付海豹。他對南極大型鯨魚的數量還是嘖嘖稱奇，他覺得產業的未來就在鯨魚身上。他在一八九二年至一八九五年間四度前往南極，只殺了一隻露脊鯨，他的這個想法就更強烈了。拉爾森是有遠見沒錯，他的那些金主可就保守多了。雖然幾十年來都有人在芬馬克與冰島外海獵殺藍鯨，可是挪威與英國的捕鯨公司還是只獵殺快要絕種的露脊鯨。

新世紀開始，極地考察如火如荼展開。拉爾森自一九〇一年起多次隨同新成立的瑞典南極考察隊出海。在一次航海過程中，他把一群科學家放在威德爾海的一座島上，打算在這裡度過南極的夏天。拉爾森在回程當中造訪了南喬治亞島，他覺得這裡很適合建立捕鯨站。他之前幾次出海都獲利平平，他發覺要在南極捕鯨，一定要在當地有個基地。這個島有遮蔽的港口，沿岸終年都不結冰，適合蓋建築物，又有足夠的淡水，真是天下掉下來的禮物啊！拉爾森心裡有了想法，幾個月後就回去把瑞典科學家接過來，可是他的船遇到浮冰擱淺，後來就沉了，他們只好在一個荒蕪的島上臨時搭建一個石造的房屋，度過一九〇三年的冬天。這是一段悲慘的歲月，其中一個人連命都沒了，還好一艘阿根廷船隻救了他們，把他們帶到布宜諾斯艾利斯，還設宴款待拉爾森等人。

拉爾森不會沉溺在過去的苦痛，他馬上在阿根廷尋找金主，募集資金在南喬治亞島建立一個捕鯨站。他說：「渥宰哲理聞泥們，泥們維舌磨不煞泥賈門扣的輒歇禁魚，輒歇禁魚號達啊！渥砍倒哲理柚繼白隻、繼錢隻。」[7]一群商人很快就成立了「阿根廷漁業公司」，拉爾森回到挪威尋找國內的金主，結果不是很順利，不過他倒是找到了一群經驗老到的挪威水手，願意在漁業公司的三艘船上工作。一九〇四年，三艘船第一次出發進行商業捕鯨。他們的基地設在南喬治亞島一個叫做古利德維肯的港口，「古利德維肯」字面上的意義是「大鍋灣」，這是因為一百年前獵海豹的人在這裡留下一些垃圾。

新公司第一批鎖定的鯨魚並不是體型壯碩的藍鯨（不過在第一季他們就殺了十一隻藍鯨），也不是一開始把捕鯨人引來的露脊鯨。最先大批死亡的是行動緩慢的大翅鯨。阿根廷漁業公司在第一季只殺了一百四十七隻，不過六年之後，英國公司與挪威公司都翻冰越海而來，接二連三在南喬治亞島建立捕鯨站，到了這個時候，捕鯨人足足殺了六千一百九十七隻大翅鯨。大翅鯨被殲滅了，下一個就輪到藍鯨倒楣。一九一四年到一九一五年的捕鯨季，兩千三百多隻藍鯨被拖上南喬治亞島，這還不算在附近的南設得蘭群島被殺的一千八百隻藍鯨。在這段期間，捕獲的藍鯨數量實在太多，沒有必要拚命榨取鯨魚身上的每一滴油。業者只會拿走最厚的鯨脂，其他的就放著慢慢爛。這種做法就是最冷血的捕鯨業者也看不下去，後來政府制訂法規，要求捕鯨公司必須完全運用整隻鯨魚。艾利斯寫道：「人類的貪婪掠奪由來已久，可是很少看到像這樣惡劣的行徑，這樣肆無忌憚地破壞自然資源。」[8]

南喬治亞島人口大約一百五十人，是地球上最南邊的一個有人居住的地方。拉爾森在一九一一年引進馴鹿，從此島上有了新鮮肉食可以吃，馴鹿也就在那裡繁衍生長。除此之外，島上幾乎與外界隔絕。就算是吃苦耐勞的挪威水手與英國水手住在島上也會覺得寂寞，生活又艱難又危險。當然這一行利潤也很高，雖然水手不像公司老闆、股東賺得那麼多，至少薪水還不錯，要存錢也很容易，因為根本沒有地方花錢。只要捕鯨業持續擴張，永遠都有公司徵求幹練的水手前往南極。這份工作比起陸地上同等的工作好賺太多了。不到十年前，捕鯨業還一副奄奄一息的樣子，現在到南極捕鯨，出現了前所未見的榮景。唯一的問題是能維持多久。

巴斯克捕鯨人靠賣鯨肉，賣鯨油做燈油、羊毛加工來賺錢。而英國人與荷蘭人獵殺北極的弓頭鯨，利用鯨鬚賺錢，在塑膠還沒發明之前，鯨鬚非常受歡迎，因為用途非常多。十九世紀的美國捕鯨人賣出無數桶鯨油，製作成蠟燭、潤滑劑還有鞣皮劑。這些鯨魚產品都是合法用途，也不能用其他產品取代。到了二十世紀的頭十年，鬚鯨類的鯨鬚與鯨肉的全球市場已經不大，人工產品、礦物燃料、家畜油脂與植物油取代了鯨油的傳統用途。可是南極的藍鯨還是遭到大肆屠殺，背後的經濟誘因究竟是什麼呢？數十萬隻藍鯨慘遭殺害，原來是因為人類要做人造奶油與肥皂。

一八七〇年代末，人造奶油與肥皂的需求大增，尤其在奶油替代品在歐洲成為主食之後。不過幾十年來鯨油都不適合拿來做人造奶油與硬肥皂，因為鯨油在室溫下是液態（鯨脂大約有三分之一是油酸，橄欖油也含有這種不飽和脂肪酸）。一九〇〇年代初，一個看似無傷大雅的發現對藍鯨造成重大影響。一位德國科學家發現了氫化作用，可以把油酸變成飽和脂肪，突然之間鯨油又可以拿來做人造奶油與硬肥皂了。鯨油這下子又成了搶手貨，尤其考慮到家畜脂肪與蔬菜油製造商無法供應肥皂製造商與食品製造商的需求。最近發現的南極捕鯨區域裡面的藍鯨，隨便抓一隻都能榨出十五、二十噸的鯨油。金錢的誘惑實在太大了，所以在一九〇九年至一九一〇年，還有一九一三年至一九一四年的捕鯨季節，鯨油的產量成長三倍，因為市場需求暴增。

一九一四年戰爭爆發，船隻與人力都要投入戰事，捕鯨業的腳步也慢了下來，不過捕鯨行動仍在持續，戰事持續的四個捕鯨季節當中，每季平均都有三千九百隻藍鯨遭到獵殺。在最艱困的那幾年，歐洲人願意勉強使用鯨魚產品，像利華兄弟（就是後來的聯合利華）之類的公司都拚命購買鯨油。一九一六年，英國人造奶油的使用量首度超過天然奶油。戰爭也替鯨油開發了一個意想不到的市場。在製造過程當中，鯨油的主要化學成分「甘油」就會跟脂肪酸分離，脂肪酸就是肥皂的活性成分。甘油結合兩個氮原子與一個氧原子，就是硝化甘油，是一種爆炸威力很強的化合物，也是戰爭期間軍備產業的支柱。說來諷刺，人類在南極用魚叉砲轟炸藍鯨，在歐洲戰場上轟炸軍人的炸彈正好就是藍鯨的副產品。正如艾利斯所言，鯨魚「犧牲自己的生命，好讓人類也能一起死」。[9]

戰爭結束之後，人造奶油盒成了南極藍鯨的最終安息地，不是肥皂盤。到了一九二〇年代中期，氫化程序改良了之後，以鯨油為基礎製作的人造奶油更美味，更便宜。到了一九三〇年，化學家發明了一個方法，能徹底去掉鯨油裡的魚腥味，這樣一來人造奶油可以完全用鯨油製作。肥皂製造商可就不一樣了，他們比較喜歡用別種脂肪，如棕櫚油。一般大眾對鯨油還是存有偏見，利華兄弟公司的董事長在一九二六年寫了一封信，提到公司正在與捕鯨業畫清界線，雖然他們的產業和捕鯨業關係密切。「外界大肆宣傳，說利華兄弟公司的肥皂與食品是用鯨油做的，這難道不是有違公司政策嗎？」[10]利華兄弟並不是擔心消費者一旦知道南極的捕鯨活動已經快要消滅好幾種大型哺乳類，就只為了製造日常生活用品，會大為反彈。真正的原因是一九二〇年代的英國人還是以為鯨油很臭、很不衛生。這種觀念到了接下來幾十年還是根深柢固。捕鯨產業、人造奶油產業與肥皂產業之外的人完全不知道鯨魚被獵殺到快要絕種的真正原因。

拉爾森船長在南喬治亞島的古利德維肯開設捕鯨站不到幾季，早期的南極捕鯨人就在試驗一種新的方法，能在「漂浮的工廠」加工鯨魚。幾百年來，加工鯨魚所用的鍋爐與分離器都是建造在濱海的捕鯨站，不過到了一九〇〇年代初，捕鯨公司已經開始把作業程序移到大船上，一般都是用改裝過的油輪或是貨輪，這樣可以依據捕鯨地點隨機移動。一開始這種「漂浮的工廠」重量大約是一千五百多公噸，需要大概六十名水手操作。通常都是停泊在港口，鯨魚被拖到船旁剝取鯨脂，割下來的鯨脂與鯨肉再用起重機與絞車拉上船，丟進鍋爐。南喬治亞島與南極其他島嶼的鯨魚數量愈來愈少，捕鯨業者發現要想生存，就不能只在近海作業。到了一九二〇年代，捕鯨公司研發了第一艘真正的遠洋捕鯨加工船，這種船帶領一批捕鯨船，可以在遠洋作業。這些大船發展成熟之後載重量高達將近一萬兩千多公噸，可容納五百名水手。最早期的南極考察隊抓不到離岸幾百公里的藍鯨，只能乾瞪眼，現代加工船可就不一樣了，一位史學家曾說這種加工船是「帶來最終災難的科技發明」。[11]

拉爾森在一九一四年從南喬治亞島返回挪威，他在國內多次提出要帶領第一批遠洋捕鯨考察隊，不過一直到一九二三年才萬事齊全。他領導加工船「詹姆斯克拉克羅斯爵士號」，帶著五艘捕鯨船出發。「詹姆斯克拉克羅斯爵士號」重一萬一千公噸，在當時是最大的捕鯨船。他們一路往南走，經由塔斯馬尼亞島抵達羅斯海。拉爾森希望能找到新的一批大翅鯨，他們在十二月殺了第一隻鯨魚，卻是隻藍鯨。年輕的澳洲記者維利耶跟隨他們一起出海，以誇張的筆法記錄殺鯨場景：

（砲手）安靜沉著，隔著一段距離好好瞄準在他眼前緩緩轉身的那個看似無止盡的灰色鯨魚側身。過了好久好久，他的手指終於輕輕抽動了一下，轟地一聲，砲筒內的砲塞發射後一起炸裂飛出，還有火藥的臭味，大型貝殼狀的魚叉鋼彈飛了出來，大怪獸被打中了，掀起一陣沸騰的泡沫，拚命想要擺脫熾熱的鋼彈，一路往下沉，但是牠已經注定逃不過這場劫難。[12]

捕鯨船很快又殺了三隻藍鯨，「都是雄鯨，身長在二十六至二十七公尺之間」[13]，拖回「羅斯爵士號」剝取鯨脂。問題來了。加工船就是專為港口作業打造，就像以前的船隻一樣，水手都已經習慣了在停泊的船邊切割鯨魚。現在要在波濤洶湧的大海上作業，實在很不習慣，尤其南極又天寒地凍。另外一個困難在於水手用的繩索與絞車是對付大翅鯨用的，根本沒辦法對付九十公噸重的藍鯨。維利耶寫道：「這根本就是徒勞無功，不放棄實在不行。」船員很快就發現他們還是要把鯨魚拖到有遮蔽的地方，把「羅斯爵士號」下錨，然後再像他們之前在「漂浮的工廠」那樣在船上加工鯨魚。拉爾森發現要想在遠洋獵捕藍鯨，就一定要克服這些問題才行。當然誘因可不小，據說這次首航捕獲的一隻藍鯨身長高達三十二公尺，想想這能做出多少人造奶油啊！

人類沒花太多時間就想出能在遠洋獵捕藍鯨的方法，可惜拉爾森沒來得及看到就過世了。一九二四年十二月八日，拉爾森因心絞痛在他的艙房過世，遺體運回他的老家桑德菲奧德市，鄉親為他舉辦了當地有史以來最盛大的葬禮。拉爾森死後隔年，挪威人從他的豐功偉業看到捕鯨業的潛力，派出了加工船「魚叉號」，這是第一艘在船尾加裝滑道的加工船。船的後方有個艙口，後面是一個坡道，船員可以把鯨魚拖到甲板上，在甲板上宰割鯨魚比較容易，也比較安全（這個主意說穿了也沒什麼了不起，幾十年前就有人想到，不過早期的設計會妨礙到加工船的推進器與舵，所以沒有普及）。「魚叉號」出發前往南極，那年七月到九月都待在剛果外圍的大西洋，拿大翅鯨測試新儀器，將近三百隻大翅鯨都順利拖上滑道。後來「魚叉號」第一次獵殺藍鯨，不過這次船員花了好一番功夫才把藍鯨拖上船，後來船尾滑道上加裝了好多半圓形的凸塊，又在滑道上灑水，降低摩擦。「魚叉號」遇到的最後一個問題，是要在波濤起伏的海面上在鯨魚的尾巴綁上纜繩，這個問題很快就解決了，因為他們發明了「鯨夾」，這是一種巧妙的裝置，能夾住鯨魚的尾鰭，拉起來的時候會自動夾得更緊。

藍鯨與人類共同生活在地球上，一向不受打擾，因為藍鯨游泳速度快、體型大，死後因浮力低容易沉到海底，又喜歡在離岸幾百公里的地方生活。到了一九二〇年代末，聰明的人類已經將這些屏障一一打破。其他的就交給人性的貪婪了。

貝克曼還保存著從一位博物學家出版的日記剪下的文章，那位博物學家曾在一九一二年至一九一三年造訪南極。貝克曼手上的文章是一個朋友在一九八九年傳真給他的，朋友看到文章內容提到貝克曼的父親，內容是這樣的：「我們在南喬治亞島遭遇一場死亡意外，死者是『卑克曼』（原文照錄）船長，眾所皆知他是世界上最厲害的殺鯨砲手。」一九一二年十一月，新的蒸汽捕鯨船「恩尼斯多先生號」的獵鯨砲後座力太猛，把托架弄壞了，那個時候貝克曼的父親剛好就在船頭。他是南極捕鯨先驅，也是手下船員心中的偶像。他摔到下面的甲板，頭顱裂開，當場喪命。根據日記記載：「那年他才二十七歲，身後留下妻子和四名兒女。」[14]

這段期間捕鯨船上的死亡意外並不罕見。在南極最早的十八個捕鯨季，就有兩百人死於意

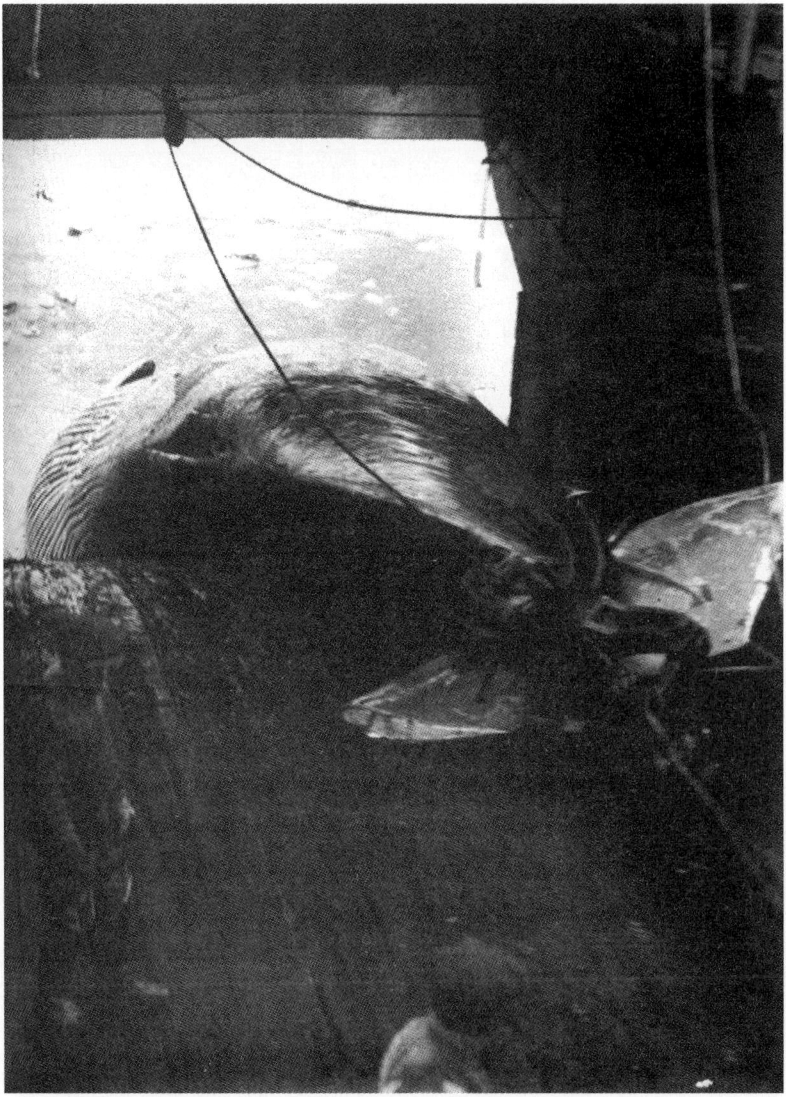

人類發明了船尾滑道和鯨夾，藍鯨只能束手就擒。

外，當中很多人都是在南喬治亞島的永凍層安息，其他人則是海葬。不過貝克曼的父親可不是普通捕鯨人，他的遺體做了防腐處理，運回挪威舉行盛大的葬禮。這是拉爾森船長親自下的命令。

那天四個孩子失去了父親，最小的那一個長大之後夢想能擁有自己的捕鯨船，他就是貝克曼：「我爸爸是獵鯨砲手，我的兩個叔叔也是。我們家是獵鯨大戶，我從十五歲那年就希望能當獵鯨砲手。」他已經九十五、六歲，大概是現在年紀最大的南極捕鯨人。他在船頭度過二十七個獵鯨季節，後來成為二十世紀中期最炙手可熱的砲手。他的職業生涯剛好就是南極獵藍鯨的時代。一九二七年，十五歲的貝克曼首度出海，那個時候遠洋捕鯨才剛起步，南冰洋還有幾十萬隻鬚鯨。他在職業生涯顛峰的時候，生意好的話一天可以殺十到十二隻鯨，他最豐收的一季總共殺了三百多隻鯨魚。他在一九六五年最後一次出海，貝克曼知道這一行已經走到盡頭了，他說：「我們在最後一個捕鯨季沒看到半隻藍鯨。」

貝克曼一開始是在各家捕鯨船上做各式各樣的工作，做了十二年，他在一九三七年拿到第一次做砲手的機會。「我第一年在船上的時候，航行的速度並不快，一小時大概只有十海里吧！所以鯨魚開始逃命我們就沒轍了。到了最後一個捕鯨季，我們的捕鯨船速度可以達到每小時十六、十七海里。」雖然一九三〇年代捕鯨船的航行速度相對較慢，在貝克曼的頭一個獵鯨季節，南極的捕鯨船隊還是殺了一萬四千八百二十六隻藍鯨，可見當時的砲手有多厲害，他們在家鄉像神一樣受人膜拜。早在美國人的捕鯨時代，捕鯨船船員的薪水通常都是底薪再加上獎金，每殺一隻鯨魚就有一份獎金。當然船員在船上的地位不一樣，拿到的底薪和獎金也不一樣。砲手的薪水是最高的。在二十世紀初，挪威捕鯨船船員一個月的薪水大概是四十五克朗，每殺一隻藍鯨可以拿到五克朗，其他的鯨魚殺一隻可以拿到三克朗。砲手通常就是船長，每個月可以賺一百二十克朗，每殺一隻藍鯨可以拿到五十克朗，殺一隻長須鯨可以拿到四十克朗，以此類推。一整個獵鯨季算下來，砲手的薪水大概是一般船員的五、六倍。獵鯨砲手如果職業生涯發展順利，應該可以累積一筆不小的財富。

貝克曼早年在南極的時候是替「薩維森公司」工作，這個公司與捕鯨業的淵源相當深。公司創辦人薩維森一八四六年從挪威抵達蘇格

福因發明了這種架設在旋轉架上面的魚叉砲，從一八七〇年代一直到現在都是捕鯨船船頭的標準配備。

蘭，後來就在那裡開了一家公司，向福因進口鯨油。一八九〇年代，薩維森自己也參與捕鯨，成為第一家進軍南極的英國捕鯨公司。後來這家公司一直到一九六〇年代都是全球數一數二的捕鯨公司。薩維森的基地雖然設在蘇格蘭利斯港，他跟北海各港口還是往來密切。南極捕鯨船的船員常是來自世界各國，不過砲手幾乎清一色是挪威人。

砲手的地位這麼高，還有另外一個原因，那就是要用魚叉砲殺死藍鯨需要很高深的技巧。獵鯨一開始是站在砲管後面（就是捕鯨船上的瞭望台）的人看到鯨魚噴氣，就喊叫通知船員。船長（也就是砲手）再把船開到鯨魚身邊，叫舵手代為掌舵，努力爬過狹板橋，爬到砲台。貝克曼說他會想盡辦法讓船開到距離鯨魚大約五十至九十公尺的範圍之內，捕鯨船要緩緩移動，才不會打草驚蛇。等到夠接近了，他就瞄準獵物，扣扳機。轟的一聲，一股火藥味竄出，槍管射出將近一．八公尺長的鋼彈，後面跟著一條粗繩，這條繩子還有個名字叫做「先驅」。貝克曼說砲手通常都是瞄準鯨魚身體的中間部位，他認為鯨魚的心臟應該在那裡。擊中目標大約五秒鐘後，榴彈就會發出低沉的砰的一聲，鯨魚抖得很厲害，因為重要器官都被炸碎了。

貝克曼說只要被他近距離鎖定的鯨魚都逃不出他的手掌心，他殺鯨魚通常都是一砲斃命。他之所以能成為業界翹楚，就是因為這兩個原因。要是交給不那麼老練的捕鯨人，那可就是歹戲拖棚了，而且也很殘忍。維利耶寫下他在「羅斯號」目睹的事件，可以看出次級砲手會惹出什麼麻煩：

> 藍鯨的體型碩大無比，是世界上最大的動物，要殺死藍鯨可不容易。要是一發魚叉大鋼彈沒命中重要部位，就得再補一槍，甚至還得補第三槍，哪怕藍鯨的器官都被軟鐵炸彈轟爛了也在所不惜。有的時候魚叉只是輕輕掠過藍鯨彎曲的背部，炸彈只炸到空氣，或者是一彈打到鯨脂裡，打到一根肋骨，那魚叉就會彎成兩半，沒多久就掉出來了。要是打到頭，那魚叉根本刺不進去，要是打得太接近尾巴，捕鯨船就會被怒氣沖沖的藍鯨拖著跑幾個鐘頭。[15]

被擊中的藍鯨臨死前承受極大的痛苦。目前最慘的紀錄是一隻一九〇三年在紐芬蘭外海被擊中的藍鯨。牠剛被擊中的時候就以每小時六海里的速度拖著捕鯨船走，一走走了大半天。捕鯨船的引擎以每小時三海里的速度往反方向拖拉也沒用。船員想把繩子繫在船尾，這樣引擎就能全速向前衝，可是等到他們終於繫好了，船差點被鯨魚拖下水。這場人鯨拔河就這麼鬧了一整晚，後來鯨魚終於筋疲力盡，船員派出小船送牠上西天。這隻藍鯨足足掙扎了二十八小時才死。

十九世紀美國捕鯨業流傳不少捕鯨船被受傷的抹香鯨猛撞，甚至拖下水去的故事，也有人流傳毫髮無傷的抹香鯨就能把捕鯨船撞壞、撞沉。用榴彈殺鯨魚，很少會出現打不死的狀況，不過受傷的鯨魚攻擊捕鯨船的事情倒很常見，當然我們無從得知到底是鯨魚刻意鎖定捕鯨船，還是在疼痛難忍翻來覆去的時候不小心碰撞。唐尼森與強森在他們的知名著作《現代捕鯨史》提到至少五起捕鯨船被鯨魚擊沉的意外事件，不過他們沒有提到肇事鯨魚的品種。捕鯨人普遍認為藍鯨雖然體型碩大，其實比抹香鯨容易殺。常釣魚的人聽到這話應該不意外，他們知道小嘴黑鱸掙扎的力道比體型兩倍大的白眼魚大得多。藍鯨當然有辦法把小船拖進海裡，但是牠們不太可能這樣做。不過大無畏的維利耶還是在他的「羅斯號」紀錄留下這麼一筆：

> 曾經有隻身受重傷的藍鯨發了瘋似地衝向小小的捕鯨船，這艘廢鐵木片做成的殘破小船只能踉踉蹌蹌沉到海底。在夜深人靜的時候，常有人呼喚那些捕鯨人的名字，他們在風和日麗的時候離開母船，就再也不回來了。也有人說幾個禮拜後又發現大鯨魚的屍體，屍體上的魚叉非常明顯，是失蹤的捕鯨人的傑作，這些傳說實在很詭異。[16]

維利耶把稿子傳回澳洲老家，讀者看了這一小段一定覺得津津有味，可惜都是瞎扯淡。也許他是忍不住要在書裡來一段無稽之談，也許是某個跟他同行的捕鯨人唬了咱們這位好騙的記者。貝克曼做這行做了五十年，壓根沒聽過，也沒見過這種事。

真的，要是藍鯨懂得反擊，死傷就不會這麼慘重了。到了一九三〇年代，現代捕鯨科技突飛猛進，趨近完美，獵鯨砲手的技術也愈來愈高超，鯨魚面臨前所未有的大屠殺，藍鯨也成為動物界的終極獵物。在一九二九年至一九三〇年的獵鯨季，捕鯨人殺了一萬九千多隻藍鯨，被人類獵殺的其他品種的鯨魚全部加起來也不過就是這個數字。到了隔年獵鯨季，人類更是打破了單一品種獵殺數量的紀錄，兩萬九千四百零九隻藍鯨遭到獵殺，占全世界獵殺鯨魚數量的八成。也許另外還有一成是被打死，但是沒有打撈上岸的鯨魚，所以死亡數字應該是三萬兩千隻。這個數字大約是全球現存藍鯨族群的兩、三倍，可見問題有多嚴重。從一九三二年、一九三三年起算的八個獵鯨季節中，捕鯨人在南冰洋平均一年殺一萬五千多隻藍鯨。

捕鯨人在南極大肆殺戮藍鯨，大概是有史以來人類對動物發動的最大戰爭。北美人在十八、十九世紀殺了幾億隻候鴿，北美大陸最普遍的鳥類就此絕跡。不過候鴿會絕種，跟濫伐森林和疾病也脫不了關係。即使是絕種生物的代表「渡渡鳥」也不是死於人類之手，而是死在人類帶進模里西斯的外來物種的手裡。當然拿著步槍的獵人也殲滅了許多大型哺乳類，像是非洲南部長得很像斑馬的南非小斑馬，還有巴里島與爪哇的老虎，但是這些都是當地獨特的族群，很容易遭到獵殺。藍鯨可就大大不同了，體型那麼碩大，行動又飄忽不定，捕鯨人足足花了一千年才搞定捕鯨需要的科技。捕鯨如果要系統作業，還得派出捕鯨船與船員到世界的盡頭。在一段極為短暫卻腥風血雨的日子裡，也就是從一九二八年起算的十二個獵鯨季節，那是捕鯨業的黃金歲月，真正的大屠殺登場，足足有十九萬一千多隻南極藍鯨遭到獵殺，這大概是最慘的紀錄吧！後來納粹德國在一九三九年發動了另一場大戰，人鯨大戰才宣告停火。

第三章 重回冰天雪地

一九四〇年九月二十日，加工船「新塞維利亞號」從利物浦出發，前往南喬治亞島。出發前兩天，多輛卡車載來一大堆牛肉、羊肉，要給即將在冰天雪地度過幾個月的捕鯨船船員吃。東西實在太多，超過捕鯨船的法定載重量。這艘大船重一萬四千多公噸，是一九〇〇年由「白星航運公司」打造，這家公司就是鐵達尼號的主人，原本只是搭載乘客從英格蘭前往澳洲，一九三〇年改裝成為加工船，開始定期前往南極，在接下來的十年，「新塞維利亞號」也是在南冰洋宰殺十四萬九千隻藍鯨的捕鯨船隊的一份子。

大西洋之戰正打得如火如荼，往南走的捕鯨船必須結隊同行，跟「新塞維利亞號」一起走的還有其他四十七艘船。駛離利物浦大約十個小時之後，也就是晚上八點左右，船隊裡的一艘油輪被德國潛水艇射出的一發魚雷擊中，炸得一塌糊塗。幾分鐘之後，「新塞維利亞號」也被U—一三八潛水艇鎖定，煙囪下方被擊中。當時在船上的英國捕鯨人彼得森後來回憶這起事件：「那個時候警鈴大作，大家都要戴上救生圈，趕快跑到甲板。潛水艇對我們發射第二枚魚雷，剛好正中引擎艙，船就這麼毀了。」[1]彼得森被震到海裡，還好他緊緊抓著一艘翻覆的救生艇，後來他總算抓住船隊別艘船垂下來的運貨網。「新塞維利亞號」沉沒之前，絕大多數的船員都已獲救，只有兩位不幸喪生。

彼得森和其他生還者後來還是搭別艘船前往南喬治亞島，不過大戰打亂了他們一九四〇年到一九四一年捕鯨季的計畫。此前十年的兩大捕鯨國德國與英國現在正在專心打仗，另外一個捕鯨大國挪威在一九四〇年四月就被納粹占領。全世界的捕鯨船多半挪做軍用，捕鯨船拿去給海軍用，曾經載運龐大藍鯨屍體的加工船則是負責運送補給品。據說日本人還用他們船隻的船尾滑道把小型潛水艇拿出來、收回去。不過加工船這種「漂浮的工廠」體積又大速度又慢，很容易被潛水艇鎖定。光是一九四二年十月，就有三艘遭到魚雷攻擊，在北大西洋沉沒，一百六十一人喪生。大戰爆發之前，總共有三十七艘加工船投入捕鯨的行列，等到大戰結束卻只剩七艘。德國、英國、挪威與日本在大戰爆發前的最後一個捕鯨季共有三百一十二艘捕鯨船，一場大戰打下來損失了超過三分之一。

說來諷刺，竟然需要一場橫跨六大洲的戰爭，才能遏止第七個大洲外海的殺戮。在一九四〇年與一九四一年，在南極被宰殺的藍鯨不到五千隻，大部分都是日本人殺的，那時候日本還沒有加入大戰，接下來兩個捕鯨季的捕獲量加起來不到兩百隻。一九四三年至一九四五年，挪威捕鯨業者在南極宰殺了大約一千四百隻藍鯨，不過在大戰期間的五個捕鯨季，總捕獲量大概只有一九三九年到一九四〇年捕獲量的一半多一點。從這個世紀的頭十年以來，藍鯨的捕獲量從來就沒有這麼少過，很多捕鯨業者希望藍鯨能利用這段時間喘口氣，從一九三〇年代的大屠殺復育，可惜事情不如他們所願。

在第一次大戰期間，鯨油可是奇貨可居，到了第二次世界大戰地位就下降許多，不過在戰後的幾年，大家又認為鬚鯨身上的原料經濟價值很高，鯨肉與鯨油都一樣。在大戰那段艱苦歲月之後，英國與西歐對進口油脂的需求特別高，為了刺激生產，英國政府把鯨油的價格定在每公噸約八十三英鎊，幾乎是一九三九年水準的一倍。到了一九五〇年，挪威業者生產的鯨油價格已經攀升到每公噸一百三十三英鎊。到了這個時候，捕鯨業者知道這種瘋狂價格不可能持續下去，植物油已經快要取代鯨油成為人造奶油的首選原料，只有閉著眼睛不看事實的人才會認為南極的鯨魚數量還能承受上一個十年那樣的殺戮。但是利益實在太大了，捕鯨業者抵擋不了誘惑，大戰結束馬上回到冰天雪地淘金。

德國與美國曾在一九三〇年代末到南極捕鯨，後來再也沒有回到南極。挪威、英國與日本倒是重新打造捕鯨船隊，再次前往南極。荷蘭與蘇俄也首次派出船隊。南非捕鯨業者在大戰之前曾在南極作業，一直到一九五〇年代末都還在南極捕鯨。雖然後來在南冰洋遭獵殺的藍鯨數量再也沒有超越大戰前的數量，嚴格來說不能怪捕鯨人不賣力，實在是因為藍鯨數量稀少，不過到了一九四六年到一九四七年的捕鯨季，又有將近九千隻藍鯨被獵殺，這跟戰前水準也差不多。到了這個時候，長須鯨已經成為最常遭到獵殺的品種，不過藍鯨還是捕鯨業者的最愛，因為藍鯨身上榨出的油比相同長度的長須鯨多出很多。在一九四九年到一九五〇年，以及一九五〇年到一九五一年的兩個捕鯨季，每季遭獵殺的藍鯨數量雖然不到七千隻，不過南極遭獵殺的所有鯨魚裡面，藍鯨大概就占了三分之一，也就等於每年四十五萬多公噸的鯨油。可想而知獵鯨砲手會覺得殺一雙長須鯨還不如殺一隻藍鯨。

一九五一年夏季，加工船「南方探險家號」在英格蘭北部紐卡斯爾外海停靠。這艘船是「薩維森公司」所有，船頭至船尾總長一百六十五公尺，寬約二十三公尺。梅克強是當時的船員之一，那年他才十七歲，之前從未出過海，他到現在還記得那艘巨船的模樣與臭氣：「船停靠在南希爾茲的碼頭，我們一上船就聞到上個獵鯨季遺留下來的氣味。雖然他們用氫氧化鈉清洗過，那個味道還是臭遍整座城。」梅克強一九三四年生於蘇格蘭，那年暑假結束後他本來打算繼續念書。「我對語言很有興趣，我們在學校已經學了拉丁文和法文，我當時就想發揮所學。」後來薩維森公司的人找上他，勸他打合約，出海捕鯨一年。「我說好，我想去一季就好，就把暑假花在『南方探險家號』上面。我上了船，到了挪威，過了三

梅克強從一九五一年起就在南極獵鯨，在那裡度過十個獵鯨季，等到他離開的時候，藍鯨已經在南冰洋絕跡。

個禮拜又去阿魯巴，接著才到南極。」當初簽約的時候以為只有一季，沒想到後來變成十季，在「南方探險家號」待了五個獵鯨季，另外五季在南喬治亞島，他在島上度過四個冬季。

十來歲的小伙子梅克強在第一季主要是負責鍋爐，還有清理蒸發器。他書念的比較多，所以輪機長常找他過去幫忙。「我計算過每一艘捕鯨船耗費的燃料，還有『南方探險家號』航行海里數的打滑率，也就是螺旋槳旋轉的次數。」那個時候在甲板下工作的船員大部分都是英國人，不過主管清一色都是挪威人，看到梅克強對挪威語這麼有興趣，他們都很開心。到了南冰洋沒多久，梅克強就看到船員抓了一隻十五公尺長的抹香鯨，那是他這輩子第一次看到抹香鯨。幾個禮拜後，他第一次看到藍鯨，那個畫面讓他想起凡爾納小說裡的大海怪，那隻藍鯨足足有三十一公尺長。「他們還得把鯨魚的鰭割掉，才能從滑道運上來，你能想像那有多誇張嗎？看起來活像一棟三、四層的樓房！」

雖然捕鯨船與加工船的重大進步都是在大戰之前，戰後時代的捕鯨船隊效率反而更高。「南方探險家號」配有十三艘捕鯨船與兩艘航標船，這也是標準規格。通常比較老舊的捕鯨船都是負責拿取鯨魚屍體，拖到加工船上，這樣一來砲手就能繼續鎖定下一個目標。只要一有鯨魚被擊中，捕鯨船的船員就會從鯨魚身上的洞充氣，讓鯨魚浮在水面上，又在鯨魚身上留下記號，這樣就知道是哪一艘捕鯨船的戰利品。接著在鯨魚身上綁上一盞燈與無線電浮標，這樣航標船比較容易找到。通常船員會把鯨魚的尾鰭割掉，免得海洋的自然波浪起伏讓死鯨魚沿著海面「游走」，那要抓回來可就不容易了。

等到捕鯨船來到加工船，甲板上就忙碌了起來，充斥著眾人七手八腳處理鯨魚的聲音、氣味。船員先是用鯨魚夾夾住鯨魚的尾巴，用蒸汽絞車沿著滑道拉上來，拉到後甲板，負責剝取皮脂的船員在那裡等待，他們用一種工具，是一根棍子兩端都是圓形的刀片，很像陸上曲棍球的球棍，用這個將鯨魚背上的鯨脂剝下來。剝取鯨脂通常是兩個人各站在鯨魚的嘴巴兩邊，第三個人站在鯨魚身上，沿著鯨魚的脊椎走。剝取鯨脂的時候要特別注意不要切到肉裡，藍鯨鯨脂的厚度薄的話大概是五公分，厚的話大概有三十公分。船員沿著鯨魚的身體兩側割出一道切口，用鉤子鉤住鯨頭部位的鯨脂，鯨尾後面的絞車會把一條一條的鯨脂撕下來，就像在剝一根二十七公尺長的香蕉一樣。鯨魚背上的鯨脂剝離下層的肉時，會發出一種聲音，一位捕鯨人曾說這種聲音是「一連串的劈啪聲，很像豌豆枝在火裡烤一樣」。[2]

下一步就是要把鯨魚的身體翻過來，才能剝除腹部的鯨脂。這可是超級艱鉅的浩大工程，要用兩台絞車才能搞定。先把一條金屬線繞過鯨魚身體上面，綁在一邊的胸鰭上，再用從船另一端的絞車拉來的第二條線繞過鯨魚身體下面，綁在另一邊的鰭。兩台絞車一起轉動，鯨魚的身體就會慢慢翻轉過來，等到腹部朝上，船員又可以開始剝除鯨脂，剝去腹部上薄薄的一層鯨脂。藍鯨的鯨脂大約占全身體重四分之一，所以大型藍鯨的身上隨便都能取出十八公噸的鯨脂，只要六個人花上一個小時就能剝除完畢。在這短短的一小時裡，不管加工船甲板上的藍鯨原本體型有多雄偉，剝取鯨脂之後都只剩下一點點。剝下來的鯨脂切成比較容易處理的小塊後，丟進大爐。最難處理的是藍鯨的舌頭。「一大團滑溜溜的，像果凍一樣，放在甲板上大概會占去六平方公尺。」

這是薩維森公司捕鯨船船長麥克洛林在《呼喚南方》這本書裡留下的記載。[3]英國捕鯨人彼得森在「新塞維利亞號」被魚雷擊中的時候剛好在船上，他還記得要把藍鯨的舌頭送進鍋爐可得小心，弄不好可是會出人命的：「一旦開始就得拚命跑，千萬不要被舌頭打到，哪怕碰到一點點都會送命。」[4]

等到剝完了鯨脂，船員就要把鯨魚拖過「地獄之門」，就是前甲板與後甲板之間狹窄的分界。「屠宰工」接手作業，所謂「屠宰工」就是負責屠宰鯨魚的人，他們要把剝除鯨脂後的鯨魚屍體大卸八塊，這樣才好處理鯨魚身體的部位。他們用鉤狀的刀子和超大蒸汽鋸，把鯨魚的肉割掉，再

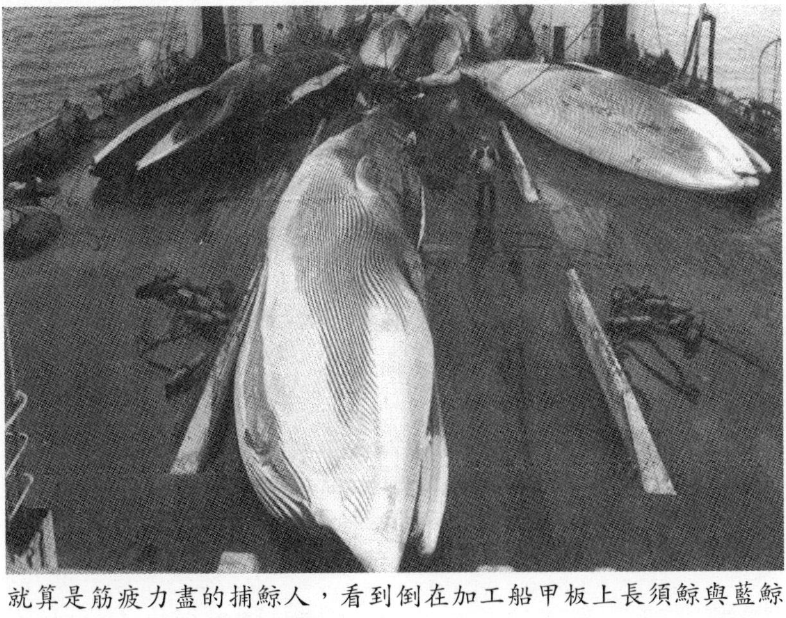

就算是筋疲力盡的捕鯨人，看到倒在加工船甲板上長須鯨與藍鯨的巨大體型，也會忍不住讚嘆。

把骨頭與結締組織分開。梅克強還記得當時的場景：「大家都忙成一團，捕鯨收穫不錯的時候，船上就像但丁筆下的地獄。」高級鯨肉通常都會冷凍起來，剩下的就丟進鍋爐與壓力鍋擷取鯨油。一隻藍鯨在七個小時內脂肪就能處理完畢，這是人類團隊合作與科技進步帶來的創舉。

雖說鯨油是鯨魚身上最重要的原料，鯨肉在戰後那些年也愈來愈重要，不過也只有在日本而已。食品製造商在歐洲推廣食用鯨肉，結果並不成功。歐洲人對鯨肉沒什麼意見，對吃鯨肉這檔子事則是敬謝不敏。吃過鬚鯨肉的人大部分都說味道跟牛肉一樣可口，甚至可以說比牛肉還好吃，不過藍鯨以磷蝦為主食，所以藍鯨肉吃起來會有點魚腥味，有些人沒辦法接受。很多捕鯨人在南極的時候都把握機會嘗嘗鯨肉的滋味。麥克洛林記錄了船上的一段對話：

> 「這香腸裡面包的是啥東東？」一名捕鯨人有一天走到工作台，看見屠夫在做香腸，就有此一問。
>
> 「就是平常吃的啊！」屠夫回話，「鯨肉跟豬肉。」
>
> 捕鯨人看了看乾乾淨淨的工作台，看到一大堆鯨肉與豬肉，都已經切好，準備放進絞肉機。「鯨肉跟豬肉啊，」他說，「那你是兩種各放一半囉？」
>
> 屠夫哼了一聲：「是喔是喔，各放一半，一隻藍鯨一隻豬喔！」[5]

英國人常吃黑香腸、豬肘子、牛腰餡餅，竟然還會覺得鯨肉不好吃，大概是因為聽見早期的英國捕鯨人說他們在岸邊捕鯨站處理的鯨魚有多爛、多臭，當然現代科技能讓鯨肉保持新鮮，不過英國人對鯨肉的偏見還在。英國人不吃鯨肉，當然不是因為道德感作祟，因為英國人要到二十年後才會發現鯨魚瀕臨絕種，再說歐洲人都會用鯨油做的人造奶油塗麵包了，當然不會因為可憐藍鯨就不吃藍鯨肉。

真的，英國人雖然自己不吃鯨肉，卻會大把大把地餵給寵物吃，不過大部分的英國人應該不曉得自己買的狗食與貓食罐頭是用什麼肉做的。大概在一九七〇年，研究人員斯摩爾撰寫代表作《藍鯨》期間曾經跟一家挪威公司聯繫，這家公司將鯨肉賣給英國寵物食品製造商，結果挪威公司拒絕透露鯨肉的賣價。這個時候這家公司應該會擔心引起公憤。後來有一位看不下去的員工偷偷告訴斯摩爾，說公司賣鯨肉每公噸是八十三至一百一十英鎊，還說公司覺得這價錢不錯。斯摩爾在書裡寫下：「那家公司當然不會承認他們的利潤是用藍鯨絕種的危機換來的，藍鯨被屠宰，好拿來餵飽英格蘭的貓狗。」[6]

挪威的捕鯨公司就跟英國同業一樣，會在離開南冰洋之前把一部分鯨肉賣給日本船隊，不過賣的數量相對來說很少。挪威捕鯨船幾乎不會把鯨肉帶回家。有些挪威人愛吃鯨肉，到現在還是愛吃，不過挪威的鯨肉市場一直都很小。在日本可就不一樣了，鯨肉廣受日本人歡迎，到現在還是如此。在一九五〇與一九六〇年代，日本出產的鯨肉比牛肉還多，價格只有牛肉的三分之一。日本的鯨肉市場大，利潤又高，所以就算很多歐洲捕鯨公司都放棄捕鯨，日本還是可以賺錢。沒人知道這些鯨肉裡面有多少是藍鯨的肉，日本捕鯨公司很清楚，全世界大部分的地方都把他們當成賤民，所以也不怎麼想交代鯨肉的來源，不過想想他們賣鯨肉的暴利，不難想像他們一定是鎖定體型最大的鯨魚。

藍鯨身上還能擷取比較不重要的資源。鯨脂與鯨肉分離後，剩下的在風乾之後可以做成一種高蛋白動物飼料。在維他命A還不能用人工合成之前，大家就常拿鯨魚的肝提煉出維他命A。等到鯨油從鯨脂提煉出來，鯨肉也都切好、處理好了，剩下的鯨魚屍體處理之後做成肥料與骨粉，當作肥料賣。至於藍鯨的鯨鬚幾乎都是丟棄，說來諷刺，鯨鬚以前還是最珍貴的鯨魚產品呢！藍鯨的嘴巴大到能容納一輛貨車，鯨鬚卻比弓頭鯨與露脊鯨還要小，品質也比較差。反正到了二十世紀中期，鯨鬚的市場幾乎消失殆盡。

加工船問世之後，南喬治亞島沿岸的捕鯨站就落伍了，不過南喬治亞島仍然是南冰洋的重要捕鯨據點。薩維森公司就是在南喬治亞島北岸的利斯港活動。一九五三年，「南方探險家號」啟程返家之後，梅克強決定要留在這裡過冬。這一留就要跟家人、朋友分開二十二個月，不過想想薪水實在不錯，稅又很低，還是留下好了。捕鯨船在冬季都會在乾船塢上漆保養，岸上的一小群員工就忙裡忙外，為下一個捕鯨季做準備。「南喬治亞島的冬天很舒服，我很喜歡。」梅克強說，「這裡不像南極大陸會到零下五十度，不過有時候還是會積個三、四公尺的雪，所以捕鯨船的船員有時候什麼也做不了，只能把甲板上的積雪剷掉，不然船會沉到海裡。這裡有間電影院，我們每個禮拜三、禮拜六、禮拜天都會去。在這裡永遠不怕找不到事情做，我們會做點模型，做點手工當消遣。我每個禮拜三上挪威語課，課堂上只要沒有蘭姆酒，就沒什麼問題。」

在一九五八年之前，信件是送不到南喬治亞島的，後來第一艘加工船在捕鯨季開始之前來到這裡，才送來信件。不過那年冬天倒是第一次有艘船帶著好幾袋的信到來。梅克強是捕鯨站的技術助理，要負責分信，送到寂寞的弟兄手上，他們都在餐廳等著，望眼欲穿。一袋袋的信分到最後，總會有一小群家裡沒捎來音信的弟兄圍在他旁邊。「我知道他們家裡沒來信，我看到他們臉上的表情，心裡想著：『拜託老天幫幫忙，給他們一封信吧！』我們拆開最後一袋信，拿出橡皮筋捆著的最後一捆信，分掉最後一封信，這時我身邊還有三個人吧！其中一個說：『老天，我就知道她有外遇。』好幾次我都帶他們到我房間喝點酒，跟他們說：『不要胡說，說不定還有一袋信沒送來。』想想，我跟六個人住一間，其中五個人拿到三、四十封信，剩下那一個一封都沒有，真的有夠悲哀。」在南喬治亞島上那幾個漫長的冬季，曾經有鬱悶的捕鯨人上吊自殺，或是以其他方式告別人世。梅克強知道有些弟兄就突然消失了，再也沒出現過。在南極，死的不只是鯨魚而已。

一九五八年五月，梅克強住在南喬治亞島上，費雪寫信給薩維森公司，希望找一個捕鯨船上的工作。那年他還不滿十六歲，之前從來沒離開過蘇格蘭設得蘭群島的故鄉，卻要搭船前往南冰洋。那個時候他還不知道他會見證南極獵鯨的末日。

「我一直都想上捕鯨船。」五十年過去了，費雪在西布拉弗斯的老家回憶過往，當年他就是在這間屋子寫信給薩維森公司。「我認識一個人，他對捕鯨船很熱中，他把捕鯨船大大小小的事情都說給我聽，他還會畫給我看，告訴我每個部位的功能。我跟幾個捕鯨人聊過，他們都說：

『喔，加工船好待多了，千萬不要到捕鯨船。』那些在加工船待過的人尤其會這麼說，可是我想試試看。」

在捕鯨時代，最能吃苦耐勞的水手都是出自設得蘭群島。設得蘭群島位於北緯六十度，是英國最北端，距離挪威海岸將近兩百四十公里。設得蘭群島從九世紀到一四七二年都是挪威的殖民地，二次世界大戰挪威被占領，英軍不怕危險，多次乘坐漁船越過北海出任務，助挪威人一臂之力，這項任務有個綽號叫「設得蘭巴士」，所以在戰後那些年，設得蘭人與挪威人在南極捕鯨也合作無間。

現在費雪可以跳上他的汽車或摩托車，到首府勒威克處理雜事，這在一九五〇年代可是遙不可及的夢想。設得蘭人有車的沒幾個，連接島上幾個商業區的巴士與渡輪一個禮拜才會開一次，還得碰碰運氣。大部分的道路都是泥土路，直到一九六〇年代末、一九七〇年代初石油帶動經濟成長，設得蘭才擺脫經濟陰霾。「那個時候捕鯨是很搶手的工作，因為這一行很適合設得蘭群島。」費雪說，「我們都是九月或者十月初出海，五月初回來，剛好避開島上最冷的幾個月。我們回到家的時候剛好可以幫忙處理綿羊與莊稼，而且夏天的時候還可以釣魚。」設得蘭捕鯨人竟然要跑到南極避開自家的寒冬，可以想像島上的氣候有多糟。

「我的親戚沒有人在捕鯨。」費雪接著說，「不過我知道很多人從事捕鯨，每年都有一些男孩子離開學校，接著就聽到他們去南極的消息。我承認我從十二歲開始就很嫉妒他們，所以我十五歲那年一看到捕鯨人在五月回來，就寫信給薩維森公司，他們回信給我，說會考慮雇用我。」那年八月他又收到一封信，叫他在某個日子到勒威克的一間醫院照胸部X光。他和一個也要應徵的朋友就到醫院報到，手裡拿著信。「我們在那裡碰到一堆大塊頭男子，我們都不認識。有些看起來年紀有點大，不過當然他們頂多都是四十五、五十歲左右。」

身體檢查結束之後，費雪和朋友遇到一群比較年長的男生，這些男生邀請他們到勒威克一間叫做「休息室」的酒吧。「我們說我們年紀太小，恐怕不適合去，他們說：『唉呀！不要擔心啦！沒有人會講話的。』我們就跟著去了，喝了幾杯啤酒，就覺得自己是身經百戰的捕鯨人了。」費雪在酒吧第一次遇見湯普森，他是捕鯨界的傳奇人物，來自耶爾島，有個綽號叫「阿拉伯人」，這綽號是怎麼來的，倒是沒人記得了。湯普森是個留著鬍鬚的大塊頭，戴著厚厚的眼鏡，時常開懷大笑，那時候他一杯的酒喝了大概三分之二，突然咕噥了一聲，轉身背對著吧台，吐了一地。「他用袖子把嘴巴擦乾，把剩下的酒喝光。」費雪回憶當時的場景，「然後他把杯子推到女侍面前，說：『同樣的再來一杯。』那位女侍用手摀住嘴巴，從後面溜出去了。我看著我朋友說：『天啊，我們是踏進什麼世界了啊？』」

後來費雪得到船上餐廳服務生的工作，要在六十一公尺長的捕鯨船「南方掃帚號」上服務。這艘船以前是英國皇家海軍的輕武裝快艦，叫做海軍艦隊「星花號」，在地中海充當護衛艦，一九四二年用深水炸彈擊沉德國潛水艇。幾年後，費雪找到一張照片，上面是U—六六〇號的一群船員，他們已經投降，準備要棄船。這艘輕武裝快艦現在又裝上了新的前甲板，船頭也加裝了新武器：魚叉砲。「南方掃帚號」總共有十九位船員，分別是四個英國人與十五個挪威人。船上的蒸汽引擎是由兩組鍋爐發動，全速航行時速度可達一小時十八海里，要趕上南極藍鯨的速度並不困難。

費雪要負責擺設餐具，端送餐點，保持餐廳與廚房乾淨，還要整理艙房、通道、無線電室與儲藏室，不過他也有很多機會學習其他事情。「除了射殺鯨魚之外，在捕鯨船上能做的事情很多。我那個時候年輕，又很想學點東西，找到機會就自動幫忙。在捕鯨船上，你會覺得你是團隊當中的一份子。一旦打中鯨魚，處理得愈快愈好，這樣才能趕快獵捕下一隻鯨魚，殺的愈多獎金就愈多。他們會派你到貨艙拿他們要的榴彈、雷管之類的東西。只要有事情要做，我們就會跑來跑去。」

費雪（後排左）與其他的服務生第一次前往南極的留影。

費雪的第一個捕鯨季是在一九五八至一九五九年，他們抓到的大部分都是長須鯨。費雪記得那一季「南方掃帚號」只殺了「一隻孤單的藍鯨」，捕鯨船隊的其他船隻連一隻都沒抓到。（其他船隊那一季在南極殺了一千零七十六隻藍鯨，比前一年的一千六百六十隻少。）「但是到了我在捕鯨船上的最後一年，」費雪說，「有一天海面上突然出現一大群藍鯨。成績最好的捕鯨船那一天就殺了十六、十七隻，我們的船殺了十二隻左右。我們那天殺的最後一隻有二十九公尺長，實在有夠巨大。我們只開了一砲，牠就翻身翹辮子了。砲彈還是越過另一隻鯨魚的背才打到牠，因為牠的體型實在比其他鯨魚大太多了。我們自己把牠拖上加工船，我想砲手應該會想看看牠的模樣。他們把牠拉到甲板上，負責剝取鯨脂的弟兄爬到牠身上，人看起來像小蜘蛛一樣，那個畫面實在很荒謬。」

船員還是會用距離甲板二十公尺的砲管遠距離觀看鯨魚。「船上有對講機系統，砲管裡面有一個喇叭，砲台上也有一個，駕駛台上有一個，引擎室裡也有一個。如果你站在砲管的位置，看到鯨魚在船頭右舷，或是船頭左舷，你就按下按鈕，向引擎室的人通報，他們就會加速。在尋找鯨魚的時候，捕鯨船的航行速度大概只有一小時十二海里，一旦看到鯨魚，開始追逐，就會全速行進。」早期捕鯨船還得偷偷摸摸跟在藍鯨後面，因為藍鯨要是開始逃命，捕鯨船是追不上的。現代捕鯨船時速可達十七、十八海里，而且獵鯨的方法也有所改變，捕鯨船會先讓鯨魚「逃命」，因為知道鯨魚早晚會筋疲力盡，等到鯨魚游不動了，船員再來慢慢收拾。

技術高超的砲手只要距離獵物夠近，通常都是彈無虛發，不過順利逃過一劫的鯨魚也不在少數。「真的，我覺得有些鯨魚真的很聰明。」費雪說，「牠們會浮出水面呼吸一下，你一接近牠們又沉下去了，要十幾、二十分鐘才會再上來，再上來的時候又在船後面了。我們花了很多時間嚇唬牠們，要牠們逃跑。有些鯨魚會馬上逃命，你遇到一群鯨魚，抓領頭的那隻，牠們就會開始逃竄。站在砲管的人就要負責這個，要盯著其他鯨魚逃亡的方向。我記得有一天我們追著一隻鯨魚直直地跑，跑了四個鐘頭。我們有一小段時間跟丟了，不過鯨魚畢竟是溫血動物，不像蒸汽引擊是機器，所以我們慢慢追上來了，不過又過了很久我們才確定能抓到這一隻。大家都說就算抓到，這隻鯨魚大概也沒剩多少油了吧！」

一九三〇年代是獵藍鯨的全盛時期，射殺藍鯨的技術到現在也沒有改變太多。貝克曼在大戰之前就在捕鯨船上擔任砲手，他記得他一九六五年退休時的魚叉砲就跟現在的魚叉砲沒什麼兩樣。偉大的貝克曼有個遠親叫做麥希森，他在一九五五年在捕鯨船「南方士兵號」當砲手，他說現在在捕鯨船上工作還是跟那個時候一樣又濕又冷。最大的不同在於鯨魚現在比較稀少。南極的夏天是永晝，在這段期間捕鯨船都會全天候航行，獵殺留下來的鯨魚。船上其他的事情還能共同分擔，砲手卻只有一個。「沒有人接替砲手。」麥希森說，「有時候砲手要連續工作二十四小時，甚至三十小時都有可能。我記得有一天我們從凌晨兩點開始追鯨魚，一直弄到晚上八點我都沒吃飯。那天晚餐我吃了一大堆。」一九五八年到一九五九年的這一季是麥希森成績最好的一季，他殺了將近兩百隻鯨魚，大部分都是長須鯨與塞鯨，也有少數藍鯨。到了下一個捕鯨季，鯨魚數量變少，他的獎金也縮水了，所以這一季結束他就退休了。

整個捕鯨時代，魚叉砲都沒有什麼改變，不過捕鯨公司倒是試了幾種新科技，希望捕鯨能更有效率。但是不管砲手的技術多好，多希望減輕鯨魚的痛苦，鯨魚被擊中之後的模樣還是慘不忍睹。據說海克托捕鯨公司就投資超過十萬英鎊做試驗，看看能不能用電把鯨魚電死，這樣比較人道。早在一九三〇年代就有人試過這種方法。到了一九五〇年代中期，捕鯨業還是有人覺得這個方法行得通，至少兩艘捕鯨船上的獵鯨砲就加裝了打中之後不會爆炸的魚叉砲彈。這種砲彈打中之後會透過魚叉線散發一陣電流到鯨魚的體內，不過這種電魚叉還是以失敗告終，因為設計的人無法將電線與魚叉線結合，再說也很難判斷到底需要多強的電流才能電死鯨魚。電流太弱鯨魚死不了，太強又把珍貴的鯨肉烤焦了。

要在南冰洋找到大型鯨魚愈來愈困難了。薩維森公司與其他的捕鯨公司還派出直升機與飛機，從空中找尋鯨魚的蹤跡。事實上，「南方探險家號」就是少數船尾有直升機停機坪的加工船。試驗不如捕鯨公司所願的那麼順利，天候不佳，飛機常常沒有用武之地。「搞不清楚哪隻鯨魚是哪隻，這也是個問題。」費雪說，「開直升機看鯨魚的人也搞不清楚他們看到的是哪一種鯨魚。他們會說某某位置有二、三十隻鯨魚，接著會有兩、三艘捕鯨船跑到那裡，結果發現是大翅鯨，偏偏又不是獵大翅鯨的季節，等於浪費了一堆時間、一堆燃料。」

不過大戰之後至少有一項新科技大幅改變捕鯨人的作業方式，那就是聲納。早期的聲納系統早在一九一五年就問世了，是要偵測潛水艇用的。在二次大戰期間，聲納科技大有改良。一九四五年至一九四六年，南極捕鯨又回到戰前的水準，新的捕鯨船在船身下面加裝了獨特的金屬圓片。英國人稱聲納為asdic，這是「反潛水艇偵測調查委員會」（Anti-Submarine Detection Investigation Committee）的簡寫。聲納用來獵殺藍鯨與其他大型鬚鯨的時候，作用跟現代魚群探測器並不一樣。魚群探測器是掃描海裡，尋找潛在的獵物。捕鯨船則是用聲納追蹤已經從砲管看到的鯨魚。聲納砰砰的聲音也會把鯨魚嚇到浮出水面，也常把牠們嚇得趕快逃命。在聲納問世之前，砲手得要預測鯨魚會在哪裡出現，指引捕鯨船往那個方向去。有了新科技，捕鯨人可以追蹤海裡的鯨魚，就不用費心思猜了。

問題在於技術不好的聲納系統操作員會害砲手像無頭蒼蠅一樣四處亂竄，白忙一場。麥希森在第一個捕鯨季就吃足了苦頭：「捕鯨時代末期的捕鯨新手真的很不容易，因為菜鳥砲手總會分到最老舊的船。大師級砲手會分到一流的操作員，我船上的操作員半隻鯨魚都找不到。」（他記得有一次跟他合作的操作員之前是在餐廳打雜的，學聲納系統才學了四天就上陣。）那個時候沒人知道鬚鯨如何能聽見聲音，不過有些捕鯨人還是相信聲納能讓鯨魚大吃苦頭。一位捕鯨人在一九六二年寫道：「捕鯨船用聲納系統，難怪鯨魚會反應激烈，即使隔得很遠鯨魚也會強烈反彈。鯨魚聽到聲納之後的劇烈頭痛，大概就跟我們人類聽到超強噪音一樣痛苦吧！」[7]

新科技對藍鯨終究影響不大，到了一九五〇年代末，藍鯨已經非常稀少，每年只能獵殺一千兩百隻。捕鯨人就把砲口對準長須鯨，可想而知這樣一來長須鯨也愈來愈少。在一九六四年至一九六五年的捕鯨季，挪威一家公司聘請貝克曼探測南喬治亞島以南海面有沒有鯨魚。貝克曼這位捕鯨老手登上捕鯨船「托里斯號」開往南奧克尼群島，接著又往西沿著冰緣線到了南設得蘭群島，又到了合恩角，最後回到南喬治亞島。貝克曼說在十二天的旅程當中，他看到一隻長須鯨噴氣。等到「托里斯號」回到港口，英國人與荷蘭人已經退出南極捕鯨事業，只剩挪威人、蘇俄人與日本人搶剩下的塞鯨與小鬚鯨，以前他們還覺得這兩種體型太小，沒有獵殺價值呢！

捕鯨人在大戰結束之後馬上又回到南極捕鯨，這也不難理解，鯨油的價格水漲船高，捕鯨成了一門有利可圖的好生意。雖然南極的大型鬚鯨愈來愈少，數量還是夠捕鯨公司發財。不過藍鯨明明已經瀕臨絕種，捕鯨公司還是一直追殺藍鯨，到一九六〇年代都不肯放過，這就有點匪夷所思。到了這個時候，藍鯨占捕鯨公司的漁獲已經是極少數，就算禁止獵殺藍鯨，也不會影響捕鯨公司的獲利。不過捕鯨公司可不這樣看，整個戰後期間，捕鯨公司都堅稱一定要繼續捕鯨，不然就會破產。他們的理由是鯨油的價格從一九五〇年代中期之後就一路下滑，鯨魚的數量愈來愈少，所以勞力成本愈來愈高，產能卻下降。這些理由當然都不假，現在要禁止他們獵捕體型最大的鯨魚，他們當然不肯，他們也反對保護鯨魚的措施。斯摩爾說：「捕鯨公司的說詞到底有沒有道理？藍鯨被殺到所剩無幾，難道真的是因為要救經濟？還是因為沒有人質疑捕鯨公司的說詞，他們就假救經濟之名，行追逐暴利之實？」[8] 斯摩爾孜孜不倦研究統計資料，發現捕鯨公司就算只獵捕沒有絕種危機的鯨魚品種，還是可以獲利。「整體而言，就算這些公司在一九五六年之後停止獵殺藍鯨，也不會有經濟問題，更別說經濟危機了。他們之前的說詞根本是胡說八道……為什麼藍鯨就要因為謊言而死？」[9]

斯摩爾的問題比較像批評，不過也不是不能回答，只是答案恐怕比較冷血。用冷冰冰的經濟學解釋，捕鯨公司在短時間內見幾隻藍鯨殺幾隻，會比為了物種永續，長時間只獵殺少數藍鯨來得划算。藍鯨的壽命很長，繁殖率很低，要想維持物種永續，捕殺量絕對不能超過百分之三或四，也就是每年不能超過四千至五千隻。只要不超過這個數字，藍鯨的數量就能維持穩定，問題是這樣一來捕鯨公司就得年年派遣極其昂貴的船隊前往南極。如果這些公司只在乎最大利潤，那還是在短短幾季內儘量多殺幾隻比較划算，因為這樣可以把成本壓到最低，還可以把賺的錢拿來投資，收入就會源源不絕。如果把鯨魚當成現金計算，想想看有人給你兩種選擇，你可以現在拿一百萬元，也可以每年拿四萬元拿一輩子，你要哪個？如果你覺得你的投資平均每年至少有百分之四的報酬率，你就會覺得一次拿整筆比較划算。捕鯨公司也懂這個道理，所以就趕盡殺絕。

薩維森公司在一九六一年把「南方探險家號」賣給日本人。兩年後，曾經在「南方探險家號」引擎室工作的梅克強搬到挪威小鎮滕斯貝格，小鎮的人口約有三萬兩千人，也是傳奇人物福因的出生地。梅克強娶了挪威女人，在乾燥的陸地上安居樂業。他在薩維森公司又待了四年，在公司退出捕鯨業之後，他幫公司結清帳目，賣掉公司的捕鯨船隊。（現在的薩維森公司是一家物流公司，擁有一萬三千多名員工，經營成績不錯。）「我是最後一個摩希根人，」他說，「薩維森公司最後一個跟捕鯨業有關的員工。」他還清楚記得一九六七年的那一天，捕鯨船隊離開停靠的海軍維修基地。「我最後一次鎖上閘門，把鑰匙交給海軍司令。」一九八四年，梅克強成立了「薩維森前捕鯨隊俱樂部」，召集兩百四十七位待過南極的捕鯨老手。到了二〇〇八年，這些會員只剩不到三分之一還在世，最年長的一位是高齡九十六歲的前砲手貝克曼。

南冰洋的藍鯨幾乎是獵殺一空。在六十幾年的南極捕鯨時代，總共約有三十三萬隻藍鯨遭到獵殺，後來成立了一個委員會估算剩下的藍鯨族群。委員會在一九六三年發表的報告非常悲觀：南極大概只剩六百隻藍鯨。

第四章　天翻地覆大改變

二十世紀捕鯨業最大的恥辱在於人類都還沒開始了解世界上體型最大的物種，捕鯨業就幾乎把藍鯨殺戮殆盡。在捕鯨業發展初期，幾百具藍鯨遺體經過解剖研究，人類對藍鯨的生理構造算是相當了解了，但是一般人對藍鯨的生活、呼吸、潛水、進食與交配所知實在少得可憐。自然環境保護主義者莫瓦特在一九七二年寫道：「我有個朋友，是我們那一代首屈一指的鯨類專家，他最近用幾句話形容我們對鯨魚的了解：『我們生物學家對鯨魚生活的了解，大概拿給高中學生寫一篇文章都不夠。』」[1]

各國除了偶爾研究鯨魚的屍體之外，並沒有長期研究被獵殺的鯨魚，直到第一次世界大戰之後，英國成為研究鯨魚的先驅。在第一次世界大戰期間，可食用油與硝化甘油的需求大增，結果就是十七萬五千隻鯨魚被屠殺，其中就有一萬五千多隻藍鯨。到了這個時候，就算是最短視近利的捕鯨公司也知道應該要保護僅存的鯨魚。不過大家應該要多了解一點鯨魚的一生、行蹤與生態，才能知道該怎麼保護。

第一次世界大戰結束之後，英國殖民部召集幾位科學家成立了一個委員會，這群科學家也是第一批蒐集藍鯨的可靠科學數據的人。一九二三年，委員會買下了英國皇家考察船「發現號」，這艘船曾在一九〇一年載著史考特與夏樂頓航向他們名垂史冊的南極考察之旅。這艘重達六百六十七公噸的三桅船也曾經是加拿大哈得遜灣公司的貨輪，後來又在大戰期間運送補給品到俄羅斯。英國殖民部把船修理好之後，又加裝了適合在冰雪航行的設備與最新的海洋學儀器，之後就航向南極。委員會後來就沿用了這艘偉大船隻的名號，新取名的「發現委員會」就大張旗鼓研究鯨魚與鯨魚的棲息地。

發現委員會並不像現代的保育團體，英國政府投注資源，是要保護捕鯨業，不是要保護鯨魚，不過千萬不要認為他們只在乎利益，不在乎鯨魚。阿波羅登月計畫也許是一九六〇年代民族沙文主義的產物，那也不代表參與其中的科學家就是跟著民族沙文主義起舞，對探索月球沒興趣。發現委員會的成員也是一樣，這是他們第一次研究迷人又神祕的鯨魚，儘量掌握每一個能滿足好奇心的機會。

委員會在一九二五年初在南喬治亞島的古利德維肯港成立海洋生物站，對面就是夏樂頓三年前下葬的地方。這個時候南極所有的捕鯨作業幾乎都在岸上的捕鯨站進行，科學家有一堆鯨魚可以研究，看都看不完。他們記錄了每一隻搬上去脂工作台的鯨魚品種，也記下了性別，還做了測量，除了身長之外，也測量其他地方，如喙形上顎的尖端到噴氣孔的距離，尾鰭的寬度，還有眼睛到耳朵的距離。他們數了鯨鬚板的數量，又測量了長度，也計算了下巴下方喉腹褶的數量，連下巴有幾根毛髮都算過了。他們切開鯨魚的胃，看看鯨魚都吃了些什麼。他們在藍鯨的胃裡找到的幾乎都是南極磷蝦。科學家也研究了鯨魚的卵巢與睪丸，還從懷孕的鯨魚腹中取出胚胎。一位科學家說這是「又臭又苦的浩大工程」[2]，不過他們藉此可以更加了解鯨魚的妊娠、成長率與育種周期。「一定要算出鯨魚的替代率，這樣才能知道捕獲量要控制在多少才不會危及整個產業。」[3]科學家的研究資料也可看出被獵殺的鯨魚當中年老鯨魚與年輕鯨魚的比例。如果幼鯨的比例增加，就代表鯨魚的數量就要耗竭。到了一九二七年四月，海洋生物站已經研究了大約一千七百具鯨魚屍體。四年後生物站關閉的時候，科學家帶著大約三千七百隻鯨魚的資料離開南極。

發現委員會的作業雖然都集中在南極，也派出研究人員到南非的兩個捕鯨站。一個在大西洋沿岸的薩爾達尼亞灣，另一個在靠近印度洋的德班。這兩個捕鯨站都會定期獵捕藍鯨，通常是在冬天進行，所以研究人員推測從南冰洋往北遷徙的藍鯨也許是到非洲南部。兩位科學家麥金塔與威勒在南非待過，也在南極待過。他們發表了一份厚厚的報告，探討藍鯨與長須鯨，報告在一九二九年刊登在第一期的「發現報告」。報告提供大量有關大型鬚鯨體內與體外特徵的資料，到現在依然是研究藍鯨的聖經。

這段時間英國皇家考察船「發現號」忙著勘查南喬治亞島以及英國在南極的其他領土附近的海域。沒多久另外兩艘船也加入勘查的行列。鋼鐵船身的燃油船「發現二號」是專為委員會打造，比「發現號」更能深入南極，也更安全。一九三一年至一九三三年，多虧了捕鯨船定期補給燃料，「發現二號」環繞了南極大陸一周，之前從來沒有船隻能在冬天完成這項創舉。研究人員每天都會用瓶子裝海水一、兩次，取得不同深度的海水樣本，連四．八公里深的海水樣本都有。

他們測量海水的鹽度、溫度、酸度與含氧量，藉此了解南冰洋的水平層與水流。就是他們的研究發現了南極聚合帶。他們也蒐集浮游生物的樣本，發現浮游生物在海裡的分布並不平均，所以鯨魚的分布也不平均。蒐集這些樣本並不困難，但是研究人員必須待在一個整天颳著狂風的地方，忍受冰冷的海浪襲擊，徒手採集樣本，個中辛苦不言可喻。

發現委員會還要做一項試驗，了解南極鬚鯨的動態。為了解開這個萬年謎團，委員會在一九三四年派出第三艘船「威廉斯科斯比號」，全天候在海上為鯨魚做記號。一旦看到鯨魚浮出水面，船就要進入六、七十公尺左右的距離，再用火槍將標記鋼牌射入鯨脂。鋼牌上印著序號和一行字：「拾獲請寄回英國倫敦殖民部發現委員會，謹奉酬勞致謝。」這樣一來，只要做了標記的鯨魚被捕獲，負責割下鯨脂、鯨肉的工人就會發現鯨魚身上的鋼牌，把鋼牌寄回給研究人員，也會透露這隻鯨魚是在何時何地被殺。但是鋼牌有時候也會流落大鍋，還會卡在某一塊放在冰箱的鯨肉裡，這樣就搞不清楚是哪隻鯨魚身上的。（捕鯨人每寄回一個鋼牌可以拿到一英鎊的酬勞，等到資料登錄之後，委員會就把鋼牌送給捕鯨人當作紀念。）

後來證明要給鯨魚做記號並不容易。早期設計出來的標示器看起來像恐怖的圖釘，釘子的部位只能深入五公分左右，圓片留在鯨魚體外。這種標示器很容易掉下來，也從來沒人在鯨魚屍體上找到這種標示器。其他種類的標示器會在鯨魚體內腐蝕，序號就模糊掉了。最後科學家終於拍板定案，用二十五公分的不鏽鋼管，可以完全深入鯨脂，刺穿肌肉。這個設計非常成功，到了一九三九年，「威廉斯科斯比號」與雇來的小捕鯨船隊在五千多隻鯨魚身上做記號，最後回收將近三百個標示器。藍鯨比長須鯨、大翅鯨更難捕捉，所以他們只在六百六十八隻藍鯨身上做記號，最後回收三十八個標示器。（在一九五三年至一九六七年期間，研究人員又多次出海給鯨魚做記號，在一千五百隻藍鯨身上射入標示器，回收五十個左右。）這些標示器將近一半都是在同一個捕鯨季回收的，有一個是當天就回收了，不過有八個是一年之後才回收，還有一些是更久之後才回收。至少有五隻藍鯨戴著標示器游了十幾年。行蹤最神祕的一隻在一九三五年三月八日打上標示器，在一九四八年一月二十日才被捕獲，相隔將近十三年。

發現委員會的標示計畫有個先天的缺陷，就是鯨魚是在南半球的夏天做記號，又是在南半球的夏天被捕獲，所以無法了解鯨魚冬季的遷徙狀況。假如一隻鯨魚一月份在南喬治亞島外海打上標示器，在七月份在南非被獵殺，就能證明至少某些南極藍鯨會往北遷徙。可是這種情況從未發生，鯨魚通常是在距離做記號一千六百多公里的地方被獵殺，但是兩地的距離從未超越八個緯度。一九三九年之前發出的標示器，回收的最北位置是南緯五十四度。

不過從回收的標示器還是可以大約看出南極藍鯨的動態。舉例來說，在南喬治亞島附近做記號的鯨魚幾乎都是在同一個捕鯨季出現在積冰群附近，代表牠們並非在南喬治亞島附近徘徊，只是在夏季往南遷徙的時候路過而已。兩隻藍鯨某一季在南喬治亞島的外海打上記號，隔年又幾乎在同一個地方被獵殺，可見至少某些鯨魚會在不同的年份回到相同的覓食地點。科學家也發現有些鯨魚做記號跟捕獲的地點經度差距甚大，有一隻鯨魚甚至繞了半個地球，從西經八十一度跑到東經八十八度，可見藍鯨在南冰洋的活動範圍相當大。

發現委員會的研究計畫又持續了二十五年左右，最後在一九五四年結束，總共發表三十七本珍貴的研究資料，最後一本直到一九八〇年才出版。他們發明了很多種研究鯨魚的方法，如觀察研究、做記號，還有研究磷蝦群生長的海洋環境等，後來幾代的生物學家也沿用這些研究方法。在這些方面，委員會絕對成功，不過發現委員會當初的終極目標是要保護藍鯨與其他鬚鯨，這樣捕鯨產業才能永續發展，在這個方面可以說是完全失敗。失敗至少有兩個原因，第一個是科學因素，委員會的科學家研究了幾千具鯨魚屍體，其中很多都是懷孕的母鯨，就認定藍鯨在兩歲的時候達到性成熟。捕鯨人聽了之後就誤以為大量獵殺沒關係，反正藍鯨復育很快。很久以後科學家才發現鯨魚至少要到五歲才會性成熟，甚至到十歲左右都有可能。等到他們知道真相，藍鯨的數量已所剩不多。

委員會還有第二個可悲的錯誤，這倒不是生物學家與海洋學家的問題。簡單來說就是大家對他們的研究結果置之不理。一位評論人檢視委員會在一九三七年發表的報告，寫道：「現在我們掌握的知識夠多了，可以保護鯨魚了。」[4]這話倒也沒錯，雖然報告搞錯了鯨魚性成熟的年齡。麥金塔後來回想他的職業生涯，他也認為「發現委員會的鯨魚研究為捕鯨業規範奠定了堅實基礎」。[5]但是就算委員會打下了基礎，建立在基礎上的也只是屠宰場。在委員會一九二五年的第一季，捕鯨人殺了大約六千隻藍鯨。六年之後，委員會發表了多項重要的藍鯨研究，捕鯨人的捕獲量變成五倍，達到三萬隻。藍鯨持續大量死亡，物種永續成為空談，直到二次世界大戰才有所改變。到了一九五〇年，麥金塔就在這一年發表了充滿鴕鳥心態的演講，歌頌發現委員會所謂的

「成功」，捕獲量又回到六千多隻，但那是因為藍鯨已經快被殲滅一空了。委員會當初的目的是要合理規範捕鯨業，保護捕鯨業珍貴的獵物，結果完全失敗。很快就有一票人步上委員會的後塵。

獵捕藍鯨的歷史上有兩季最為慘烈，捕鯨業與藍鯨同樣慘烈，在那之後各國才首度合作管理南極捕鯨活動。在一九二九年到一九三〇年，以及一九三〇年到一九三一年的兩個捕鯨季，大概有四萬八千隻藍鯨遭到捕殺，這是藍鯨遭受的最沉重打擊。問題並不是經過這兩個慘烈的捕鯨季之後，捕鯨公司會擔心鯨魚所剩無幾。捕鯨公司擔心的是另一個問題，市場上的鯨油太氾濫，價格大跌，有些鯨油原料在倉庫放太久，都壞掉了，只能丟掉。捕鯨業很快就發現一定要削減鯨油的供給量。維利耶在一九三一年寫道：「所有的加工船大概都得停工一年，不是要放過鯨魚，是要放過市場。」[6]這樣一來南冰洋的藍鯨不只會因為人類要做人造奶油、做肥皂而死，還會莫名其妙地死。

在這段日子之前，挪威政府與英國政府偶爾會管制自家外海的捕鯨活動，當地的漁民會抗議捕鯨人影響他們的生計，這時政府就要出面安撫。南極的情況可就不一樣了，來自各國的捕鯨船都在相同的海域作業，各國的政策管不到這裡。一九三一年，國際聯盟結合了幾個捕鯨大國，要敲定捕鯨業的第一個國際協議。經過多番談判之後，二十六國在一九三二年一月簽訂了日內瓦管制捕鯨公約，露脊鯨受到完全保護，禁止獵殺仔鯨與陪伴仔鯨的雌鯨。公約同時也要求捕鯨船充分利用鯨魚的每一個部位，減少浪費，也規定船員的薪資必須按照生產的鯨油量計算，而不是根據捕獲鯨魚的數量計算。這最後一條的目的是要遏止砲手槍殺年幼的鯨魚，沒想到卻造成藍鯨被鎖定。

這項公約是有史以來第一個多國捕鯨法規，也是第一個被置之不理的。整個程序從一開始就有問題。簽署國當中只有挪威與英國那個時候有不少船隻在南極捕鯨，另外像是法國、義大利、土耳其與波蘭等國的代表在道德上支持這項公約，但是這些國家沒有捕鯨業的利益，所以根本沒有意義。後來積極參與南極捕鯨的幾個國家，如蘇聯、智利、阿根廷，特別是日本，並沒有簽署公約。德國簽是簽了，並沒有追認。最糟糕的是完全沒辦法實行這項公約，也沒有辦法處罰違反公約的國家。在確認這項公約的三年間，又有五萬兩千隻藍鯨在南極被殺。

捕鯨大國在一九三七年捲土重來，在倫敦開會，要拯救捕鯨業免於分崩離析。多次談判後簽訂了國際管制捕鯨公約，這項公約在很多方面都比日內瓦管制捕鯨公約來得完善，不過這並不代表問題就會解決。雖然為時已晚，公約還是保護了北太平洋西部的灰鯨（這一個族群至今仍然極度瀕臨絕種）。公約也制訂了獵殺鯨魚的最小體型規範，但是年幼的鯨魚還是沒有得到太多喘息的機會。舉例來說，公約規定身長二十一公尺的藍鯨不得捕殺，但是南極的雌藍鯨要成長到二十三至二十四公尺長才算性成熟。公約也禁止加工船在南極、北太平洋與白令海峽以外的地方作業，這些地方都是遠洋捕鯨的唯一據點。公約也縮短了捕鯨季的長度，規定十二月八日開始，三月七日結束，這樣一來加工船就有足夠的時間將貨艙裝滿鯨油。（日本人那時候忙著在東北九省打仗，沒有簽訂公約，所以也不必遵守這個時間限制。）一年之後又簽訂了一項協議，在南極設立了禁獵區，這個地方鯨魚相當稀少，幾乎沒有人在這裡捕鯨。

說一九三〇年代的保育措施徒勞無功，真是一點都不誇張。有些法令根本荒唐，比方說針對遠洋捕鯨的選擇性禁令，好像規定美國人只能在夏威夷採鳳梨，在別的地方採都算違法。在各國的討論當中，少數代表認為應該要頒布非常嚴格的法令，才能遏止最脆弱的物種消失殆盡。他們認為應該針對藍鯨、長須鯨、大翅鯨制訂限額，規定每年獵捕量的上限。至少應該限制捕鯨公司派到南極的捕鯨船數量，因為如果再不約束捕鯨船，很快南極的鯨魚就會被獵捕一空。多數人應該都懂這個道理。問題是捕鯨大國都覺得就算自己守規矩，別人也會偷跑。挪威的捕鯨公司知道如果他們守規矩，其他國家卻不守規矩，那不但保護不了鯨魚，他們還會少賺很多錢。日本與納粹德國都已經公開宣示不會理會任何捕鯨限額。

二次世界大戰中斷了大屠殺。在一九四一年至一九四二年，以及一九四二年至一九四三年的兩個捕鯨季，完全沒有藍鯨遭到捕殺。不過在諾曼第登陸之前五個月，除了德國之外，所有簽訂一九三七年公約的國家都回到倫敦開會。他們後來簽訂的協定總算制訂了南冰洋的捕鯨限額。不過協定並沒有制訂個別品種的限額，而是用一種叫做「藍鯨單位」的奇怪制度計算限額。「藍鯨單位」是捕鯨人發明的，是根據每一隻鬚鯨生產的鯨油計算。以一隻藍鯨做為基準，一隻藍鯨等於兩隻長須鯨、二．五隻大翅鯨、六隻塞鯨。這個計畫在一九四四年首度實施，不但沒有保護南極藍鯨，還把牠們往鬼門關推。

這個制度是這樣的，在捕鯨季開始之前，捕鯨大國就會敲定一定數量的藍鯨單位，也就是捕鯨業的捕鯨總限額。每隻捕鯨隊每周會用無線電聯繫在挪威的捕鯨統計局一次，報告捕獲的藍鯨單位數量。舉例來說，如果這個禮拜捕獲十二隻藍鯨、十六隻長須鯨、十二隻塞鯨，換算出來就是二十二個藍鯨單位。官員會計算這些數字，預測達到限額的日期。到了那一天，官員就會通知所有的加工船不得再捕鯨。

可惜這個制度有幾個致命的瑕疵。第一，這個制度沒有考慮到並不是每一種鯨魚處境都一樣危險。藍鯨的絕種危機比長須鯨、塞鯨都大得多，但是捕鯨船就算改為獵捕數量比較多的品種，也不會得到獎勵。如果問捕鯨人是要抓一隻碩大的藍鯨，還是要抓兩隻長須鯨，捕鯨人一定會選大藍鯨。捕鯨業也好，漁業也好，他們都認為海裡的魚不會有殺光的一天，因為一旦變得稀有，獵捕的成本就太高，不符合經濟效益。從「藍鯨單位」的制度可以看出只要捕鯨船同時獵捕數量較多的品種，這個制度就會失去作用。「如果一種鯨魚絕種，捕鯨人就會獵捕另一種取而代之。」一位評論人在一九六二年寫道，「長須鯨的數量比藍鯨多得多，但是砲手比較喜歡藍鯨，所以最後一群藍鯨可能會被獵捕長須鯨為主的船隊所殺。」[7]

用「藍鯨單位」計算限額的制度還有一個缺點，就是鼓勵捕鯨人拚命爭取最大的捕獲量。如果每個船隊或每個國家只能分到總限額的一小部分，他們就可以慢慢捕鯨，不過捕鯨國一直到一九六〇年代初才願意接受這種做法。結果眾家捕鯨船與加工船只要天氣許可，就出海晝夜捕鯨，打算在截止日前能抓幾隻就抓幾隻。競爭愈來愈激烈，捕鯨公司只好拿出新手段抓更多鯨魚。加工船開始載著直升機與飛機到處找鯨魚。捕鯨公司派出速度更快的捕鯨船，船身加裝聲納導流罩追蹤鯨魚，把鯨魚逼出水面。航標船負責清走鯨魚的屍體，這樣一流的砲手才能殺更多鯨魚。捕鯨公司砸下大把銀子改良捕鯨船隊，所以他們堅持現在的高捕鯨額度絕對不能降低，他們的投資才有報酬。這是惡性循環，困在中間的就是鯨魚。

限額制度還有一個缺點，就是不誠實的船隊也能從中得利，只要謊報捕獲的數量就好。舉例來說，船隊可能把體型較小的藍鯨當成長須鯨申報，這樣一來就只占半個「藍鯨單位」。蘇聯人在這方面最嚴重，有人說他們低報捕獲量，也有人說他們多報捕獲量，想讓捕鯨季趕快結束。等到競爭對手一一返鄉，俄國的加工船就可以盡情搜刮海域了。

「藍鯨單位」限額制度還有最後一個缺點，大概也是最容易預料的一個缺點，那就是額度一直都太高了。在新規定實施的第一個捕鯨季，總額度設在一萬六千個「藍鯨單位」。很多科學家都知道這個額度太高了，無法維持鯨魚的永續發展，就算把額度砍一半，鯨魚還是會面臨絕種危機。但是很多捕鯨業人士還嫌不夠，認為應該要設在兩萬個「藍鯨單位」比較恰當。捕鯨國也認同每年開會討論額度，視需要調整，但是這都只是虛應故事，一直到一九六三年到一九六四年的捕鯨季，額度才大幅調降。後來限額制度終於在一九七一年廢除，在這之前的四個捕鯨季，額度已經降到兩千七百到三千兩百之間，那幾年實際的捕獲量總會比額度低個幾百。把額度設的比鯨魚總量還高，還有比這更白癡的事情嗎？

二次世界大戰之後，捕鯨國決定要建立一個永久的管理單位，取代臨時的協定。一九四六年，他們在華盛頓特區開會，成立了國際捕鯨委員會。同年十二月，創始會員國起草了國際管制捕鯨公約，目的是要「適當保護鯨魚存量，以推動捕鯨業正常發展」。日本當時沒有參與，到了一九五一年才加入，其他捕鯨大國都加入了。要保護南極藍鯨免於絕種的命運，現在還來得及。一九四六年到一九四七年的捕鯨季，將近七千隻藍鯨遭到捕殺，如果馬上開始保護藍鯨，以當時藍鯨的數量仍然足以復育。就算是重新議定一個能維持永續的額度，也比之前幾個國際協定強得多。結果捕鯨業反而捕殺更多鯨魚。公約簽訂的那年，荷蘭與蘇聯就開始派遣加工船到南極。艾利斯寫道：「到了一九四六年，國際管制捕鯨公約的籌畫者已經知道露脊鯨滅絕，也知道北極弓頭鯨都消失不見。太平洋灰鯨數量大幅減少的數據就擺在他們眼前。他們還是一錯再錯，他們設計了一個制度，眼睜睜看著世界上剩下的鯨魚徹底滅絕。」[8]

國際捕鯨委員會一九四九年在倫敦首度開會。當初成立委員會，就是要確保各國確實遵守公約。委員會在五年之內又成立了科學委員會，召集七個會員國的十一位生物學家。這群生物學家要負責提供合理管理捕鯨業所需的資料。可想而知科學家的意見到頭來又沒人理會，短期經濟利益再次打敗長期保育。一九五三年，生物學家指出南極的捕鯨船平均每出海九天就殺掉一隻藍鯨，比起一九三四年平均一天殺掉一隻以上，已經是減少了。生物學家發現捕獲的長須鯨比藍鯨多出了十五倍，顯然藍鯨的數量急遽下滑。科學家也建議縮短獵捕藍鯨的季節，並且將南極鯨魚稀少的地區列為禁獵區。所有會員國都同意縮短捕鯨季，但是荷蘭反對關閉南冰洋的任何海域。提案很快就不了了之。

從這件事情還有後來的許多事情，可以看出國際捕鯨委員會最明顯的弱點。英國與挪威早在一九四六年就提出所有會員國都應該遵守委員會的決議，但是委員會運作起來卻不是這麼一回事。任何一個會員國都可以在委員會決議九十天內提出異議，而且只要提出異議，就可以不必遵守決議。這樣就等於所有會員國都有否決權。如果除了荷蘭之外的所有會員國都同意停止獵殺南極某個海域的藍鯨，那結果就是荷蘭依法可以獨享這塊海域。可想而知其他會員國不可能認同這種做法。會員國都很清楚，如果每個會員國都擁有否決權，那委員會就形同癱瘓，但是不給否決權問題更大。如果採用多數決，那經常挫敗的會員國就會乾脆退出，繼續捕鯨，完全不受任何約束。智利和祕魯就是這樣，這兩國在一九四六年簽訂公約，但是都沒有追認，所以捕鯨作業都不受委員會管轄，直到一九七九年加入委員會才有所改變。挪威、荷蘭與冰島都曾經暫時退出委員會，發給因紐特人獵捕弓頭鯨執照的加拿大則是在一九八二年永久退出委員會。印尼與東加等國允許原住民捕鯨，這些國家從未加入委員會。

真的，誰也不知道委員會到底能不能有效約束會員國。這並不是委員會祕書長的錯，也不是各國代表的錯，畢竟國際捕鯨委員會是一個自願性的國際組織，不能真正制裁會員國。不過委員會有件事情其實可以做得更好，就是要求會員國安排國際觀察員登上所有的加工船，確認作業符合規定。會員國早在一九五九年就討論過這個構想，但是光是細節就爭論了十幾年，到一九七二年總算開始實施。到了這個時候，美國、英國、澳洲與其他前捕鯨國都像戒了煙的癮君子一樣信奉環保主義，也採取行動為國際捕鯨委員會助陣。美國政府表示任何國家只要被美國認定違反捕鯨禁令，美國就會停止進口該國的魚貨，還會限縮該國在美國水域的漁獲量。美國到目前為止已經對日本、蘇聯、智利、南韓、祕魯與西班牙使出制裁手段。

國際捕鯨委員會原本應該保護捕鯨業逐漸稀少的資源，結果每次有機會保護卻都不知所措，直到美國採取行動情況才改觀。一九五五年，會員國在莫斯科開會，有人提議禁止捕鯨船在北太平洋獵捕藍鯨，結果不僅日本與蘇聯反對，加拿大與美國也反對，因為加拿大與美國的沿岸有少數捕鯨站仍在營運。後來會員國又重新開啟了一九三八年關閉的南極禁獵區。隔年國際捕鯨委員會認為拯救藍鯨已經注定失敗，要保護南冰洋的鬚鯨，就要把重點放在長須鯨身上。「一九五六這一年大概是拯救藍鯨的最後關頭，如果這一年全面禁獵藍鯨，應該還來得及。」斯摩爾寫道，「如果照這樣的規模繼續獵殺藍鯨，藍鯨的致命一擊遲早會發生。」[9]

一九六〇年，國際捕鯨委員會忽視內部科學家的意見已經整整十年了，這時候又聘請了來自非捕鯨國的三位獨立生物學家，成立一個新的委員會，就叫做「三人委員會」，倒也名副其實。委員會要負責估計每一種鬚鯨的存量，算出維持永續的最高捕鯨額度。三位科學家在一九六三年的會議上提出最終建議，表示合理的額度應該在五千藍鯨單位以下，這是現行額度的三分之一。挪威與英國覺得很有道理，提出四千藍鯨單位的額度。日本卻堅持一定要一萬藍鯨單位才夠。最後誰勝出並不難猜。三位科學家也建議全面禁獵藍鯨，他們研判南冰洋只剩六百隻藍鯨。大部分的會員國都同意，日本再度反對。日本的捕鯨船最近在印度洋南部發現一個海域，裡面仍有相對較多的藍鯨（後來日本宣稱這是新的亞種「小藍鯨」）。其他捕鯨國別無選擇，只能同意開放這個海域。

國際捕鯨委員會在一九六四年開會，挪威在會議中表示上個捕鯨季只看到八隻藍鯨，他們殺了四隻。隔年只有蘇聯人看到藍鯨，他們說他們殺了二十隻藍鯨（其實真正的數字遠高於此，只是蘇聯人低報非法捕獲的數量）。所以情況就變成這樣，南極的藍鯨雖然還沒完全絕種，但是距離絕種也不遠了，而且數量實在太稀少，獵捕的成本太高，並不划算。英國人與荷蘭人已經完全退出南極，也把捕鯨船與捕鯨設備賣掉。南喬治亞島上的最後一個海岸捕鯨站就在一九六一年至一九六二年的捕鯨季永久關閉。國際捕鯨委員會的會員國在一九六五年終於同意全面禁獵藍鯨，當初就是這些國家害藍鯨差點絕種，現在才想到這樣做，大概是有史以來最為時已晚的保育措施。乾脆也立法禁止獵捕獨角獸算了。

說到國際捕鯨委員會的無能，最可怕的一點大概就是很多會員國在藍鯨的數量大幅減少之後，竟然還不肯面對事實。一九七四年，委員會前主任委員，美國人麥克修發表了一份聲明，為委員會的表現辯護。他承認委員會有缺失，但他也說：「我不久前看到一篇文章，說很多人認為『鯨魚瀕臨絕種』，這樣想的人忘了世界上大概有一百種鯨類動物，只有不到二十種遭到商業捕殺，其中遭到過度捕殺，算得上是『瀕臨絕種』的不到十種。」[10]

麥克修是國際捕鯨委員會的重量級人物，他並非來自從事商業捕鯨的國家，竟然嘲笑那些批評捕鯨業的人，因為捕鯨業捕殺的鯨魚品種**只有半數**面臨絕種危機。他還認為捕鯨業放過那些沒有商業價值的品種，真是宅心仁厚。國際捕鯨委員會四十年來無力保護體型最大的海洋生物，發言人竟然認為這沒什麼大不了的，至少捕鯨業沒有殺光每一隻港灣鼠海豚。麥克修又說完全禁止商業捕鯨「不合理也沒必要」。這次他又說錯了。一九八六年，商業捕鯨終於走入歷史，這還是因為反對捕鯨的國家受到美國與環保團體邀請加入委員會，主導委員會才能辦到。到了這個時候，不但數十萬隻鯨魚已經死於非命，捕鯨業也徹底覆滅。

外界批評國際捕鯨委員會無能，雖然言之有理，但是就算委員會制訂能確保永續的額度，也保護不了藍鯨。即使在全面禁獵藍鯨之後，非法與不受管制的捕鯨作業仍在持續，委員會也束手無策。直到一九九〇年代中期大家才知道情況有多嚴重。

最惡名昭彰的非法捕鯨業者就是歐納西斯。這位希臘出生的阿根廷航運鉅子也是美國前第一夫人賈桂琳甘迺迪的第二任丈夫。歐納西斯在一九五〇年加入捕鯨業，把一艘油輪改裝成加工船「奧林匹克挑戰者號」。他聘請一位前納粹人士掌管捕鯨業務，並且宣布派出「奧林匹克挑戰者號」與十二艘捕鯨船出海。（雖然國際捕鯨委員會根本是紙老虎，歐納西斯還是想規避委員會的規定。他的船隊都是掛著巴拿馬與宏都拉斯的國旗，因為這兩國都不是委員會的會員國。）「奧林匹克挑戰者號」犯下一連串的違規行為，包括在捕鯨季之外的時間捕鯨，謊報捕鯨數據，還濫捕體型過小的鯨魚等等。船上的德國船員後來自首，坦承他們在一九五四年的秋季在祕魯外海殺了兩百八十五隻藍鯨，卻以抹香鯨申報。其中三十七隻身長不到十八公尺，所以應該是未成年。他們也承認在一九五四年到一九五五年的捕鯨季，為了快點達成額度，向捕鯨統計局多報捕獲量。等到捕鯨季結束，其他捕鯨業者都啟程返航，「奧林匹克挑戰者號」就趁虛而入，又殺了十二隻藍鯨。

「奧林匹克挑戰者號」已經是劣跡斑斑，但是比起在國際捕鯨委員會眼皮子底下的非法捕鯨還是小巫見大巫。這個壞蛋並不是一艘盜獵船，而是一整個蘇聯遠洋船隊。這個船隊非法捕殺十萬多隻鯨魚，其中將近一萬隻是藍鯨。歐納西斯幹的壞事不能怪到委員會頭上，但是沒能阻止蘇聯船隊的大屠殺可就說不過去了，何況蘇聯還是委員會的會員國呢！如果委員會派遣國際觀察員駐守在所有的捕鯨船上，這種濫殺就不會發生了，事實上會員國吵著要派觀察員已經吵了十幾年，委員會就是沒有行動。真的，一九七二年到一九七三年的捕鯨季，捕鯨船上總算有了觀察員，最惡劣的違規捕鯨行為幾乎是馬上消失。

雖然有些捕鯨國一直以來都互相指控謊報捕鯨量，不過從現在的資料可以看出大部分的捕鯨國都遵守委員會的規定。蘇聯在一九九〇年代初解體，後來一群曾經待過捕鯨船的科學家決定要抖出蘇聯的惡行。他們手中鐵證如山。蘇聯船隊雖然向捕鯨統計局謊報捕獲量，還是留存了真實的紀錄，上面的數字相當駭人。根據紀錄，一九四七年至一九七二年之間，蘇聯捕鯨業者在南半球非法獵殺高達四萬三千隻大翅鯨、兩萬一千六百隻抹香鯨與至少九千兩百隻藍鯨。這些藍鯨幾乎都是船隊在印度洋鎖定其他品種的時候遇見的，而且很多都是在委員會全面禁止捕鯨很久之後獵殺的。到了一九七一年至一九七二年的捕鯨季，蘇聯人還殺了五百多隻藍鯨。一九六一年之後，蘇聯人也在北太平洋非法獵殺將近七百隻藍鯨。

這些事情在一九九三年首度曝光的時候，實在是駭人聽聞，不過也許從中可以看出藍鯨受到保護明明已經將近三十年，復育的速度卻不如預期。突然之間大家開始質疑幾十年來的鯨魚存量研究與管理計畫，因為這些計畫都是根據不完整的數據擬定的。一九九八年，國際捕鯨委員會將蘇聯的捕鯨數據從資料庫中移除，從那個時候開始，一群科學家就在分析數據，改正數據，希望釐清各品種的確切死亡數據。要揭開黑幕的俄羅斯科學家也在團隊裡面。他們的進展有如老牛拖車，慢到這本書都寫完了數據還沒出來，因為並不是每個蘇聯船隊的紀錄都很詳細。大家永遠不會完全了解二十五年來毫無節制地非法捕鯨的遺毒，以及對南半球藍鯨的長期負面影響。

用現在的道德標準評論前幾代的人總是很危險的。二十一世紀的人要譴責捕鯨業者「殘暴」，要責怪他們明明知道藍鯨快要被撲殺一空，還是用捕鯨砲肆無忌憚獵殺藍鯨，都很容易。但是要批評之前要先了解當時的環境，那個時候的人幾乎都把動物當成人類可以消費的天然資源，而且捕鯨船上的去鯨脂工人、屠宰工人、工程師、餐廳服務員甚至是砲手，工作都相當辛苦，收入卻很微薄。真的，二次世界大戰之後，鯨油的需求暴增，因為大家需要攝取鯨油當中的可食用脂肪。當然這不能當作捕鯨業者為了私利將藍鯨獵捕到幾乎絕種的理由。不過因為這樣就一竿子打翻六、七十年前獵殺鯨魚的船員並不公平。這就好比後代子孫罵我們這一代是「野蠻人」，就因為我們吃肉、穿皮衣。就連說話一向不太委婉的研究人員斯摩爾都覺得不應該把捕鯨人與捕鯨公司老闆混為一談。「我發覺獵殺、屠宰鯨魚的人心底深處都同情那些鯨魚，幾乎是把鯨魚當人看待。捕鯨公司主管的態度可就天差地遠了，他們覺得鯨魚只是產業原料，就像鐵礦一樣，他們只看到鯨魚的生產價值與公司獲利。」[11]

捕鯨船上的船員看著體型巨大的藍鯨逃命，被魚叉砲彈打中，又被拖上加工船的船尾坡道，不知作何感想？很多船員曾經回想他們的心情，也寫下當時的想法，讓外界了解他們的心境。從船員寫下的文字，可以看出他們大部分都對藍鯨深深著迷，很欣賞藍鯨無與倫比的力量，想用人道的方式儘快終結藍鯨的生命，同時也堅信他們的工作就跟處理牛肉、豬肉的屠夫沒有兩樣。

澳洲記者維利耶的著作《在冰凍南極捕鯨》的一九三一年版本提供了一個非常道德的觀點：「捕鯨的日子很辛苦，要做相當多的苦工。挪威人得到他們捕獲的鯨魚，這是他們應得的戰利品。雖然他們殺的是鯨魚，不過話又說回來，還有人殺大象當『消遣』哩！」維利耶寫作的那一年剛好是藍鯨被獵殺最慘重的一年，在一九三〇年到一九三一年的捕鯨季，將近三萬隻藍鯨被獵殺。維利耶又說捕鯨人都覺得藍鯨不會因為獵捕就絕種，因為人類不會笨到把財源趕盡殺絕。「有人說藍鯨恐怕會絕種，我不會太擔心這個……捕鯨業規模這麼大，怎麼會讓鯨魚絕種呢？鯨魚的數量一旦開始減少，捕鯨業當然就會停止捕鯨。」跟維利耶一樣天真的人還真不少。「沒有人希望看到可憐的鯨魚朋友絕種，」維利耶說，「鯨魚不會傷害人類。」[12]

三十幾年過去了，可憐的鯨魚朋友這下子真的快絕種了，英國化學家阿希也提出他對捕鯨業的道德的看法。他在捕鯨船上待了快二十年，親眼目睹過壯麗的藍鯨。「藍鯨在海裡悠游，怡然自得，是相當美麗的生物。」他在著作《捕鯨人之眼》寫道，「藍鯨逃命的模樣真的讓人嘆為觀止。」[13]話雖如此，阿希也跟其他人一樣非常清楚藍鯨真正的價值還是經濟價值。「加工船發出隆隆的聲響，鍋爐開到最大，這時候走在船上鍋爐旁的主要通道，每張流著汗水的臉都帶著微笑，看到這些景象真的很開心。挪威人說：『我聞到煮錢的味道。』這話說得一點都沒錯。」[14]

阿希在書的結尾寫了一段柏拉圖式的對話，反駁一位反對捕鯨業的虛擬人物：

問：阿希啊，你來說說，你在捕鯨船上看到鯨魚被追殺的感想如何？

答：追逐的過程非常精采刺激，我看藍鯨速度好快，力量好大，翻轉的姿態很美妙，我看得好入迷，可是我好希望砲手能打到那隻藍鯨……看到藍鯨筋疲力盡翻過身來，在海面上結束生命，那一幕真的很動人。看到這麼強大，這麼美麗的動物失去生命，真的會很同情。

問：那你還繼續捕鯨？

答：是啊，雖然我在南極覺得鯨魚很可憐，但是比我在屠宰場看到骯髒畫面的感覺好，這兩種我都接受，這也是沒辦法的事。[15]

費雪回憶他在南極捕鯨船上的日子，他說砲手總會儘量給鯨魚一個痛快。「沒人想看到鯨魚受苦，魚叉砲彈打進鯨魚的身體，在裡面爆炸，鯨魚不停顫抖，那個畫面實在很恐怖。如果碰到被轟得很慘的，那大家都會盡全力解除牠的痛苦，不過也會覺得很安心，鯨魚就是我們的生計。我們出海就是為了捕鯨，捕鯨才能賺錢，所以一定要抓到才行。」有人問阿希一隻大鯨魚要多久才會死，阿希的回答顯示他要嘛就是不老實，要嘛就是砲手開槍的時候他都在甲板下面工作。他寫道：「鯨魚垂死的掙扎不會超過幾分鐘。」[16]這絕對是胡說，費雪就親眼看過拖了很久的例子。「通常只要一發魚叉砲彈就能讓一隻大型鬚鯨斃命。鬚鯨比抹香鯨好殺多了。但是鯨魚的痛苦可能會維持半個小時。有時候就是找不到重要器官，沒辦法殺死鯨魚。我記得有一、兩次鯨魚被轟得很慘，一整條繩子都拉出去了。絞車力量很大，速度很慢。我們得把所有的繩子統統用力拉回來，在貨艙那裡仔細纏繞。這要弄很久，這段時間鯨魚就在遙遠的另一端拚命翻來覆去。」

捕鯨船船長麥克洛林覺得繩子另一端的鯨魚一定承受很大的痛苦。「很少人知道砲彈炸裂了鯨魚的重要器官之後，鯨魚還會苦苦掙扎，過一段時間才會抽搐而死。一定要親眼看見才會相信。」[17]麥克洛林這段話是在一九六二年寫的，其實那個時候捕鯨業之外的人幾乎都**沒看過**藍鯨死前劇痛的模樣。南極捕鯨船隊很少會帶記者上船，就算記者深入冰天雪地，帶回報導與照片，歐洲與北美的讀者看了也不見得會行動。一般認為西方的環保運動是從瑞秋卡森的著作《寂靜的春天》開始，那個時候環保運動尚在萌芽階段。綠色和平組織與反對魚叉的嬉皮要到十年後才會出現，來不及救藍鯨了。人類之所以會停止獵捕藍鯨，並不是因為社會大眾的怒吼，也不是大家突然清醒了，而是因為藍鯨消失了。

接著又發生一件大事，藍鯨的地位突然改變。大概在一九七〇年，藍鯨在短短的時間內從捕鯨人的終極獵物搖身一變成為高貴的物種。之前幾十萬隻藍鯨被做成肥皂與奶油，大家都不聞不問，沒想到藍鯨突然又成為保育象徵了。

藍鯨的地位突然攀升，奇怪之處在於幾乎沒有人親眼看過藍鯨，連很多捕鯨人與海洋生物學家也沒看過。在賞鯨之旅與動物星球頻道出現之前，大型鬚鯨與一般人的日常生活根本是八竿子打不著。野生藍鯨的照片非常稀少，大部分都是在鯨魚背後被砲彈擊中不久之前由捕鯨船上的船員拍的，所以不像保護動物人士後來關切的幼海豹那麼可愛。對大部分的人來說，藍鯨不過就是從海面凸出來的一大塊而已，不過正如鯨魚生物學家卡托納所言：「藍鯨重新燃起社會大眾對生態的興趣，這點也許是其他動物不能企及的。」[18]神祕又隱形的藍鯨到底是怎麼擄獲這麼多人的心呢？

卡托納有資格回答這個問題，因為他親眼見到藍鯨的地位一夕翻盤。一九六〇年代末，他還是個研究生，在做生物學研究，一九七一年他拿到哈佛大學的博士學位。隔年他成為位在美國緬因州吧港的大西洋學院的創校元老，接下來的三十年，他大部分的時間都在新英格蘭一帶研究鯨魚。卡托納記得美國生物學家裴恩與麥克維在一九六七年錄下百慕達外海大翅鯨的天籟之聲，播放之後，一夕之間大家都注意到鯨魚。四年之後，裴恩發行了一張密紋唱片，專輯名稱叫做「大翅鯨之歌」，沒想到竟然非常暢銷，很多人都對這位神祕、脆弱又有如黃鶯出谷的歌手很感興趣。「歌聲聽起來毛骨悚然，餘音繞梁，一聽就知道是在求救。」艾利斯寫道，「這些鯨魚不僅快要絕種，還唱出自己的輓歌。」[19]我們現在知道大翅鯨與藍鯨發出的聲音完全不同，不過當時只有專家才知道，所以突然間大家耳朵聽的，心裡想的都是鯨魚，所有品種的鯨魚。

科學家愈來愈了解鯨魚的聲音，裴恩與他人合作，在一九七一年發表了一份重量級報告，再次將藍鯨推向環保運動的前線。幾十年來，美國海軍都用極機密的水中聽音器監聽海中的聲音。這種水中聽音器是要偵測敵軍的潛水艇，不過也能聽見鬚鯨發出的低頻率脈衝。裴恩與同僚韋伯合作，發現這種叫聲多半是次聲波，一般都是長須鯨發出來的，不過藍鯨也會發出這種聲音。鯨魚就用這種聲音溝通，裴恩的說法很有道理。鯨魚的叫聲非常響亮，而且頻率很低，可以傳達到很遠的距離，甚至可以穿越海洋盆地。可想而知裴恩的報告大概只有科學家會看，不過裴恩還是公開發表了自己的看法，也引起熱烈回應。「裴恩的口才真好，」卡托納說，「他口若懸河，滔滔不絕告訴大家鯨魚發出的聲音如何穿透海洋。」大家聽到藍鯨會呼叫同伴，覺得很感動，但是呼叫也沒用，因為大家都知道藍鯨被人類捕殺到快要絕種了。「藍鯨在海裡呼叫同伴，這個景象非常孤單。藍鯨的叫聲可以傳到幾千公里之外，可是找不到同伴回應。這是震撼人心的景象，是世界上最大的動物走向末日的景象。」

雖然裴恩的研究比較側重大翅鯨與長須鯨，比較少提到藍鯨，不過對一九七〇年代初的自然愛好者來說，三者其實沒有什麼差別。「要知道那時候幾乎沒人看過鯨魚。」卡托納說，「大家不知道大翅鯨與藍鯨有什麼不一樣。鯨魚的圖像不多，就算有也非常失真。」即使到了現在，還是沒幾個人知道長須鯨，雖然長須鯨是世界第二大海洋生物。大翅鯨就好認多了，因為在新英格蘭、夏威夷外海與其他賞鯨熱門地點常常可以見到。很多照片、影片裡躍身擊浪、胸鰭拍水的鯨魚就是大翅鯨。不過在那段大家愈來愈關心鯨魚的日子裡，大家沒必要特別同情大翅鯨。結果大家的同情全部湧向擁有多項「世界之最」的藍鯨。「藍鯨成為大家眼中最特別的鯨魚。」卡托納說，「因為藍鯨的絕種危機最大，也因為藍鯨是世界上最大的動物。」

在某些方面來說，大部分的人有生之年都不會親眼看到藍鯨，這反而讓藍鯨成為剛剛萌芽的環保運動完美的代表。說來實在很矛盾，藍鯨的名號天下聞名，偏偏又神祕到不行，大家都知道藍鯨瀕臨絕種，但是對藍鯨的習性、智力等特質一無所知，通常一般人對自己喜愛的動物的特性都是如數家珍。結果新一代的人就以藍鯨為主角創造了許多神話。「海豚飛寶」與「虎鯨夏慕」擄獲世人的心，很多人就以為鯨魚都是又慈悲又絕頂聰明。最早期的賞鯨人在墨西哥潟湖遇到好奇的灰鯨前來「打招呼」，他們說這次邂逅「是鯨魚想跟我們溝通，想告訴我們雖然我們傷害了牠們的兄弟，牠們還是願意寬恕我們」。[20]美麗的鯨魚竟然跟人類一樣會表達情緒，還有比這更迷人的嗎？有些作家把創意發揮到極點，寫了自作多情的故事，把鯨魚擬人化。有一篇是這樣開頭的：「穆斯科歡聲雷動，好似快樂的藍鯨。」[21]

這個時代有一本書影響格外深遠。這本書沒有把人的情緒硬套在藍鯨的頭上，而是介紹了所有關於藍鯨的科學知識（說真的並不多），又鉅細靡遺說明捕鯨人如何把藍鯨殺到只剩一、兩百隻。這本書就是斯摩爾的《藍鯨》。這本書在一九七一年出版，隔年贏得最高榮譽「美國國家圖書獎」。多虧了這本書，藍鯨的困境首度公諸於世。斯摩爾在書裡偶爾會有點誇張，書裡寫的科學資訊很多並不正確，不過他做研究真的是孜孜不倦。他像檢察官寫起訴書一樣把捕鯨人與國際捕鯨委員會的種種惡行一一寫出，他的文字深深打動第一次接觸藍鯨的讀者。斯摩爾在書的最後一章寫到「藍鯨死在人類手裡的悲劇」，[22]用的是過去式，好像藍鯨已經絕種了一樣。他筆下的藍鯨在南極與北太平洋都已經是劫數難逃，不過他還保留一線希望。「如果奇蹟出現，藍鯨得以倖存，那一定是在北大西洋，那裡已經幾十年沒有遠洋捕鯨作業了。不過就算是在北大西洋，藍鯨生存的機率也等於零。」[23]

幸好斯摩爾判的死刑太早了，斯摩爾的書出版僅僅五年之後，二十四歲的美國生物學家希爾斯在魁北克的聖羅倫斯灣（北大西洋的一個分流）第一次看到藍鯨。這次邂逅永遠改變了希爾斯人生的方向，也永遠改變了藍鯨研究的方向。

第五章 聖羅倫斯的藍鯨

那時候是下午一點十五分，希爾斯三個小時前離開位在聖羅倫斯河口，魁北克波特努夫塞默市的船塢。就在這一刻，他這輩子第一次看到藍鯨。他拿起望遠鏡的時候，藍鯨正好浮出水面，噴出八、九公尺高的氣柱。希爾斯的同僚班琳在他們乘坐的小船上掌舵，她拿起寫字板，瞄了一眼船上的儀表板，看看GPS座標與水深，水深將近六十一公尺。「背鰭很大，」希爾斯拿著望遠鏡看，「顏色很均勻，好像是『馬鐙』。」這是二十六歲的班琳在研究團隊的第二季，她看著希爾斯到船頭拿相機，臉上浮現一抹微笑，她好佩服希爾斯這位生物學家在移動的船上，隔著九十一公尺的距離一眼認出某隻鯨魚的本事。「沒錯，是『馬鐙』。」希爾斯把遠距鏡頭對準鯨魚，照了一、兩張數位相片。他跟班琳說：「照了兩張，都是左側。」班琳就記錄下來。馬鐙有個正式代號叫做「B〇三五」，因為牠是希爾斯在聖羅倫斯河發現的第三十五隻藍鯨。牠的綽號Étrier是法文「馬鐙」的意思，這是因為牠的背部有明顯的雜色斑塊。班琳暫時不會在紀錄裡寫下「馬鐙」，要等到晚上將照片與資料庫的圖片比對，確認身分之後才寫，不過希爾斯很少認錯鯨魚。「我認鯨魚大概比認人容易。」他說。

那天早上快到十點的時候，希爾斯與班琳已經發動兩台九十匹馬力的舷外發動機，開出七公尺長的硬殼橡皮快艇「藍鯨號」。這種船因為機動性高，省油又安全，深得鯨魚學家喜愛，已經成為鯨魚學家的標準配備。九月的天空萬里無雲，非常美麗，飛機呼嘯而過，在天空留下幾道凝結尾。雖然岸上很暖和，到了海上氣溫就大幅下降，所以班琳戴著手套與毛帽，希爾斯則是戴著他的註冊商標波士頓紅襪隊帽。希爾斯昨晚在福雷斯特維爾小鎮的路邊小餐館和幾位警察聊天，他們說他們那天開著直升機飛過靠近米歐爾岬的上空，看到一群鯨魚，所以希爾斯與班琳就想到那裡看看。當地的賞鯨業者、船長與漁民常會把最近的消息告訴希爾斯，不過他們當中有幾個對這個穿著紅色救生衣的傢伙半信半疑。有個賞鯨船船長還散布笑死人的謠言，說希爾斯是幫日本人把衛星追蹤器裝在藍鯨身上，這樣日本人就可以追蹤鯨魚、獵殺鯨魚。當地一家雜誌社轉述希爾斯的話，說這一帶大型鯨魚不多，結果群情激憤，大家認為他是想要觀光客卻步，問題是他根本沒說過這話。不過他跟大部分的人都處得不錯，那天早上他一離開那個船塢，馬上就再試一次。他停在一艘漁船旁邊，對著船上的一個人說：「Bonjour! Avezvous vu des baleines ici?（你好！你在這裡看過鯨魚嗎？）」希爾斯的法語非常流利，不過一聽就知道沒有獨特的魁北克鼻音。那位漁民說他只在距離米歐爾岬幾公里的地方看過四、五隻小鬚鯨，剛好符合警察之前說的。但是希爾斯在水上航行了一小時，就只看到一隻港灣鼠海豚、一、兩隻灰海豹，其他什麼也沒看到。希爾斯要到一、兩個鐘頭之後才憑藉他的知識與經驗找到「馬鐙」。

等到大雄鯨「馬鐙」離開，班琳打開冷藏箱，丟給希爾斯三明治與蘋果。希爾斯不喜歡在水上浪費太多時間，所以午餐吃得很簡便。他的同僚很快就學會抓緊短暫的休息時間，該吃飯的吃飯，該洩洪的洩洪，因為一旦鯨魚出現，可就沒時間吃喝拉撒了。幾分鐘後，他們又往上游走了一段，來到萊塞斯庫明，在那裡通常每年的這個時候可以看到藍鯨。果然不出所料，他們抵達不到半個鐘頭就看到雌鯨「名字太難念」，或者應該說「B二四六」。「名字太難念」是很容易辨認的一隻鯨魚，牠有著相當醒目的淡白色背鰭，潛入水裡的時候會揚起牠那大大的尾鰭，伸出水面。這是露脊鯨、大翅鯨與抹香鯨常有的動作，但是藍鯨甚少如此。「名字太難念」的個性很強，常有雄鯨接近牠，但是牠只會搭理一下下，過不久就自己跑掉了。今天有兩隻鯨魚在牠附近，希爾斯後來發現這兩隻是雌鯨「藍藍」（B一〇一）與雄鯨「白白」（B一八五）。但是牠們三個只是自顧自吃飯，沒有太多交流。「白白」走了以後，以磷蝦為食的一群三趾鷗與小黑頭鷗馬上追隨牠的「足跡」，那是牠往下潛的時候，尾巴朝上拍擊水面，在水面留下圓圓的一群磷蝦。

到了下午五點左右，「名字太難念」也離開了。希爾斯與班琳看到另外兩隻肩並肩游動的藍鯨。希爾斯從多年的經驗判斷，一對藍鯨如果長時間一起游動，那八成都是雄鯨跟著雌鯨跑。希爾斯主要的研究目標就是要了解藍鯨小兩口的習性，所以他非常想辨認那兩隻藍鯨。班琳駕著船接近牠們，希爾斯用相機拍下前面那隻的右側。「前面那隻拍了三張。」他跟班琳說。接著相機又咔嚓了三下：「後面那隻三張。」這對藍鯨每隔七到八分鐘就會一起浮出水面。希爾斯認出牠們是「脈衝星」（B〇三六）與「馬刺」（B二一七）。沒想到這兩隻竟然都是雄鯨。這兩隻突然浮出水面，距離希爾斯的船只有幾公尺，牠們呼氣像是小型的爆炸聲。大口吸進的空氣大概夠灌滿一個小型軟式飛艇，吸氣的時候還會發出短短的吸吮聲。「馬刺」突然向右轉，直直衝向希爾斯的船。剎那間，希爾斯的船看起來渺小得可憐。「馬刺」藍綠色的身體就直接往下潛。想不到牠的體型這麼大，牠的頭大概有五、六公尺寬，寬度幾乎跟船的長度一樣。頭的中間還會隆起，在一對大大的噴氣孔前面形成一道噴氣孔前衛，現在牠的噴氣孔緊緊關閉。「馬刺」二十三公尺長的身體眼看就要消失在他們的眼前，結果牠又浮出水面，噴氣孔大開，鹽水噴了希爾斯他們一身。希爾斯護住相機的鏡頭，興奮地大叫。他看大鯨魚已經看了三十年，還是會覺得這種邂逅終身難忘。正如一位資深科學家所言：「捕鯨人也好，鯨魚學家也好，不管再怎麼身經百戰，鯨魚永遠看不膩，看到

一隻藍鯨在下加利福尼亞半島與墨西哥大陸之間的科提茲海懶洋洋地浮出水面。

藍鯨一定會心跳加快。」[1]

說希爾斯跟鯨魚相處的時間比跟人相處還多並不過分。三十年來他孜孜不倦追蹤海洋最大的動物，每一隻都拍照、辨識，觀察鯨魚的動態與習性，想要揭開鯨魚生活的神祕面紗。希爾斯在冬季多半會來到下加利福尼亞半島與墨西哥大陸之間的科提茲海，觀察一、二月來到這裡的藍鯨。這些藍鯨很多還帶著仔鯨。他也常去冰島與亞速群島外海研究北大西洋東部的藍鯨。一九九七年，他抵達南喬治亞島，參與該地捕鯨活動結束後的第一批海洋哺乳類研究。不過希爾斯一年大部分的時間還是待在聖羅倫斯灣與河口，研究那裡四百隻左右的藍鯨族群，很多他都叫得出名字。「我的夢想就是能活到八十幾歲，看到我二十幾歲就認識的藍鯨，那真是太美妙了。」

希爾斯的身材強壯結實，又像長年待在水上的人滿布風霜。他一九五二年在巴黎出生，父親是美國人，母親是法國人，小時候說英語也說法語。他的父親與母親的家族都有水手，他的父親曾是美國海軍，外曾祖父是船長。他懷疑他的列祖列宗裡面應該有人是新英格蘭的捕鯨人。他是那種會蒐集毛毛蟲，去森林探險，玩到全身髒兮兮回家的小孩。他上基督教教理問答課的時候，修女告訴他如果聽到跟自己的想法相左的聲音，就要相信那個聲音，他聽了之後就提出質疑，就像他現在挑戰鯨魚生物學某些大家都接受的觀念一樣。他結合了他對野生生物的興趣，以及他對海洋的熱愛，在一九七五年畢業於緬因州斯普林威爾的納桑學院，取得生物學與海戰史學位。隔年他獲得麻州伍茲霍爾海洋研究所聘用，並奉派前往魁北克東部、位於聖羅倫斯河北岸的馬塔梅克研究站。他在研究員吉布森手下做事，那年他二十多歲，忙著研究鮭魚的習性與分布範圍，不過沒多久他的目光就被跑到研究站的大鯨魚擄獲。「我就站在岸邊看，早午晚三餐都跑出來看，如果看到鯨魚出現在河灣，我就會記下來。後來我總算說服吉布森讓我也登上充氣艇。我看到的鯨魚大部分都是長須鯨，不過我也在那裡第一次看到藍鯨。我永遠忘不了藍鯨的噴氣孔有多大。有一次我還發動研究站的所有同仁出去追鯨魚，連吉布森都被我拖下水。我們追鯨魚追了四天，吉布森看著我，跟我說：『希爾斯啊，我們回去研究鮭魚好不好？』」

希爾斯繼續研究鮭魚，也繼續他的「非正式賞鯨」，那年十月他又看到鯨魚，職業生涯就此改變。「我在馬塔梅克外海看到幾隻露脊鯨，這是一百多年來第一次有人在聖羅倫斯河看到活生生的露脊鯨。吉布森硬是要我寫一篇文章投稿到期刊，我就寫了。就是這篇文章害我惡名昭彰。」原來是這一帶的資深鯨魚研究學者被別人搶了獨家很生氣。「他們不能接受我這個研究鮭魚的小蠢蛋竟然能看到露脊鯨，我被拷問得很慘，好像被ＣＩＡ抓了一樣。」這就是希爾斯對聖羅倫斯河鯨魚研究的第一份貢獻。接下來他還會有很多貢獻。

希爾斯的鮭魚研究在一九七七年二月完成，接著他回到新英格蘭，後來的三年夏天他花了些時間待在緬因州的沙漠岩山島，協助統計當地的海洋哺乳類。他在那裡和卡托納合作。卡托納是採用新研究方法的先驅，他用特寫照片辨認大翅鯨，又追蹤這些鯨魚一段時間。希爾斯那個時候還不知道，不過能結識卡托納，又學會用照片辨識鯨魚，他自己後來也成了研究先驅。

雖然希爾斯的家在新英格蘭，不過因為他一直想做沒人做過的研究，想要解開沒人碰過的謎團，所以他的好奇心又帶領他回到他在馬塔梅克第一次見到的鯨魚。所以他在一九七九年回到魁北克，成立了明根島鯨豚研究站，這是第一間專門研究聖羅倫斯河的藍鯨的組織，也是全世界第一個長期研究藍鯨的組織。

明根島鯨豚研究站位於隆格潘特德明根的村莊，從魁北克的明根群島坐船很快就會到這裡。研究站裡還有一間小型博物館。明根群島由四十個大型石灰岩島嶼和幾百個小島組成，分布在聖羅倫斯河北岸與安蒂科斯蒂島之間。這些島嶼與周圍的水道是幾百種動物的家，大西洋海雀、絨鴨還有數不清的鳥類都生活在這裡，另外還有三種海豹在這裡生活。這一帶的海裡曾經一度充滿鱈魚，但是經過幾

希爾斯一九七六年在聖羅倫斯河第一次看到藍鯨。三年後，他成立了第一間長期研究藍鯨的組織。

百年的過度捕魚，鱈魚已經消失不見。現在鯨魚是明根最大的賣點，小鬚鯨、長須鯨與大翅鯨是這裡的常客。這裡以前也有很多藍鯨，只是到了一九九〇年代初突然消失，後面再討論這個謎團。

希爾斯的團隊每年都會在五月底左右來到研究站，過一陣子他們會越過聖羅倫斯河，到加斯佩外海，或者是沿著海灣北岸往東，最遠會到紐芬蘭與拉不拉多之間的貝爾島海峽。到了八月底、九月，他們會往西走到河口，聖羅倫斯河的淡水在那裡會和海灣的鹹水匯合。河口的平均深度大概在一百九十八公尺左右，但是海底的地勢導致溫度較低、富含養分的鹽水沖到某些地方的陸地表面。這些所謂的上升流地帶就是西北大西洋最稠密的磷蝦族群的家，磷蝦會引來鬚鯨。鯨魚在夏末秋初會往上游走，最遠會到觀光勝地泰道沙克。這個河口是全世界唯一可以從陸地經常看到藍鯨的地方。藍鯨通常出現在離岸邊很遠的地方。北岸沿途的很多住家都有平台，可以在上面烤

肉、喝點啤酒，一邊欣賞地球上最大的動物噴水柱。到了秋末，大部分的藍鯨都已經離開河口，如果結冰不嚴重的話，有些最晚會留到一月才走。到了冬天，海灣幾乎沒有藍鯨的蹤跡。藍鯨離開是到哪裡去了呢？希爾斯想解開這個謎團。

明根島鯨豚研究站的年度預算在十五萬至二十二萬加幣之間，很多研究團體非常仰賴政府的委託案做為財源，明根島鯨豚研究站的主要收入則是生態旅遊。每年都有三十至三十五個來自世界各國的人花費兩千加幣，花上一個禮拜的時間在魁北克或墨西哥搭乘小船，親眼觀看希爾斯與同僚工作，了解鯨魚研究人員的日常工作。並不是每個科學家都喜歡這門生意，像有些人就很不喜歡那些伸長脖子呆呆看鯨魚的人妨礙他們的工作。希爾斯倒是很喜歡「鍛鍊」這些習慣搭乘舒適船隻的遊客。他還記得有一群人回家之後寫了一篇文章，告訴別人參加之前要做哪些準備。他們建議把口袋裝滿石頭，在沙發上跳，再請別人站在旁邊用消防水管對著你噴。

明根島鯨豚研究站每年夏天都招募十幾位經常輪換的不支薪實習生，藉此壓低營運成本。另外還有六到八名團隊成員，研究站提供他們食宿，給他們微薄的薪水。希爾斯說他的主要目的除了做研究之外，就是要給學生機會在學術單位之外的地方展現能力。希爾斯自己從來沒有攻讀碩博士學位，他在充氣艇比在海洋哺乳類研討會自在得多。他希望找到跟他一樣好奇，跟他一樣想做沒人在做的研究的實習生。他花了很多精神面試應徵者，看重的不只是他們在船上或是鯨魚研究的經驗，還有他們的熱誠與冒險精神。「我們從來不需要登廣告徵人，這點真的很神奇。我們永遠不缺熱血、熱情的年輕人，他們就跟我們一開始的時候那樣。這些年輕人來自各地，在這裡待的時間從一到十年不等。先吃苦受難一段時間，後來發現領導這個地方的人是個瘋子，一定要離開，想辦法賺錢過日子。」

對希爾斯來說，研究鯨魚從來就不只是謀生而已。「我剛開始做的時候，我們都在浪漫冒險。我們對科學感興趣，對浪漫冒險也感興趣。在草創初期就加入比較好，到後來就會變得比較文氣。」這群一九七〇年代的鯨魚學家展開了第一次長期鯨豚研究，觀察鯨豚在自然棲息地的生活情形。他們的研究方式只是搭船出去觀察，再記錄他們看到的東西。他們是自然史學家，沒有使用現代科學家用的族群模型、統計分析之類的複雜研究工具。希爾斯以前參加研討會，只有區區一、二十人到場，而且彼此都認識，現在他看到的是幾百位年輕科學家，各自有著不同的抱負。「他們很認真，研究方法一絲不苟，比我們以前文雅多了。這也是好事，這也很正常。一開始總是冒險犯難的人打下基礎，再由其他人接手發揚光大，也許還會青出於藍。」有時候師傅與學徒之間心態不同，也容易起衝突。團隊成員野外紀錄要是寫得太簡單，只是把看到的動物與行為代碼列出來，就會被希爾斯責罵。他們回嘴說在研究日誌裡寫夕陽有多美，對科學恐怕沒有什麼貢獻。希爾斯聽到這話就大搖其頭：「研究日誌就是要用**寫的**，我不是要知道夕陽有多美，我是要他們寫下他們看到動物的印象。要把基本資料寫下來，還要加一些東西，這樣比較容易記住那天發生的事情。」

以藍鯨為主題的科學文獻當中，竟然沒有幾篇的主要作者是希爾斯。不過其他科學家寫的很多論文都間接引用希爾斯的研究。常常有作者在論文中寫了一段藍鯨的習性，後面引用的地方寫著「希爾斯，私人通訊」，意思是說作者找不到可用的文獻資料，就乾脆打電話、寄電郵請教希爾斯。希爾斯的意見也夠權威，可以刊登在同行評審的期刊裡。希爾斯做了那麼多年的研究，為什麼不自己多發表幾篇論文呢？其中一個原因是他沒有待在「不出版就死亡」的學院裡面，沒有大學系主任追著他，要他發表新論文。另外一個原因是他的「職業過動症」，等到明根島鯨豚研究站的團隊把資料分析、解讀完畢之後，希爾斯往往已經開始研究另外的問題了。而且希爾斯如果覺得某些事情已經是舊聞了，就不會花時間寫下來。希爾斯觀察藍鯨，學到的很多東西都只能意會，很難量化成研究論文。這些東西與其說是資訊，還不如說是智慧。

希爾斯在聖羅倫斯河開始研究的時候，外界對於北大西洋西部的藍鯨還是一無所知。科學家在紐芬蘭南岸外海看過藍鯨，那時只有少數幾位科學家在聖羅倫斯河河口做研究，而且研究的是其他品種的鯨魚。一九七九年，希爾斯回到魁北克，這群科學家裡面的幾位進行了一項為期三個月的研究，探討河口一帶的鬚鯨數量，但是他們只從岸上用望遠鏡與單筒觀測鏡觀察，希爾斯說這樣觀察很難得到有用的資料。「他們知道聖羅倫斯河有藍鯨，別的就不知道了。他們不了解藍鯨的動態，也不知道藍鯨的數量。」希爾斯知道必須找出辨認個別藍鯨的方法。

辨認個體是研究哺乳類的重要方法，研究人員必須能辨認個體，才能估計族群規模，也才能了解一個物種的分布狀況與移動模式。不過一直到一九七〇年代末，鯨魚研究人員才開始沿用這個方法。裴恩在一九七〇年代初研究阿根廷外海露脊鯨的時候首度沿用此法。他只要看到鯨魚浮出水面就會拍照，每隻鯨魚皮繭的樣式都不同，裴恩就用這個辨別個體。所謂皮繭就是鯨魚黑色身體上的粗皮或發白的皮膚。後來的研究人員就依據鯨魚身上的斑點，還有看起來像指關節的背部隆起，在卑詩省外海認出幾隻灰鯨。其他科學家則是根據背鰭與淺灰色的「鞍狀斑紋」認出虎鯨。希爾斯的同僚卡托納編寫了新英格蘭大翅鯨的清冊，用鯨魚尾鰭內面的條紋分辨每一隻鯨魚。不過大家並沒有商量好用這些方法區別藍鯨，有些研究人員還覺得希爾斯想這樣做簡直是瘋了。

要用照片辨識藍鯨並不容易。藍鯨的皮膚通常很平滑，身上很少會有皮藓、鯨蝨與蔓腳類海生甲殼動物，這點跟露脊鯨與灰鯨不一樣。藍鯨身體很大，背鰭卻極小。每隻藍鯨背鰭的大小、形狀與顏色都不太一樣，但是差異也不像虎鯨那樣明顯。大翅鯨潛入水裡的時候尾巴通常會揚起，浮出水面，要拍到牠們的尾鰭很容易，但是每七隻藍鯨大概只有一隻會揚起尾鰭。希爾斯究竟要如何辨識藍鯨呢？答案是看藍鯨背部的淡色色塊。「我覺得這很有道理，既然可以用背鰭樣式區別大翅鯨，為什麼不能用色塊區別藍鯨呢？這兩種方法差別又不大。」希爾斯發現每隻藍鯨都有獨特的斑駁色塊，不會隨著年齡改變。藍鯨和豹一樣，身上的斑點是不會改變的。而且斑駁色塊當中竟然可以找到非常多的左右對稱圖案，所以藍鯨不太可能身體一邊有許多斑點，另一邊斑點卻很少。希爾斯很快就發現辨認鯨魚的時候要背對太陽，拍照的光線才能恰到好處，還要用背鰭做為辨認的標準，要在鯨魚準備潛水，背部彎曲的時候拍照。希爾斯與同僚搭著充氣艇，拍下每一隻他們遇到的鯨魚的左面與右面，如果看得到的話還會拍攝尾鰭，看到明顯的疤痕也會記下來。他們把照片標示好，寫上日期，在分類表上做紀錄，再放進檔案夾。每次只要拍到新照片，他們就會跟其他照片比對，看看這隻鯨魚是之前就看過，還是新發現。希爾斯正在建立聖羅倫斯河藍鯨檔案，這也是全球第一份藍鯨檔案。

幾年來老派的研究人員都很懷疑用照片辨識藍鯨的效果，直到一九八七年左右，照片辨識法才廣為學界接受。那年希爾斯發表了一篇期刊論文，闡述他在科提茲海辨識藍鯨的過程。他也發表了他的第一份聖羅倫斯河藍鯨檔案，讓其他人觀摩如何建立藍鯨檔案。隔年國際捕鯨委員會在加州拉霍拉舉行研討會，探討非殺傷性的研究方法。（自從一九八六年中止商業捕鯨之後，科學家就嚴重缺乏可以研究的屍體。）來自各國的科學家紛紛與會，希爾斯在會議中介紹他如

每七隻藍鯨大概只有一隻在潛水之前尾鰭會揚升。研究人員觀察鯨魚尾幹與背部的色彩，辨識個體。

何一一辨識出聖羅倫斯河的兩百零三隻藍鯨。「後來整個情況改觀，」希爾斯想起往事，「在那之前，新英格蘭的學者可以接受照片辨識法，我們這些用這個方法的人也很有信心，但是國際捕鯨委員會的很多老傢伙覺得用照片實在太愚蠢。」

後來希爾斯對他建立的檔案簡直是如數家珍，他的檔案目前包括加拿大東部、新英格蘭與格陵蘭西部四百多隻藍鯨。現在給他一張藍鯨的照片，只要十五分鐘左右他就能在檔案裡找到同一隻藍鯨的照片，或者告訴你這隻藍鯨是新發現。班琳開玩笑說：「別人都要花上三個鐘頭呢！」這話也不算太誇張。（二〇〇四年，希爾斯拍到一隻鯨魚，他光用看的無法辨識，「不過我好像突然想起什麼。」原來是**二十二年前**他做航空攝影調查的時候遇見的鯨魚。）檔案裡所有的黑白舊照片現在都已經掃描建檔，變成數位影像。不過比對照片還是要用人工作業，還沒有人發明這樣的軟體，能比對從不同角度、不同距離拍攝的照片。希爾斯的團隊發明了一種方法，用鯨魚的膚色模式將照片分類，這樣就不用每次翻閱整本檔案。藍鯨的斑點如果在噴氣孔到尾巴之間均勻分配，就會歸類為「**均勻**」。如果斑點是從頭部到尾巴愈來愈密集，或者愈來愈稀疏，就會歸類為「**混合**」。如果斑點看起來像好幾條水平條紋，就會歸類為「**層次**」。

除了照片之外，明根島鯨豚研究站的資料庫還有每隻鯨魚的所有資料，如性別、每次看到的日期與地點，還有出現的時候是一對還是一群。檔案裡的加拿大東部藍鯨當中大約有三分之一他們只看過一次。不過希爾斯可以從這些資訊研判藍鯨從春天出現在河灣，到秋末、冬季離開河灣這段時間的動態。「我們知道每年不同的時間可以在哪裡看到藍鯨。」希爾斯說，「我們知道五月的時候到加斯佩的尾端就會看到藍鯨，有些藍鯨會在那裡待到七月，然後才會離開，很可能是去上游。」希爾斯雖然很了解藍鯨，無奈藍鯨實在太複雜，季節性動態實在讓希爾斯摸不著頭緒。「我都被藍鯨的大規模遷徙搞瘋了，藍鯨並不是『好了，十月到了，我們統統要搬家了』，根本不是這樣，連大翅鯨也不是這樣。大翅鯨會遷徙的比較多，但有些還是會留下來，像是前一年生過寶寶的雌鯨、年紀太大沒有生育能力的，還有一些厭倦遷徙，不想再走的。藍鯨會遷徙沒錯，但是劇本可能有一百八十種。」

最驚人的劇本莫過於藍鯨徹底從明根消失，而希爾斯一九七〇年代就是在明根第一次看到藍鯨。後來藍鯨定期在明根出現，到了一九九〇年代初卻突然消失，「好像被外星人抓走了一樣」。有些在明根露過面的鯨魚從那時候開始就不知去向。到底發生了什麼事？希爾斯認為可能跟那個時候鱈魚漁業剛好崩盤有關。（過度捕魚導致鱈魚存量降至歷史新低，加拿大政府在一九九二年宣布中止鱈魚漁業。）成熟的鱈魚會大吃其他魚類，所以一旦鱈魚數量減少，毛鱗魚與玉筋魚之類的魚就會大量增加。「也許毛鱗魚與玉筋魚都在大吃磷蝦，藍鯨覺得競爭太激烈了，所以就不來明根了。」希爾斯說。他研究這種問題研究了幾十年，還是只能慢慢等待答案。「我研究得愈久，知道的就愈少。這沒辦法強求，一定要等鯨魚告訴你才行。」

不管什麼時候跟希爾斯相處，你會發現他表面上自信滿滿，有時候話少到有點失禮的地步（更不用說他在船上是出了名的脾氣暴烈），其實內心深處對於他研究了一輩子的藍鯨充滿謙卑。他從來不敢誇口他對藍鯨知根知柢。「好多人問我藍鯨有多聰明，這我不知道，我覺得我們人類連自己的智商有多高都研究不出來。只有在人類基因組計畫之後，我們才知道我們的基因數量原來只有果蠅的兩倍。我覺得這樣對人類很好，我們是罪有應得，可是我覺得人類到現在還是不懂。」

國際捕鯨委員會仍然沿用一九九一年的畫分法，把北大西洋的藍鯨全部當成一個族群。不過五十多年來有些捕鯨人與研究人員都認為北大西洋藍鯨至少可以分為兩個族群。最新發現的證據顯示捕鯨人與研究人員的想法比較正確，所以北大西洋

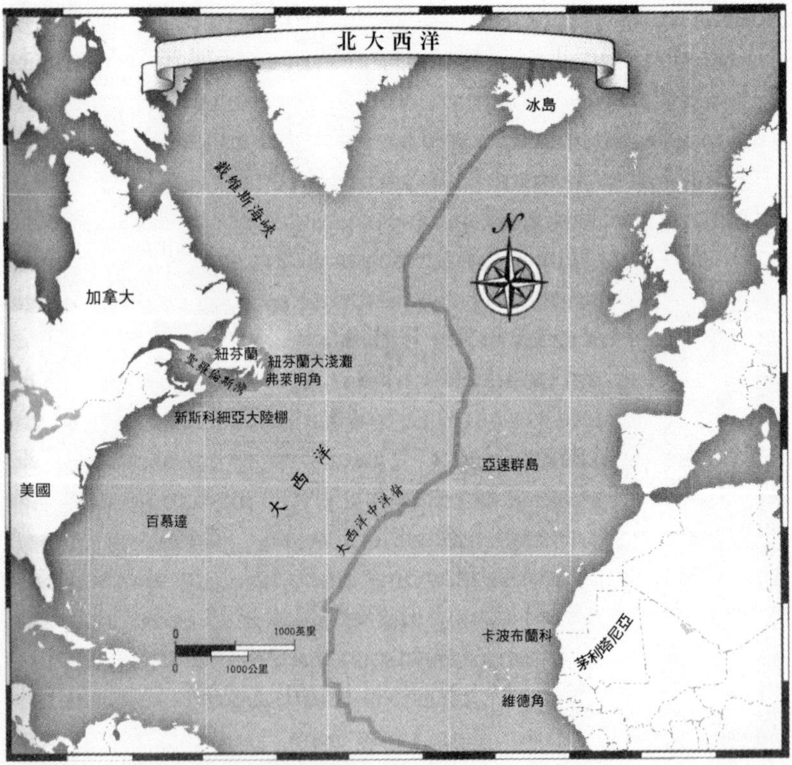

的藍鯨可以分為加拿大東部、新英格蘭與格陵蘭西部的「西部族群」，還有冰島外海、亞速群島（距離葡萄牙大約一千五百公里的群島）以南海域，甚至遠至非洲西北部海域的「東部族群」。至於這兩大族群還能不能細分成「子族群」，還有大西洋兩端的藍鯨有沒有混種，目前仍然不得而知。長期照片辨識研究可以解開這個謎團。

在北大西洋與鄰近的北極海域的藍鯨是第一批被捕鯨人鎖定的藍鯨。的確，就是這批碩大的藍鯨讓福因放棄了海豹事業。捕鯨人在挪威北部芬馬克外海大肆獵捕藍鯨，一直到一九〇〇年代初才停止，後來那一帶就很少看到藍鯨了。再往西走到冰島外海，情況就不一樣了，那裡從捕鯨時代之初就有藍鯨。在二十世紀前半，船隊也在格陵蘭西部與巴芬島之間的戴維斯海峽獵捕藍鯨。另外也有人看過藍鯨從貝爾島海峽游至聖羅倫斯灣，捕鯨人也尾隨其後。一九一一年，挪威、加拿大的捕鯨公司在七島開始營運，營運了五個捕鯨季。從七島開車不到兩個小時就可到達希爾斯的研究站。那一帶究竟多少藍鯨遭到獵殺無法確定，研究站估計被殺的所有鯨魚總數大概四百左右，其中大概三分之一是藍鯨。很多科學家認為藍鯨的壽命可以長達八十幾歲，如果真是這樣，那希爾斯資料庫中的藍鯨很可能就是當時被獵殺的藍鯨的後代。

拉不拉多的霍克港的一間捕鯨站到了一九五一年還是獵捕了幾隻藍鯨，到了那個時候，藍鯨在北大西洋已經極為稀少，已經沒有商業價值。現在捕鯨國就願意保護藍鯨了。國際捕鯨委員會就在一九五五年宣布禁獵藍鯨，冰島唯恐錯過所剩不多的藍鯨，到一九六〇年才同意禁獵。從現代捕鯨時代開始，一直到一九一五年，約有一千五百隻藍鯨在加拿大東部海域被獵殺。一九二〇年代至一九五〇年代，至少有一千三百隻藍鯨在北大西洋遭到獵殺。跟在南極被獵殺的三十三萬隻比起來，還不到百分之一，但是北大西洋的藍鯨族群規模跟南冰洋的族群規模是不能比的。因為缺乏數據，所以無法估計捕鯨時代之前的藍鯨族群規模。即使到了現在還是沒有科學的統計數字，明根島鯨豚研究站辨識了四百隻左右的藍鯨，「西部族群」的規模就是這麼多，冰島外海大概還有一千多隻藍鯨。北大西洋其他地區的藍鯨數據非常稀少，所以無法估算總數。

一九九〇年代中期，希爾斯發現如果他能把照片辨識法用在聖羅倫斯河河口以外的地方，也許他就能解開聖羅倫斯河藍鯨一個存在多年的謎團，那就

雖然很多科學家認為藍鯨的壽命跟人類一樣長，不過目前已知年紀最大的藍鯨是這隻「紐賓」，牠在一九七〇年與二〇〇八年兩度拍照。

是藍鯨冬天都到哪去了？其實藍鯨在全球任何一個海域的季節性動向都不明顯。按照鬚鯨正常的遷徙模式，南半球與北半球的鬚鯨到了各自的夏季都會遷徙到緯度較高的地方覓食。到了秋天就移師到熱帶與亞熱帶海域生產，哺育寶寶。灰鯨的遷徙最規律，每年十月就會離開牠們的覓食地點，也就是阿拉斯加與西伯利亞之間的白令海。接著再沿著北美洲沿岸走將近一萬公里到下加利福尼亞半島。雌灰鯨會在十二月至三月間在溫暖的墨西哥潟湖生產，哺育仔鯨。單身的灰鯨則在這個時候尋找伴侶。到了四月，大部分的灰鯨都會再度往北到食物充足的北極海域，一路上偶爾才會進食，以鯨脂裡儲存的脂肪維生。大部分的大翅鯨到了夏季也會從覓食地點遷徙到緯度較低的地方生產、交配。每年十月左右大約會有四千五百隻大翅鯨從阿拉斯加遷徙到夏威夷，隔年五月又返回阿拉斯加。

關於鬚鯨的遷徙，一個始終令人費解的謎題是牠們**為何**移師到低緯度海域，尤其是那裡的資源不如溫度較低的海域充沛。鳥類與陸生動物通常都會遷徙到食物比較多的地方，而不是比較少的地方，這也比較符合邏輯。生物學家認為氣溫下降的時候鯨魚就會離開極地，因為如果繼續待下去，保暖所耗費的體力會比游到溫帶海域耗費的體力還多。不過最近發表的研究發現藍鯨在冷冰冰的海裡也能自在生活。也有人認為藍鯨媽媽與仔鯨需要在比較風平浪靜的海域生活，不然就是因為藍鯨要保護寶寶不受虎鯨攻擊，高緯度的海域又有很多虎鯨，所以藍鯨才要遷徙。這些理論都頗有爭議。

不管藍鯨季節性遷徙背後的原因為何，科學家很久以前就知道藍鯨不像灰鯨與大翅鯨那樣有固定的遷徙模式。當然像聖羅倫斯河河口這樣的「磷蝦集散地」，每年夏季還是會固定吸引一批藍鯨，不過從希爾斯的照片檔案研究可以看出每年夏季來報到的並不是同一批藍鯨。一隻藍鯨可能一、兩年跑來這裡，接下來十年完全消失，之後才與希爾斯重聚。很多藍鯨只跟希爾斯見過一面，讓他拍過一次照片。大部分的藍鯨在秋季都會離開河口，但是沒人知道牠們冬天去了哪裡，應該說牠們各自去的地方不太一樣。

希爾斯沒多久就找到解謎的線索，至少可以知道藍鯨夏季的活動範圍。先前他發現聖羅倫斯河的幾隻藍鯨剛好就是他在新英格蘭與新斯科細亞外海看到的那幾隻。一九八〇年在新斯科細亞大陸棚出現的一隻藍鯨，到了一九八三年、一九八五年又在聖羅倫斯河河口出現。賞鯨人一九八七年在緬因灣拍到一隻藍鯨，希爾斯從照片認出牠是B一二五，希爾斯過去兩年都在明根外海看到牠。不久之後希爾斯又比對出聖羅倫斯河與戴維斯海峽發現的藍鯨是同一隻。一位在格陵蘭西部外海作業的同僚在一九八八年拍到一隻藍鯨，將近整整一年之後又看到同一隻。他把照片寄給希爾斯，希爾斯認出那是B一五六，牠是一九八四年與一九八五年出現在明根的雄藍鯨。

從緬因灣到格陵蘭，這些藍鯨都在八月出現，所以應該跟藍鯨的季節性遷徙無關。不過還是可以看出北西大西洋的藍鯨在夏季分布的範圍比任何人所知的都廣。藍鯨會跑到有東西吃的地方，如果不滿意，就再去下一個覓食地點。哪怕要走幾百公里也在所不惜。藍鯨不會同進同出，所以聖羅倫斯河的訪客名單每年都不一樣。沒人知道藍鯨如何挑選目的地。

至於聖羅倫斯河的藍鯨都到哪裡交配、生產，也同樣不得而知。夏季在河灣、河口出現的藍鯨，到了冬季都沒有在聖羅倫斯河以外的地方露面。希爾斯研判有些藍鯨應該是到距離加拿大沿海各省兩、三百公里的大陸棚去了。有些可能再往東走，到紐芬蘭外海的大淺灘與弗萊明角。海軍的水中聽音器曾在冬季在這些海域偵測到藍鯨，其他的藍鯨可能往南到百慕達或者更南的地方。這些年來，北大西洋西部的藍鯨也曾出現在意想不到的地方。有一隻在一九一六年在紐澤西海灘擱淺，另一隻在一九二二年從大西洋游入巴拿馬運河，運河的人怕牠會妨礙海運，將牠射死。另外有兩隻擱淺在墨西哥灣。不過這些都是非常罕見的事件，一般來說，藍鯨在美國與中美洲的大西洋沿岸停留的時間並不長。

體積最大的海洋生物竟然可以在人類的眼前消失好幾個月，實在是匪夷所思。不過話又說回來，這一區的藍鯨研究人員多半都是搭著小船在很小的區域範圍研究，不像藍鯨一輩子大部分的時間都在開放的海域，二十四小時可以輕易游過將近一百公里。「我們人類看見的海中景象，其實都離岸邊很近。」希爾斯說，「想想我們沒看到的地方有多浩瀚，就會知道要把大海研究透徹是不可能的。以前有幾位同事跟我一起出海，我們才離岸邊四、五十公里遠，他們就覺得不得了，他們看著我說：『你們常常這樣啊？』我說：『是啊，要到這裡才看得到藍鯨啊。』其實我們距離岸邊近得很，根本還沒接近藍鯨聚集的地方，還沒到紐芬蘭大淺灘與弗萊明角之類的地方。我們想知道很少出現在聖羅倫斯河的那些藍鯨會不會出現在那些地方。如果會的話，那難怪我們檔案裡的藍鯨有三分之一我們只見過一面。」要說希爾斯最大的挫折，就是他到目前為止都沒有辦法搭船前進紐芬蘭以東的海域研究。他在聖羅倫斯河看到四百隻藍鯨，如果他能成行，他就能知道北大西洋西部的藍鯨族群有沒有超過四百隻，可惜成本太高無法成行。

為了要擴大研究範圍，希爾斯跑了幾趟冰島與亞速群島，整理了北東大西洋的藍鯨檔案，與他在加拿大的研究結合起來。到了二〇〇七年，新檔案已經囊括一百多隻在冰島外海發現的藍鯨，以及大約四十隻亞速群島的藍鯨。希爾斯知道藍鯨的活動範圍很廣，他認為他在冰島外海遇見、拍攝的某些藍鯨一定也出現在亞速群島附近。他覺得只要在亞速群島外海看三十隻藍鯨左右，一定會碰到一隻他先前看過的。果然不出他所料，二〇〇六年春季，希爾斯在亞速群島發現一隻藍鯨，他給牠編號三十二號，結果這隻藍鯨就是他先前在冰島外海看過的同一隻。這隻藍鯨兩次露面的地方相距二十五個緯度，也就是兩千五百多公里。

最驚人的照片比對發生在二〇〇五年，一位澳洲研究人員在非洲西北部茅利塔尼亞外海拍攝到三隻藍鯨。希爾斯驚訝地發現其中一隻的背鰭上有明顯的凹刻，就跟在一九九七年與一九九九年出現在冰島西部外海的一隻藍鯨一模一樣。希爾斯知道他會在亞速群島外海發現他在冰島看到的藍鯨，但沒想到出現在冰島的藍鯨會在撒哈拉沙漠這麼南端的地方出現。這顯示有些藍鯨會南北向遠距遷徙。「我們現在知道茅利塔尼亞外海有藍鯨，會遷徙到冰島或者更北的地方。現在我們要看看藍鯨往南走會走多遠。」希爾斯研判藍鯨會到幾內亞，也就是赤道再往北僅僅九、十個緯度的地方。可惜在北大西洋藍鯨的歷史資料當中，完全沒有緯度這麼低的地區的藍鯨資料。有些藍鯨曾在卡波布蘭科被捕獲，也有一些在茅利塔尼亞與西撒哈拉的邊界被捕獲。科學家也兩度宣布在維德角外海看到藍鯨。目前知道的就只有這些。

希爾斯慢慢開始了解藍鯨在北大西洋兩端的分布區域與分布情形，他一直想到一個問題：藍鯨會不會東西向遷徙，互相雜交？希爾斯會不會有一天拍攝到非洲西北部外海的一隻藍鯨，發現和他的聖羅倫斯河藍鯨檔案裡面的其中一隻一模一樣？他說這不可能，因為如果北大西洋兩端的藍鯨會固定互動的話，他大概已經比對出相同的藍鯨了。歷史資料顯示的確有藍鯨曾經穿越北大西洋。十九世紀在冰島與芬馬克外海作業的捕鯨人表示他們曾在藍鯨的屍體裡發現美國魚叉砲彈的碎片。（有些史學家認為這只能證明美國捕鯨人當時在北大西洋東部一帶作業。）「如果露脊鯨會從緬因灣游到挪威峽灣，那藍鯨很有可能也會這樣。」希爾斯說，「不過看樣子藍鯨比較喜歡待在熟悉的海域，大概就跟其他品種一樣，到母親帶牠們去的地方。就算會雜交，可能也不普遍。」

聖羅倫斯河的藍鯨主要是追逐大量的磷蝦而來，不過明根研究站的研究人員一直以來都在想，是不是還有別的東西吸引藍鯨？「也不過就十年前，大部分的人還看不出鯨魚在覓食地點會出現明顯的社交行為。」唐尼爾維克羅茲說。唐尼爾維克羅茲是法國出生的科學家，一九九五年他才十九歲，就到明根研究站實習。「大家都認為鯨魚是在育種地點才會出現社交行為。大翅鯨與長須鯨都是成群結隊覓食，不過藍鯨一向都是獨來獨往，所以大家都認為藍鯨之所以會出現在同一個地方，是因為那裡食物很充足。大家認為育種季節與覓食季節是涇渭分明的。」

藍鯨看起來的確像是獨來獨往，至少海面上看來是如此。明根研究站在聖羅倫斯河遇到藍鯨幾千次，其中大約八成三的藍鯨都是獨自覓食或游走。僅僅百分之一是三隻同行，「四隻同行」

的數量希爾斯用一隻手就能數完。當然，任何一個物種如果要繁衍後代，總不可能永遠當個獨行俠，所以在藍鯨的覓食季節偶爾也會看到成雙成對的藍鯨一起游上幾個鐘頭。明根的研究人員所謂的「一對藍鯨」，就是兩隻至少一次浮出水面的時候彼此距離不到一個身長的藍鯨，或者是兩隻呼吸、潛水都同步，行進方向也相同的藍鯨。不過除了這些地方之外，藍鯨也沒有什麼明顯的社交行為。「藍鯨就是浮出水面的時候會聚在一起，其他也沒什麼社交。」唐尼爾維克羅茲說，「我們連牠們在水裡都在幹嘛都不知道。牠們在水裡可能也是肩並肩游著，也許在水裡是各自活動，浮上水面才一起行動。我們完全搞不清楚。」

希爾斯一直都對一對藍鯨之間的互動很感興趣。藍鯨的求偶與交配一般都是在冬天進行，如果一對藍鯨是由一隻雄鯨與一隻雌鯨組成，那為什麼牠們都是在夏季聚在一起？如果兩隻藍鯨性別相同，那聚在一起是不是要一起覓食，也許像大翅鯨那樣合作覓食？（大翅鯨通常會一起繞著一群魚游泳，愈繞圈子愈小，就是這樣覓食。）這些問題都很有意思，但是除非科學家知道一對藍鯨的性別，不然都沒有辦法解答。

要在野外判斷藍鯨的性別幾乎是不可能的任務，藍鯨浮上水面的時候很少會露出下半部的身體，就算有幸瞄到還是很難判斷，因為雄鯨與雌鯨的生殖器官光看外表都很像。後來科學家發明了基因分析法，總算解決了這個難題。只要採集含有藍鯨DNA的組織，就能知道是男還是女。研究人員通常只要把船開到浮出水面的藍鯨身邊，用十字弓把一支箭射到藍鯨身上，箭尖是不鏽鋼管，不鏽鋼管後面是泡綿條，所以箭尖只會刺進藍鯨身體二．五公分左右，接著就會彈出，藉此採集藍鯨的組織。科學家通常都是在距離藍鯨六至二十公尺的地方發射，也沒有繩索可以把箭拉回來，所以要在海上尋找射出去的箭有時也是個大問題。不過只要有希爾斯在船上，這就不是問題。唐尼爾維克羅茲記得有一天他在船上，船開得很快，追著一隻他們要拍攝的藍鯨跑，他不小心把鉛筆掉出船外，偏偏他又只有這一支鉛筆。結果希爾斯追上藍鯨，拍了照片，馬上又繞回來，找到了漂浮在海上的一支小鉛筆。航海技術不像希爾斯那麼高超也沒關係，因為採集檢體所用的箭顏色都很鮮豔，很容易發現。

從箭上取下的組織樣本通常包含一層薄薄的鯨皮，還有一塊比較大的鯨脂。研究人員把鯨皮切下來送到實驗室分析ＤＮＡ，判斷藍鯨的性別。鯨脂也要拿去分析，看看有沒有污染物。不過研究人員還得用照片辨識提供樣本的藍鯨，判斷性別才有意義。這些年來希爾斯已經知道了他的藍鯨檔案中大約四成的性別。研究人員用照片辨識，可以了解這些年來個別藍鯨的動態，現在又可以判斷藍鯨的性別，又為藍鯨研究開啟了一扇窗。現在可以得知藍鯨在覓食地點「兩隻同行」或「三隻同行」到底是幾男幾女。明根研究站的研究人員在野外觀察的那些年，記錄了不少個別藍鯨在「兩隻同行」或「一小群同行」的行為，雖然那個時候他們還不知道藍鯨的性別。現在研究人員可以回過頭來研究這些藍鯨的性別，也可以重新思考藍鯨之前的行為。

為了分析新資訊，希爾斯跟兩位數學比較好的同僚唐尼爾維克羅茲與藍普合作。「希爾斯叫我們分析資料的時候，其實他心裡對最後的答案已經有譜。」唐尼爾維克羅茲說，「不過他還是需要正確的統計學架構，才能進行精密的分析。」希爾斯認為藍鯨的確會在覓食地點出現社交行為，他也認為出雙入對的藍鯨一定是一隻雄鯨搭配一隻雌鯨，而不是兩隻性別相同。「一開始我們的分析結果跟希爾斯的想法一樣，不過後來就不太一樣。希爾斯認為一對藍鯨應該是一隻雄鯨與一隻雌鯨，結果我們發現很多對**並非如此**。」現在的問題是看看能不能從資料中找出模式，判斷哪幾對藍鯨比較有可能是雌雄搭配。後來證明判斷的關鍵在於一對藍鯨相處的時間，在一起的時間愈久，就愈有可能是雌雄搭配。現在他們要做的就是用統計學區分他們所謂的「長期」與「短期」相處的一對藍鯨。「我們不只要找到一個希爾斯可以接受的界線，還要找到一個符合生態學的門檻，要能明確分成兩類才行。到後來

魁北克的聖羅倫斯河河口已近黃昏，希爾斯趕快利用所剩不多的光線為藍鯨採樣。要判斷藍鯨性別，唯一可靠的方式就是研究鯨皮樣本的DNA。

我們看完所有資料，決定以一個小時為分界點。這樣一來資料就清楚多了。我們可以釐清哪幾對藍鯨只是偶然相遇，哪幾對藍鯨是認真交往。」

要說「偶然相遇」，一個小時又好像太長了點，但是要知道藍鯨潛水一次可長達二、三十分鐘，所以所謂的「短期伴侶」就是只有在一、兩次浮出水面的時候，距離保持在一個身長之內的一對藍鯨。明根的研究團隊知道四十八對「短期藍鯨伴侶」的性別，其中二十五對是一雌一雄，十三對是兩隻雌鯨，十對是兩隻雄鯨。也就是說雌雄完全是隨機分布。不過再看看「長期伴侶」，也就是相處超過六十分鐘，甚至長達數周的藍鯨伴侶，就會發現雌雄分布一點都不隨機。六十八對「長期伴侶」中就有六十二對是雌雄搭配。分析也顯示藍鯨到了夏末會出現比較多的「長期伴侶」，這也很合理，因為藍鯨剛剛抵達覓食地點的時候，滿腦子想的都是趕快填飽肚子，等到秋天的腳步愈來愈接近，藍鯨就會花時間找伴侶，為接下來的交配季節做準備。超過八成四的「長期伴侶」兩隻都是七歲以上，表示牠們並非愛玩的青少年，而是性成熟的成年藍鯨。雌雄藍鯨伴侶在覓食地也許沒有明顯的求偶行為，不過一定會有一些社交行為。

希爾斯對另外一件事情也很有把握。他老早就注意到一對藍鯨之間通常是一隻走在前面，一隻跟在後面，並不是完完全全跟在屁股後面，而是在左側或右側稍微靠後。走在前面的那一隻通常也是體型比較大的那一隻，所以希爾斯認為雌雄搭配的一對藍鯨應該是雌鯨在前，雄鯨在後。後來明根研究團隊檢視他們的資料，發現希爾斯真是料事如神。雌雄混合的藍鯨伴侶**永遠都是**雌鯨在前。「我們第一次用手中的資料計算數據，算出來的結果是百分之百。」唐尼爾維克羅茲說，「希爾斯說：『我不能把百分之百的數據拿出去，人家會說是我假造的。』因為機率實在太高，現在他們只要看到「長期藍鯨伴侶」，就算他們只知道其中一隻的性別，不用作檢體檢查也會知道另一隻的性別。如果已知的那一隻是雄鯨，那一定都會走在伴侶身旁稍微靠後一點。如果已知的那一隻是雌鯨，那幾乎都是走在前面的那一隻。「當然這一點有很多爭議，因為就算是兩隻同性伴侶，也可以看到一隻雌鯨跟在另一隻雌鯨後面，或是雄鯨走在另一隻雄鯨前面，不過資料上的比例還是很明確。」希爾斯覺得雄鯨之所以會走在後面，極有可能是因為要盯著牠的伴侶，阻絕其他雄鯨。

有了這個新發現，希爾斯與團隊接著研究三隻同行的鯨群。船隻接近的時候，藍鯨常會緊張不安，不過不會像大翅鯨那樣反應激烈。希爾斯常看到大翅鯨用胸鰭與尾巴拍打水面，用噴氣孔大聲「吼叫」。不過希爾斯從多年的經驗發現三隻藍鯨聚在一起的時候，往往會有好戲開鑼。有時候他看到一對藍鯨，結果第三隻突然出現，通常只停留一口氣的時間，馬上就又潛進水裡。接下來三隻都會一起猛然浮出水面，然後就會開始「奔跑」，在水面下一點點的地方互相追逐，等到浮出水面呼吸時就有足夠的力氣躍身擊浪。有時候其中的一、兩隻會發出響亮又轟隆隆的呼氣聲，好像生氣一樣。希爾斯覺得那聲音就像一輛卡車滾下山坡，按到氣動煞車發出的結結巴巴的噪音。希爾斯將這些攻擊性很強的互動稱為「跳倫巴舞」，明根看過的「三隻藍鯨組」裡面，大約八成會出現這種行為，有時候還會擦槍走火，傷了和氣。二〇〇七年九月，希爾斯看到他職業生涯以來最壯觀的一幕。那是雄鯨「白白」（編號B一八五）跟在一隻藍鯨後面，希爾斯認出那隻是雌鯨。後來另一隻雄鯨接近，「白白」就跟這個入侵者「大打出鰭」，兩顆鯨頭碰來撞去，鯨尾、鯨鰭甩來甩去，擾亂風平浪靜的水面。這種「倫巴舞」通常只會維持個十到十二分鐘，沒想到這回竟然上演了將近半小時。三隻藍鯨後來一度暫時潛到水裡，結果希爾斯看看船後面，竟然看到「三隻火箭衝出水面」。他大叫趕快開船，可是女駕駛杵在那裡動也不動，有一剎那的時間，希爾斯以為他們大限已到。後來好不容易開船逃命，三隻藍鯨追到船尾又嘩啦一聲潛進水裡，船上同行的生物學家與英國觀光客都鬆了一口氣。

藍鯨一向都心平氣和，為何突然如此抓狂？「希爾斯唯一能想到的理由是爭風吃醋，我在想他會不會是以前有類

一隻雄藍鯨想要介入一對雌鯨與雄鯨之間，這大概是藍鯨最劍拔弩張的時刻。

似經驗，才會心有戚戚焉？」唐尼爾維克羅茲開著玩笑。後來證明希爾斯是對的。他們只要看到三隻同行的藍鯨，就會發現一定是一對雄鯨與雌鯨，還有一隻想親近雌鯨的雄鯨。衝突是發生在兩隻雄鯨之間。希爾斯認為後來的雄鯨想橫刀奪愛，把先來的雄鯨趕走。他也認為「奔跑」是雌鯨開的頭，目的是要看看哪一隻雄鯨比較跟得上。

這種行為算不算是藍鯨求偶？其實不算。「這應該是藍鯨互相熟悉。」希爾斯說。他覺得這只是藍鯨在秤彼此的斤兩，看看會不會擦出火花。如果感覺來電，雄鯨可能幾個月後再來找雌鯨，輕輕碰牠一下，眨眨眼睛，「還記得我嗎？」在覓食地點找到伴侶也有好處。「我想雌鯨之所以願意讓雄鯨跟隨，是因為雄鯨可以把閒

三隻藍鯨在「賽跑」的時候，身體都會大幅浮出水面。

雜鯨等隔絕在外，讓雌鯨安安靜靜覓食。如果雌鯨被其他雄鯨騷擾，就還得花時間擺脫雄鯨的糾纏，就沒空好好吃飯了。除此之外雌鯨也需要交配才能延續自己的基因，所以也不能拒雄鯨於千里之外。對雄鯨而言，得到雌鯨的青睞之後，就會希望經過幾周的相處，最終能和雌鯨交配。後來到底有沒有照著這個劇本走？我不知道。」希爾斯說要想知道故事的結尾，他得在十二月、一月，藍鯨交配的時候再度觀察。「這就好比我們晚上十點、十一點人在酒吧，到了打烊的時間卻不在場。真正好玩的事情偏偏都在半夜一點發生。」

藍鯨不太可能一輩子只和一位伴侶交配，不過一對藍鯨倒是有可能幾年都不分離。這是一九六〇年代蘇聯進行「標記計畫」的發現。一九六二年十一月二十三日，蘇聯捕鯨人在南極將幾隻藍鯨打上記號，以便研究藍鯨的動向。在兩萬一千公里以外的另外一組人馬在一九六七年一月二日獵殺了其中兩隻。一隻是雄鯨，另一隻是雌鯨。這可能只是巧合，不過話又說回來，也許這是一對繁衍後代的藍鯨伴侶，五十個月來朝夕相處，萬里相隨，至死不渝。

第六章 西岸的藍鯨

二〇〇五年夏天的某個早晨，卡拉博克迪斯開著他的紅色豐田T一〇〇到加州南部文圖拉港，倒車到船隻下水的地方。他從拖車裡拿出灰白相間的硬身橡皮艇，放到水上，這件事情他已經做過幾百次了，動作非常熟練。他戴上尼龍帽，邊緣可以遮住耳朵與頸背不要曬到太陽。在穿上橘色救生衣之前，他把緊急求救無線電繫在腰上。這位科學家經常乘著六公尺長的船到離岸八十公里的地方，而且常常是獨自一人作業，所以一定要帶著無線電以防萬一。「坐在那種大小的船裡，又距離岸邊那麼遠，真的有夠危險。」他說，「我也覺得這樣不太好，可是有時候就我一個人出動，一個人出海其實也挺有趣的。」

他在船上裝了雙引擎，重要的電子儀器也都有準備第二份。除此之外他還有一項祕密武器，那就是在太平洋海域工作二十多年的經驗。每年有一、兩個月的時間，他都會過著他口中的「白天開船，晚上開車」的生活。他和同僚開出三艘橡皮艇，航遍加拿大卑詩省與墨西哥之間大部分沿海。「我想大概從洛杉磯到華盛頓州的每一個港口我都出海過。」他說。他從來沒有勞駕別人救援，倒是救過幾條人命。他曾經把十二公尺長的帆船拖回，從翻覆的雙軌帆船救了兩個十來歲的年輕人，還把一個全身濕透的帆板手救上岸。儘管如此，路過的船隻看到卡拉博克迪斯形單影隻在海上，常常還是會過來問他需不需要幫忙。「海巡隊的人最常問我們的一句話是：『你們的母艦咧？』」最詭異的遭遇是有一天他在奧勒岡州外海四十八公里的地方作業，一艘漁船停在他身邊，問他需不需要幫忙。船上有位漁民說他是看到「火光」，覺得不太對勁，才過來看看。卡拉博克迪斯當時聽不懂什麼火光不火光。「我後來跟一個也遇過這個傢伙的研究人員說起，才搞清楚是怎麼回事。他是看到我身邊的鯨魚噴出來的氣，以為那是火光。」

在驚濤駭浪中當然還是會有驚心動魄的時刻。雖然他的硬身橡皮艇很容易排水，不容易沉沒，有幾次還是被水淹沒。聖塔芭芭拉海峽的航運非常繁忙，在起大霧的時候，貨輪要撞死一個孤伶伶的科學家，就像要打死拖曳車擋風玻璃上的一隻蚊子那麼簡單。「有兩、三次我看到一艘船距離我不到九十公尺，直直對著我衝過來，我都得趕快轉彎逃命。」鯨魚也給他帶來麻煩，拿著十字弓跟在鯨魚旁邊狂奔，想拿到檢體，有時候也是挺恐怖的。就算是友善的鯨魚，一旦開始「把玩」你的船，也有可能出人命。某一年夏天，卡拉博克迪斯獨自一人在海峽研究，一對大翅鯨接近他的船，一隻故意用大大的胸鰭推船一把，另外一隻竟然還用背扛起整艘船，把船高高舉出水面，再輕輕放下。卡拉博克迪斯確定這兩隻一定是故意的。「我倒是從來沒想過：『天啊，我要死在這裡了。』不過我在海上好幾次也是心驚肉跳。我覺得這是好事，這樣比較會注意外面的危險。」

卡拉博克迪斯個子很高，很瘦，但是也很結實，遇到問題就會輕撫著逐漸灰白的鬍鬚思考。他生於一九五四年，畢業於美國華盛頓州奧林匹亞市常青州立大學。後來在一九七九年在奧林匹亞市共同成立了卡斯卡迪亞研究中心。他現在和他的太太海洋生物學家史坦格，還有一雙兒女亞歷西與柔伊住在奧林匹亞市。卡斯卡迪亞研究中心目前旗下有大約十二位研究人員，一年大約一百萬美元的預算是由聯邦政府、州政府與一些倡導環保的基金會提供。將近三十年來，卡拉博克迪斯都在研究北美洲與中美洲西岸的鯨魚與海洋哺乳類。他和希爾斯一樣沒有碩博士學位，不過他在常青州立大學兼任教職，也經常投稿同行評審的期刊。他和希爾斯一樣都是以驚人的體力與耐力著稱。他這一天在文圖拉要頂著七月天的太陽，在海上待五個半小時以上，半點東西也沒吃，半口水也沒喝。他一上岸就要發表兩場公開演講，那又得耗上三小時，還是連個餅乾都沒得吃。

卡拉博克迪斯現在是全世界首屈一指的藍鯨研究學者，不過在一九八〇年代中期，他壓根沒見過半隻藍鯨。「那個時候我研究海洋哺乳類已經七、八年了。」他說，「可是我從來沒看過藍鯨，也不知道以後會不會看到。一九六〇年代與一九七〇年代很多科學家認為人類的濫捕濫殺，可能已經害得藍鯨瀕臨絕種了，後代子孫可能看不到藍鯨了。」不過在一九八六年，他參與舊金山外海法拉隆灣的大翅鯨研究計畫，遇見一個意外的訪客。「我一眼就知道那是什麼，不只是因為牠的體型，也因為牠**真的就是藍色的**。我那時候想：『這真是罕見，真不敢相信我們能親眼見到一隻藍鯨。』接著又看到一隻，又一隻，又來一隻。在那剛起頭的一年，我們估計法拉隆灣海洋保育區有一百隻藍鯨。」

接下來的兩季，卡拉博克迪斯搭著船，又坐上塞斯納一七二飛機，研究加州中部外海。每年他和同僚都看到愈來愈多的藍鯨。他們在一九八六年用照片辨識出三十五隻藍鯨，隔年又辨識出七十五隻，一九八八年又辨識出一百零一隻。「那個時候沒有人知道我們這裡的沿海有那麼多藍鯨。」他說。這些發現在一九九〇年發表之後，加州拉霍拉的西南漁業科學中心的巴洛進行了一項深入研究，估計這一帶到底有多少隻藍鯨。他搭著五十三公尺長的「麥克阿瑟號」，走遍七十幾萬平方公里的海域，走到離岸約五百五十公里的海域。他花了三個多月的時間在海上，估計加州外海約有兩千兩百五十隻藍鯨，這是北半球最大的族群。

研究鯨魚的科學家用兩種方法估計族群規模，巴洛採用的是「截線抽查法」，也就是船隻像搜索隊一樣在海面「網狀搜索」，兩位觀察員站在甲板上，用高倍望遠鏡仔細觀察海面，第三位觀察員則是用肉眼觀察，用筆記型電腦記錄數據。研究團隊只要看到一隻海洋哺乳類，就會改變開船方向，接近目標。接著觀察員就要辨識物種，如果發現的動物不只一隻，還要把數量記錄下來。巴洛等人就用這種方法辨識了一百二十七隻大型鯨魚，其中四十九隻是藍鯨。野外考察結束後，他們再用一個極其複雜的數學公式計算數據，公式裡包括目睹次數、平均群體大小、研究範圍大小、在截線上目睹的機率以及其他因素。只要能完善處理數據，「截線抽查法」其實可以準確算出研究範圍內的族群密度。巴洛的團隊在一九九〇年代做了幾次這種研究。等到一九九〇年代結束，他們表示加州外海大約有三千隻藍鯨。

第二種估算族群規模的方法叫做「標識再捕法」，與「截線抽查法」有兩個最大的不同之處。第一個是這種方法一定要辨識出每一隻鯨魚，不能只算數量。第二個是研究人員必須做兩次野外考察，兩次必須間隔至少一年，以便考量鯨魚的正常混合、死亡率，還有離開與加入群體的動物。這個方法的概念是蒐集兩個隨機樣本，計算兩個樣本各有幾隻動物，再用數據估算整個族群的規模。這種方法簡單來說就是：假設你要估算盒子裡面有幾顆大理石，如果要用「標識再捕法」，那就隨便從盒裡拿出一顆大理石，在上面寫上X再放回去，再重複多做幾次，在六十顆上面做記號應該就夠了。每放一顆回去就把盒子搖一搖，讓做了記號的大理石與其他大理石充分混合。接下來再隨機拿出一些大理石，假設拿五十顆出來好了。在這五十顆裡面，你發現八顆上面有X記號。這八顆就是「再捕」的大理石，也就是出現在兩份樣本的大理石。將兩份樣本的大理石總數相乘（六十乘以五十等於三千），再除以「再捕」的大理石數量（三千除以八），就可估算出盒中大理石的總數：三百七十五。（要注意在這個例子裡，在兩次取樣之間，並沒有其他盒的大理石加入這一盒。相較之下一個鯨魚族群的情況就不一樣了，在兩次取樣之間，有些鯨魚會死亡，還有鯨魚會出生，還有些會離開或加入研究範圍。）

要注意這兩種方法不只是計算方法不一樣，計算的東西也不一樣。「截線抽查法」是計算某個時間某個區域內的鯨魚數量。而某個族群在生命當中的某個階段使用某個區域，「標識再捕法」就要估算這個族群的整體規模。如果一個族群裡面的所有動物都只在一個區域活動，像大理石關在盒子裡那樣，那用兩種方法都沒有差別。但是藍鯨其實會游走很多海域，動向也很難預測。為何這一點很重要？想像一下兩千隻鯨魚固定在A、B、C、D四個地點之間流動，四個地點各自距離一千六百多公里。你的研究範圍就在這四點之間，在某個時間，只有五百隻鯨魚會在這個範圍裡面，如果用「截線抽查法」，算出來的總數就是五百隻，如果用「標識再捕法」就能算出是兩千隻。

巴洛的團隊在美國西部外海計算藍鯨數量，卡拉博克迪斯則用「標識再捕法」估算至少在那一帶待過一段時間的族群規模。要「標示」藍鯨，只要照出清晰的照片，能跟他資料庫的照片比對即可。從一九八六年到一九九七年，卡拉博克迪斯完成了一千多隻藍鯨的檔案。（到了二〇〇七年，已有兩千隻左右列入檔案。）他知道每一張照片拍攝的地點與日期，所以他可以把某年拍攝的照片跟一、兩年後拍攝的照片比對，看看哪些鯨魚同時出現在兩組照片裡。他在一九九〇年代末用這種方式估算出北太平洋東部的藍鯨族群大約是兩千隻。考量到誤差範圍很大，兩種方法算出的結果應該差不多。

卡拉博克迪斯發現原來加州外海的藍鯨比任何人想像的都要多，他的眼前出現一個天大的機會。他現在有機會研究體型最大、最雄偉的海洋動物，又不必離岸邊太遠，隨時可以回到岸上吃頓不錯的晚餐，睡個飽覺（不過大家都知道卡拉博克迪斯會睡在卡車上）。這個研究也幾乎是全新的，從來沒有人研究過這個族群最基本的問題，更不用說找出答案了。「我身為科學研究人員，最大的動力來自學習新的知識，學習其他人不知道的知識，再跟全世界分享，那種感覺真的很興奮。」卡拉博克迪斯說，「我就是因為這樣喜歡研究藍鯨，有好多謎團等著解開，很多謎團現在也要一一解開了。」

他在七月的這個早晨離開文圖拉港，打開一百一十五匹馬力的舷外發動機，船的行駛速度很快就來到一小時二十五海里，小心翼翼在稍微起伏的海面上跳躍。他跟北美野山羊一樣沉著穩健，用一隻手輕輕鬆鬆駕船，另一隻手接電話，活像開著他的豐田汽車，走在太平洋海岸高速公路一樣。看到岸邊愈離愈遠，他發覺在加州外海研究藍鯨和在聖羅倫斯河河口做研究還真不一樣，常常要距離陸地很遠。他疾駛了四十五分鐘左右才慢下來，開始找藍鯨。他先看看回聲測深儀，那是一種發出兩種聲脈衝的儀器（一種頻率為五十千赫，另一種為兩百千赫）。他說頻率比較低的聲脈衝可以傳達到比較深、比較遠的地方，但是只能偵測到比較大的物體，比方說一條魚。頻率較高的聲脈衝雖然偵測不到遠的物體，但是可以偵測到比較小的動物，像是磷蝦。他只要比較這兩種頻率的讀數的強度，就可以判斷附近是不是有一群磷蝦，如果有的話是在多深的位置。只要看到磷蝦，通常就能看到藍鯨。

到了下午一點左右，卡拉博克迪斯看到一．六公里之外有鯨魚噴氣。他猛然將船駛向右邊，加快速度追趕鯨魚。追上之後，鯨魚又浮出水面，大噴一口氣，聲音就像有人打了一個大噴嚏一樣。鯨魚在潛水之前在海面上游走，卡拉博克迪斯看到牠的噴氣孔，過了幾秒鐘才看到小小的背鰭，可見那隻鯨魚有多長。卡拉博克迪斯想要拍攝的是背鰭附近的斑點。他看到鯨魚身體左側顏色特別淡，就也照了幾張。在接下來的幾分鐘，那隻鯨魚又浮出水面一、兩次，然後才沉下去，離開卡拉博克迪斯的視線。有經驗的研究人員很容易預測鯨魚何時完成所謂的「露面系列」，也就是呼吸幾次之後深深潛入海裡，潛下去之後鯨魚會消失至少五到十分鐘，有時候更久都有可能。「牠們最後潛水的時候會改變身體的方向，幾乎是筆直潛入海裡。」卡拉博克迪斯說，「牠們在最後一次浮出水面之前會稍微加速，牠們會把身體拱得高高的，露出牠們的尾鰭。我想這樣應該是要增加往前衝的力道吧！接著再用胸鰭調整身體往下潛水。」

鯨魚一旦潛進海裡，很難預測之後會在哪裡浮出水面。卡拉博克迪斯說到預測鯨魚的動向：「科學在這個地方還有待改進。你跟一隻鯨魚相處上一段時間，當然會知道牠在做什麼。可是萬一你只看到一次『露面系列』，那你就要自己判斷這隻鯨魚只是路過這一帶，還是來這裡覓食。是該在同一個地方等呢？還是該想想鯨魚往哪個方向去了，再往那個方向用一小時三、四海里的速度追趕？其實可以看看這一帶其他鯨魚的行為，看看獵物有多少。如果這裡有一大群磷蝦，又有其他鯨魚在這裡覓食，就可以判斷這隻鯨魚會在這裡停留。」

感覺敏銳也很重要，像卡拉博克迪斯、希爾斯這些經驗老到的研究人員即使在大霧之中也能看到二、三公里之外的鯨魚噴氣。就算舷外發動機劈啪作響，他們也能聽見鯨魚的噴氣聲。果不其然，卡拉博克迪斯看到第一隻鯨魚大概二十分鐘之後，他的耳朵又豎了起來。他駕著船轉彎，沿著聲音的方向衝過去，馬上又找到鯨魚。他很確定這就是之前的那一隻，他想這次一定要照到鯨魚的右側，這樣就有一組比較完整的照片可以建檔了。他就在鯨魚下次浮出水面的時候拍照，再拿出一個破破爛爛的黑色寫字板記錄下來。他每遇到一隻鯨魚，都會記錄日期、時間、GPS座標、水深，鯨魚的大小、體型以及回聲測深儀顯示的獵物群地點，連在附近覓食的鳥類都會記錄下來，像是會吃磷蝦的卡辛氏海雀，這樣就能看出鯨魚覓食的獵物物種。他用一系列的代號形容他看到的鯨魚行為，如猛衝出水、躍身擊浪、繞圈圈或避開船隻等。他看到兩隻或三隻同行的鯨魚，就會特別注意哪隻在前哪隻在後，是不是母鯨帶著仔鯨，還有每一隻的體型與行為有哪些地方不一樣。那天下午卡拉博克迪斯又遇到三隻同行的鯨魚，他走到船頭，把十字弓上的防護罩拿掉，架好一支箭，準備採集檢體。他靠近三隻中的其中一隻，拿到檢體之後把箭從海面上拿起來，用鑷子拿取檢體，放進紅色的保溫瓶。等到上岸之後，他會把檢體放進液態氮裡冷凍，送到實驗室判斷鯨魚的性別。

希爾斯和他研究範圍裡面的藍鯨多半很熟悉，卡拉博克迪斯可就不一樣了，因為加州藍鯨族群實在大得多了。不過這一帶的藍鯨有些外形非常奇特，他一眼就能認出來，或者像這次一樣聽聲音判斷出來。他接近一隻單獨行動的

生物學家卡拉博克迪斯把他在野外的觀察記錄下來。他從一九八六年就開始研究北太平洋東部的藍鯨。

藍鯨，遠遠看見藍鯨噴出的水柱，那隻藍鯨浮出水面，噴氣的時候發出一種獨特的哼聲。卡拉博克迪斯馬上就注意到這隻藍鯨的噴氣孔附近有一個很大的傷口，好像影響到牠的呼吸。他之前看過這隻藍鯨，他不清楚藍鯨是怎麼受傷的，不過他想應該沒有大礙。事實上，他的檔案裡面至少還有二十隻藍鯨身上帶著大傷，另外還有幾百隻背鰭有傷。

接近黃昏的時候，卡拉博克迪斯在海上遇見兩艘賞鯨船，他說要在一群觀光客旁邊做研究真是件難事。「我不想在賞鯨船在附近的時候接近藍鯨，因為賞鯨客會一直叫船長靠近一點。」藍鯨是受美國聯邦法律保護的瀕臨絕種動物，所以騷擾藍鯨是犯法的。一般來說遊客應該保持至少九十公尺左右的距離。大部分的賞鯨船船長都願意遵守規定，但是他們也很清楚有些同行不是那麼守規矩。只要有賞鯨船在附近，卡拉博克迪斯也會儘量不要拿出十字弓，因為外人看到一個穿著橘色救生衣的傢伙對著藍鯨射箭，可能會誤會。（如果你覺得賞鯨客會把科學家誤認為獵鯨人簡直是胡說，不妨想想那位把鯨魚噴氣當成火光的千里眼漁民。）

科學家與賞鯨客之間不見得都是敵對關係。卡拉博克迪斯與賞鯨船「神鷹快遞號」的關係就不錯。這艘船的船長是他的朋友班可。他們發覺要通力合作不難，只要彼此分享資訊，互相約束不要礙事就好。班可的船是聖塔芭芭拉海峽最知名的賞鯨船，在這個季節每天都會出海繞行同一小塊海域，所以卡拉博克迪斯可以從班可那裡知道這一塊海域的動態。他也投桃報李，跟班可的客戶分享他的專業。那些客戶看到藍鯨，總有一堆問題要問，卡拉博克迪斯也一一解答。卡拉博克迪斯遇到藍鯨，研究告一段落之後，有時候他還會用無線電呼叫班可，告訴他哪裡可以看到藍鯨。

不過要是科學家與賞鯨船同時發現鯨魚，那可就是關係的大考驗了。卡拉博克迪斯記得有一天他要把生物聲標示器放在海峽裡的藍鯨身上，他發現一對藍鯨，正要把標示器放上，結果看到「神鷹快遞號」往他的方向走來。「神鷹快遞號」已經出海一整天了，半隻藍鯨都沒看到，卡拉博克迪斯很清楚遊客有多焦急，不過他還是打開無線電，請班可他們等半個鐘頭，等他弄好再來。「我很少這樣做，因為這真的是強人所難。」卡拉博克迪斯說。他很清楚這一帶可能就只有這麼幾隻藍鯨。還好班可能體諒，願意讓「神鷹快遞號」停留半小時。卡拉博克迪斯放好標示器之後賞鯨客才接近那隻藍鯨。只要稍微體諒一下，那天大家都沒有錯過藍鯨。

卡拉博克迪斯是一九八六年在加州外海第一次看到藍鯨，不久之後他就想到一個很明顯的問題：以前在這裡出現的藍鯨為什麼這麼少？卡拉博克迪斯後來發現這裡的藍鯨族群足足有兩千多隻，就更是大惑不解了。的確，在加州外海一帶，不只是法拉隆灣，還有蒙特瑞灣與聖塔芭芭拉海峽，目擊藍鯨的次數在一九八〇年代中期與一九九〇年代初大幅攀升。卡拉博克迪斯很想知道其中原因。

在捕鯨時代，北太平洋東部的藍鯨受的苦難就跟其他地方的藍鯨一樣，反正就是捕鯨人看到一隻，就會想盡辦法殺一隻。史卡蒙寫下一八五〇年代捕鯨人在墨西哥外海用新發明的魚叉炸彈獵捕「磺底鯨」的幾次失敗經驗。到了一八六二年，捕鯨人在蒙特瑞灣成功捕獲一隻藍鯨，據說有二十八公尺長。那隻藍鯨被拖上岸的時候，身體離奇浮腫，「不過一上岸大家就七手八腳，忙著把藍鯨碩大身軀上的鯨脂剝掉。」[1]

一直到第一次世界大戰前不久，在海上作業的加工船問世，藍鯨才大量遭到獵殺。從一九一〇年到一九六五年，捕鯨人在北太平洋獵殺了至少九千五百隻藍鯨，藍鯨在日本南部等地數量本來就不多，這一來恐怕就銷聲匿跡了。在北美洲外海遭到獵殺的藍鯨絕大多數都是在夏季覓食地點，也就是從加拿大卑詩省到阿拉斯加灣一帶的海域。墨西哥與加州外海是捕鯨人的最愛，不過其實藍鯨只占這裡捕獲的鯨魚的一小部分。從一九五八年到一九六五年，加州開設了幾個岸上的捕鯨站，總共獵殺了兩千一百七十六隻鯨魚，不過其中只有四十八隻藍鯨。大部分的人都認為他們看到的少數幾隻藍鯨都是在往北方的路上碰巧經過，沒有人認為藍鯨會長時間待在加州外海。

藍鯨的季節性遷徙並不明顯，甚至根本不規則，北太平洋的藍鯨也不例外。一九六二年，國際捕鯨委員會任命了一群來自美國、加拿大、日本與蘇聯的研究人員研究北太平洋藍鯨的神祕行蹤。其中一位是美國籍的萊斯，早期最重要的藍鯨研究有一部分就是他做的。萊斯與同僚在一九六五年與一九六六年做了幾項實用的調查，還用發現委員會幾十年前發明的方法將許多藍鯨做了記號。萊斯站在重新啟用的捕鯨船船頭，拿著一隻獵槍，把從下加利福尼亞半島南端到舊金山一帶的七十六隻藍鯨打上記號，但是在藍鯨禁獵之前，他沒有再看到這七十六隻的任何一隻。蘇聯研究人員倒是找到了至少十五隻他們自己先前標示的藍鯨，其中有些移動的範圍非常廣。其中一隻藍鯨在一九五八年五月在溫哥華島外海被標記，十三個月之後在阿拉斯加的科迪亞克島外海被獵殺，也就是溫哥華西北方大約一千七百八十六公里的地方。研究人員在俄羅斯堪察加半島西南角的外海在一隻藍鯨身上打上鋼牌，四十九個月後在阿拉斯加灣一隻死掉的藍鯨身上發現了鋼牌，也就是說這隻藍鯨由東往西走了三千七百多公里。這兩個例子顯示來自北東太平洋與西部的藍鯨可能都曾在捕鯨時代到過阿拉斯加外海。再說兩塊標示牌都是在六月發現，所以也許來自兩個不同族群的藍鯨偶爾也會在同一時間出現在同一地點。這個理論一直到將近四十年後才獲得證實。

萊斯在一九六六年交了一份報告給國際捕鯨委員會，承認他看不出藍鯨季節性遷徙的模式。「大批藍鯨從二月到七月聚集在下加利福尼亞半島外海，這跟一般認定的北太平洋藍鯨的遷徙模式差別很大，而且從這個現象出現的時間來看，也不能說藍鯨在這裡『過冬』。」[2]大家一向認為藍鯨在春季初

這隻自一九九九年起在加州與墨西哥多次現身的白色藍鯨是目前看過唯一的白色藍鯨。

會往北遷徙，那為什麼有些藍鯨到了七月還待在墨西哥外海呢？萊斯實在想不通。他在一九七四年再度提出研究報告，這次他不得不勉強推測：「我認為這一批藍鯨絕大多數會在五月離開下加利福尼亞半島外海往北走，經過加州離岸很遠的海域，在六月到達溫哥華島外海的捕鯨海域。然後至少有一些藍鯨會前往阿留申群島東部，或是進入阿拉斯加灣。」[3]當然不是每一隻藍鯨都是按照這個路線，不過這應該是普遍的趨勢。所以北美洲西岸所有的藍鯨大概都屬於同一個遷徙的族群，其中大部分都會在加拿大卑詩省與阿拉斯加的外海度過夏季，在墨西哥外海度過冬季。藍鯨每年都會花上幾個禮拜往返這些海域，但是不會在加州外海逗留太久。

的確，在一九八〇年代以前，整個美國與加拿大的西岸只有少數幾隻藍鯨在世人面前露面。藍鯨在墨西哥外海定期出現，科學家幾度出海尋找藍鯨，但是在整個一九七〇年代只在法拉隆灣看過一隻藍鯨，在阿拉斯加灣更是從一九七四年就沒見過半隻了。因此有些科學家認為北太平洋東部的藍鯨一向都是包含兩個族群，不是一個族群。這兩個族群一個是集中在墨西哥與加州南部外海的南族群，另一個是卑詩省與阿拉斯加外海的北族群。北族群已經絕跡了，大概是被獵捕一空。到了一九八〇年代初，情況愈來愈有趣，科學家在加州中部外海每年都回報說看到幾隻藍鯨。一九八六年卡拉博克迪斯來到加州，這時候每年從七月到十一月都有大量藍鯨出沒。這麼多藍鯨都是從哪裡冒出來的？如果藍鯨以前會在前往遙遠的北方的覓食海域途中路過加州，那現在為何又在加州逗留這麼久？這個新發現的藍鯨族群會不會跟以前在阿拉斯加灣與阿留申群島東部外海出沒的藍鯨有血緣關係？

從一九九〇年代初開始，拉霍拉的西南漁業科學中心的兩位研究人員吉爾派翠克與裴里曼就在研究加州藍鯨與生活在更北邊的藍鯨身長的差距，看看能看出哪些端倪。他們用一種叫做「航空攝影測量」的方法測量聖塔芭芭拉海峽藍鯨的身長，就是搭著小飛機，拍攝藍鯨的照片，再運用測量學的技術，準確測量藍鯨的身長。他們把測量結果和阿拉斯加灣捕鯨站的歷史紀錄比對，發現北邊的藍鯨體型大得多。他們在一九九七年寫道：「這個結果顯示在（海峽群島國家海洋）保護區覓食的藍鯨體型與被捕鯨人在北太平洋其他海域獵殺的藍鯨不一樣。我們研究這些藍鯨，發現牠們與北太平洋其他的藍鯨有所區別，自成一個族群。」[4]吉爾派翠克與裴里曼的攝影測量研究一直持續到二〇〇三年，最南曾經到過東部熱帶太平洋，一直沒有改變原先的結論。「在夏季沿著北美洲沿岸遷徙的藍鯨比在阿拉斯加灣與阿留申群島被捕獲的藍鯨還要短上兩公尺，也比西邊的堪察加半島外海一帶的藍鯨短兩公尺。」吉爾派翠克說，「這些藍鯨是一個獨立的族群。」

卡拉博克迪斯聽到這個結果，覺得有點不對勁。他一直對於吉爾派翠克與裴里曼發現的體型差異有點懷疑。卡拉博克迪斯以及兩位卡斯卡迪亞研究中心的同僚在一九八〇年代末也做過航空測量，也知道加州藍鯨的體型比捕鯨紀錄裡面的藍鯨小，不過他們覺得這是方法的問題。把活藍鯨拿來跟死藍鯨比較身長本來就有問題。捕鯨人測量藍鯨屍體長度的方法並不一樣，得出來的結果也不一樣。一般通用的方法是測量喙形上顎尖端到尾鰭凹刻的直線距離。不過有時候捕鯨人採用的方法量出的長度會多一、兩公尺左右，比方說從突出的下顎開始測量、把尾巴的尾端算進去，或是把藍鯨背部曲線長度算進去，都會增加長度。「捕鯨人可能會誇大獵物的長度，這樣才能通過最低標準，而且抓到大隻的藍鯨常常還有獎金可以拿。」卡拉博克迪斯說，「所以我一直覺得捕鯨人提供的數據有點不可靠。」（針對這點，吉爾派翠克也做出解釋，他說他們排除了日本捕鯨人提供的部分數據，因為日本人幾乎都會誇大獵物的體型。）

還有一個問題還沒解決，那就是加州外海為何突然出現這麼多藍鯨？一開始卡拉博克迪斯認為藍鯨可能一直都在那裡，只是捕鯨人不曉得而已。後來他愈想愈覺得不是這樣。「加州那裡有捕鯨人在獵殺大翅鯨，這些人不可能沒發現藍鯨。他們看到藍鯨就會獵殺，只是

南極藍鯨的頭，長度是以喙形上顎的尖端到噴氣孔的距離計算，通常都會超過五．五公尺。

獵殺的數量很少。」會不會是這個藍鯨族群經過二十年來禁獵的保護，終於復育成功？到現在卡拉博克迪斯還是不敢苟同：「從我們的數據看不出藍鯨增加的數目，至少在我們估算的十幾年都沒有。現在這個族群很大，也很健康，但是到目前為止我們都無法確定數量有沒有增加，也許一直都是維持穩定。北太平洋的藍鯨比任何人想像的都多，這是好事，不過我們還是要審慎以對。」

剩下唯一的解釋就是加州的藍鯨一定是從別的地方跑來的。卡拉博克迪斯和其他研究人員得到的數據愈來愈多，大部分的數據都跟這個想法吻合。「我看到愈來愈多的證據顯示藍鯨的分布出現變化。」他說，「因為這些藍鯨看起來都像是同一個族群的。」他說可能根本就沒有所謂的一整個「北族群」被捕鯨人消滅，以前在卑詩省、阿拉斯加與阿留申群島外海出現的藍鯨其實是來自北太平洋東部的藍鯨族群。這個族群分布很廣泛，到現在還活得好好的。他認為這群藍鯨在一九八〇年代中期之前的一段時間，大部分到了每年夏季遷徙的時候就不想再往北走了。這群藍鯨大部分沒有進入卑詩省與阿拉斯加外海，而是到了加州外海就停下來了。「當中有些偶爾還是會跑到更北的地方，但是因為現在加州外海的獵物更充沛，藍鯨也許會在這裡停留更久。」

第一個能證明加州藍鯨與北方海域有關的證據在一九九七年出現，卡拉博克迪斯看到一張在卑詩省外海夏洛特皇后群島附近拍攝的藍鯨照片，認出那隻藍鯨就是他加州藍鯨檔案的其中一隻。顯然至少有些在加州外海覓食的藍鯨會往美國與加拿大的邊境以北移動。不可思議的是，這些藍鯨六月在卑詩省外海，七月竟然就到了聖塔芭芭拉海峽。這表示藍鯨在夏季是往南移動，跟

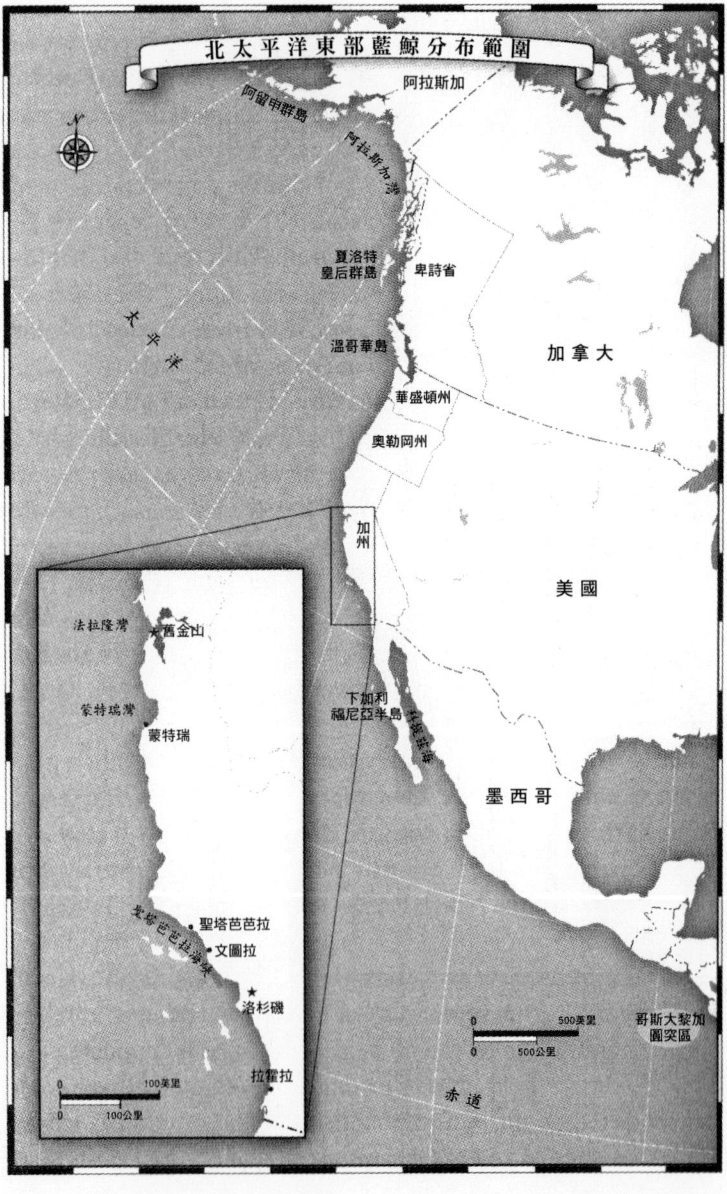
北太平洋東部藍鯨分布範圍
阿拉斯加
阿留申群島
阿拉斯加灣
夏洛特
皇后群島
卑詩省
太平洋
溫哥華島
加拿大
華盛頓州
奧勒岡州
加州
美國
下加利
福尼亞半島
墨西哥
法拉隆灣
舊金山
蒙特瑞灣
蒙特瑞
聖塔芭芭拉
文圖拉
聖塔芭芭拉海峽
洛杉磯
拉霍拉
0
100英里
0
100公里
0
500英里
0
500公里
哥斯大黎加
圓突區
赤道

新書介紹

一食入魂
小山薰堂◎著

行家帶路，老饕嚴選，帶你吃遍日本魅力餐館，體會人生好滋味。

（定價 300 元）

圖說艋舺龍山寺
徐逸鴻◎著

132 幅細緻手繪圖，讓你看見平常看不到的龍山寺建築之美。

（定價 450 元）

新書預告

貓隱物語
妙卡卡◎繪圖　趙靖雲◎故事

單篇網誌點閱超過萬人次，台、港及海外粉絲爭相收藏的人氣月曆中，暗藏著一段神祕的貓國故事……

（定價 300 元）

愛上植物的第一本書
陳婉蘭◎著

一個植物逃兵的敗部復活筆記，一本專家、學者不會告訴你的植物入門書。

（定價 280 元）

從空中看澎湖
齊柏林◎著

就算是土生土長的澎湖人，也不一定有機會欣賞到的澎湖美景。

（定價 380 元）

★更多貓頭鷹出版訊息：

請上「貓頭鷹知識網」http://www.owls.tw

「貓頭鷹文學部落格」http://owlblog.pixnet.net/blog

或是在 Facebook 搜尋「貓頭鷹書房」成為粉絲

☆以上內容、書封與定價請以實際出版狀況為主要參考依據。

貓頭鷹

藍鯨誌

柏托洛帝◎著　龐元媛◎譯
書系：貓頭鷹書房

◎國立台灣大學生態學與演化生物學研究所教授／周蓮香專文導讀
◎海洋文學作家／廖鴻基專文推薦
◎全國生態志工感動推薦

這是我看過最棒的鯨豚科普書籍——周蓮香

柏托洛帝以淺顯易懂的文字在這本書裡說了三個不朽的故事：第一個故事，人類的貪婪與科技的進步差點消滅了地球上最大的動物。第二個故事，作者帶領我們一窺大多數人都無法親眼見到的藍鯨祕辛。最後一個故事講的是在藍色地球上，人類的一舉一動如何牽動藍鯨的命運……　（定價 360 元）

花博選書

開門撞見大自然

王銘滄◎著
書系：萌知識＋（家庭圖書館）

◎師範大學生命科學系教授／徐堉峰行家推薦

誰說城市裡頭只有污染，沒有自然？

可愛樹蛙哪兒有？雨後或傍夜到公園走走，遇見的機會將大大增加。想要蝴蝶當模特兒？不妨帶壺尿液與蜂蜜的特調灑在花上試試。各種獨門尋蟲、誘蟲祕訣、台北尋綠蹤景點，絕不藏私全面公開！設計 X 攝影阿宅的銘滄老師，這次要帶你走向戶外，一起踏青尋蟲、認識牠們！　（定價 380 元）

一般以為藍鯨夏季會往北遷徙正好相反。卡拉博克迪斯在二〇〇三年與二〇〇六年又比對出兩隻藍鯨先後出現在卑詩省與加州。

另外一個線索在二〇〇四年夏季出現。巴洛帶領研究團隊出海，在阿拉斯加灣看到三隻藍鯨，這是三十年來頭一次有人在這裡看到藍鯨。船上一位卡斯卡迪亞研究中心的研究人員馬上把照片寄給卡拉博克迪斯，請他比對檔案裡的照片。結果三隻當中有一隻在一九九五年與一九九八年都在加州外海出現過。這樣的例子卡拉博克迪斯愈看愈多，他覺得北東太平洋的藍鯨是一整個活動範圍很大的族群，從中美洲一直到阿拉斯加灣都有牠們的蹤跡，也就是跨越五十個緯度、長達五千四百多公里的海域。所以萊斯一九七四年的說法後來證明大致上還是沒錯。唯一的不同在於大部分的藍鯨不像以前那樣往北深入，或是離岸很遠。

一個藍鯨族群的季節性遷徙為何會改變？以前夏季在阿拉斯加灣與阿留申群島東部外海覓食的藍鯨，現在為何多半在加州外海逗留幾個月？簡單的答案是藍鯨是跟著食物走，隨著天氣改變，磷蝦出沒的地點也不一樣。舉例來說，毛鱗魚之類的魚是很多海洋哺乳類的主食，從一九七〇年代中期到一九八〇年代末在北極大幅減少，至少有一部分原因是全球氣溫升高。在同一段時間，阿拉斯加灣的斑海豹、北海獅與海狗族群數量也大減。如果這些海域的磷蝦數量也大減，那藍鯨就不會到這裡覓食，要是藍鯨最愛吃的磷蝦又在加州外海增加，那藍鯨就更要換地方了。時機也剛好符合，這些變化出現的時候，藍鯨剛好也在夏季逐漸往南移動。

說到藍鯨在南部的分布區域，又有一些謎團等待解答。早期研究人員發現藍鯨每年從十一月到一月都不會出現在墨西哥外海，研判藍鯨是遷徙到更南的地方去了。那是到哪裡去了呢？卡拉博克迪斯要解開這個謎團，他在一九九〇年代中期與奧勒岡州立大學的梅特合作，採用新的研究方法：衛星標示器。下一章會詳細介紹這個方法，簡單來說就是在藍鯨身上繫上一個無線電發射機，追蹤藍鯨幾天、幾周、幾個月的動向。梅特與卡拉博克迪斯在一九九四年與一九九五年的夏末秋初在南加州外海的十隻藍鯨身上放上無線電發射機。發射機平均在藍鯨身上停留二十九天（最「牢固」的撐了七十八天），只有一季左右，所以對藍鯨的動向所知有限，不過也算不小的突破。

話說從頭，很明顯藍鯨在秋季離開加州之後行進路線並不相同，舉例來說，兩隻藍鯨在海峽群島其中的一座島嶼附近被打上標記，結果發現牠們就在那裡待上兩個禮拜，接著其中一隻往西南方跑，另外一隻往北走了六百多公里。再說另外一個例子，四隻做了標記的藍鯨一如往常往南遷徙，兩周後相繼抵達下加利福尼亞半島正中央的維茲卡諾灣，不過兩隻是沿著海岸到達，另外兩隻則是往西走，從另外一條路線到達同一個目的地。最有趣的是四隻當中的其中一隻繼續沿著墨西哥沿岸走，最後一次回報的位置是哥斯大黎加圓突區以北大約四百五十公里處。哥斯大黎加圓突區位於赤道以北大約九個緯度的地方，大約有兩百公里寬，聚合的洋流將富含養分的冷水沖到陸地表面上。這種上升流導致浮游植物大量出現。浮游植物是非常小型的植物，也是海洋食物鏈的基礎。隨著環境不同，圓突區的位置每年都不一樣，但是上升流或多或少一直發生，因此圓突區是東熱帶太平洋浮游植物最多的區域。浮游植物多的地方磷蝦就多，所以藍鯨會來也是合情合理。科學家一陣子以來都很懷疑加州藍鯨會不會往南跑這麼遠，現在第一次有人證明真的會跑這麼遠，如此一來哥斯大黎加圓突區可能是北半球藍鯨最熱門的過冬地點。不過話又說回來，圓突區在冬季最熙熙攘攘，但是一年到頭都有人在那裡看到藍鯨。難道說有個藍鯨族群定棲在圓突區，從來不會遷徙？難道說圓突區是沒有跟隨成年藍鯨每年往北遷徙的幼鯨的避風港？也許北半球與南半球的藍鯨會交替前往圓突區，就像澳洲人與加拿大人到了各自的冬季，就會跑到相同的熱帶島嶼避寒。

梅特接下來幾年持續進行衛星標示器研究，發現還有很多藍鯨往返加州與哥斯大黎加圓突區，卡拉博克迪斯開始進行照片比對，發現很多藍鯨都在兩地出現。卡拉博克迪斯在北東太平洋辨識了一千九百多隻藍鯨，他發現他在加州外海看到的藍鯨當中，有九十幾隻也在下加利福尼亞半島外海出現，另外還有十隻在哥斯大黎加圓突區出現，三隻在夏洛特皇后群島外海出現，一隻在阿拉斯加灣出現。顯然真的有一個藍鯨族群橫跨整個北美洲與中美洲的西岸。

這些又有什麼了不起的？北太平洋的藍鯨是一個、兩個還是五個族群有差嗎？其實真的有差。梅特說如果我們要保護藍鯨，讓藍鯨從過去幾十年的殺戮成功復育，就一定要知道這些事情。「我們想知道藍鯨主要的棲息地在哪，還有這些棲息地是藍鯨的遷徙路徑、覓食地點還是育種地，這樣萬一人類活動妨礙藍鯨的復育，我們就可以採取額外的保護措施。」他也提到灰鯨成功復育的例子。灰鯨到了一九三〇年代幾乎被獵殺殆盡，不過後來成功復育，在一九九四年脫離美國瀕臨絕種動物名單。「復育之所以成功，是因為我們知道牠們的遷徙路徑，也知道牠們的育種與生產地點。光是『禁獵』並不夠，墨西哥政府將灰鯨的育種與生產地點列為禁獵區，只要有鯨魚在這裡活動，老百姓就不能使用魚網捕魚。一定要知道當中的因果關係，才知道要怎麼保護。」

自一九九一年開始，國際捕鯨委員會把北太平洋所有的藍鯨歸類為一個「管理存量」。這個範圍包括北美洲與中美洲的西岸的藍鯨，還有堪察加半島與阿留申群島西部外海的藍鯨。負責發布知名的「瀕危物種紅色名錄」的世界自然保護聯盟也將這些藍鯨歸類在同一個族群。卡拉博克迪斯等人現在知道北太平洋東部的藍鯨會跋涉千里南北遷徙，但是沒有證據可以證明這些藍鯨會待在北太平洋的西部。藍鯨分布地圖好像應該重畫。

卡拉博克迪斯成立卡斯卡迪亞研究中心是希望用研究保護瀕臨絕種的物種。他研究北東太平洋神祕的藍鯨之後，真的是甘拜下風。他發覺科學家道高一尺，藍鯨就魔高一丈。研究人員好不容易稍微了解藍鯨一點，藍鯨馬上又溜出人類的視線。難怪卡拉博克迪斯一再強調長期研究一定要繼續下去。「現在的情況跟五十年前的情況不見得相同。現在跟二、三十年後的情況也不見得一樣。我以前認為正確答案只有一個，而且一直都不會改變，現在我不這麼想了。」

第七章 藍鯨的線索

希爾斯在大西洋做野外研究，卡拉博克迪斯也在太平洋做野外研究。他們對藍鯨知識的貢獻就和前輩一樣多。兩人都編寫了研究範圍的藍鯨檔案，兩人對藍鯨的季節性動向也有了概念，不過誰也沒辦法預測藍鯨的遷徙路線。兩人都承認光憑小船與長鏡頭無法解開藍鯨的所有謎團。藍鯨為了覓食會離岸多遠？藍鯨潛水會潛多深？藍鯨在海裡會採取哪些覓食策略？藍鯨有時候會距離港口太遠，或者潛水太深，無法直接觀察，所以要回答這些問題需要能追蹤藍鯨的科技。到了一九九〇年代中期，衛星標示器、水中照相機、生物聲探測器等新科技終於問世，可以到達一個科學家到不了的地方，那就是藍鯨的背部。

標示藍鯨（也就是在藍鯨身上裝上儀器，之後再取回判讀數據）的構想是發現委員會在一九三〇年代想出來的。但是早期研究人員射入鯨脂的鋼管說穿了只是附有編號的標籤，能提供的資訊就只有藍鯨被打上標記的地點，還有藍鯨被獵殺的地點。科學家在一九五〇年代做出重大突破，採用無線電遙測術追蹤野生動物，先讓動物鎮靜下來，再給動物戴上附有極高頻發射器的頸圈。研究人員只要看接收器上的訊號，就能知道動物的位置。這種科技用在森林哺乳類身上很有效，但是極高頻訊號的接收範圍有限，而且無法穿透水域，更不用說要在鯨魚身上安裝有多困難，所以這個技術不適合用來研究鯨豚類動物的大範圍移動。

一九七八年，美國與法國聯手打造全球觀測自動中繼系統（Argos），這是由衛星與地面站組成的系統，能判斷任何配有超高頻發射器的物體的位置。這項新科技就是全球定位系統GPS的前身，這樣一來野生生物學家就可以追蹤長途遷徙的動物。超高頻訊號在海上還是不太清楚，但是配戴發射器的動物，不管是海豹也好，烏龜也好，還是鯨魚也好，只要會偶爾浮出水面，衛星就會偵測到訊號，把訊號傳達到地面站的接收器，就能判讀動物的位置。理論就是如此，不過很久以後才好不容易有人做出夠小、夠堅固的衛星標示器，能安裝在海洋哺乳類身上，又不會拘束動物的行動。一直到一九九四年夏末，都還沒有人使用過衛星遙測術追蹤藍鯨神祕的遷徙路徑，要到後來梅特與卡拉博克迪斯同心協力才能完成。梅特從一九七〇年代末開始用無線電追蹤大型鯨魚，一開始是追蹤下加利福尼亞半島瀉湖的灰鯨。他還是研究生的時候，就研究出太平洋北海獅的遷徙路徑。他在一九八九年和一九九〇年又在露脊鯨和瓶鼻海豚身上裝上衛星標示器，後來也沿用相同的方法研究地中海的長須鯨、加拿大北極地區的弓頭鯨，以及夏威夷附近的大翅鯨。卡拉博克迪斯比任何人都清楚加州外海藍鯨的習性，駕船技術又十分老到，知道怎麼接近藍鯨，怎麼放置發射器。

梅特知道衛星標示器可以為藍鯨研究打開新局：「我很喜歡用照片辨識，因為不需要侵入藍鯨的身體，但是照片辨識也有局限。一個就是一定要派攝影師出去拍照，才能知道藍鯨去了哪裡，但是我們不可能花那個經費請攝影師在所有地方二十四小時駐守。」另一個問題是研究人員只會集中在藍鯨經常出沒的地方，不會搭船探索別的海域。「這樣就沒有機會遇到大驚喜，我們追蹤第一隻大翅鯨從夏威夷到牠的夏季覓食地點，結果牠跑到堪察加半島去了，大家都好驚訝，從來沒有人聽過來自俄羅斯的藍鯨會跑到夏威夷去。要是只做照片辨識，永遠不會知道這些。」

梅特與卡拉博克迪斯在一九九四年八月首度合作，用標示器研究藍鯨，隔年也繼續研究。他們用兩種標示器，大約都是十八公分長，直徑不到五公分。其中一種附有感應器，可以測量藍鯨潛水的深度，不過衛星標示器最重要的部分還是發射器。發射器會發出一種簡單單調的訊號。他們在聖塔芭芭拉外海的海峽群島進行研究，用十字弓將標示器射入十隻藍鯨的皮膚與鯨脂，標示器上有倒鈎可以固定在藍鯨體內。接下來他們就等著看藍鯨去哪裡。（過去二十年來，衛星標示器大有進步，不過每一種設計或多或少還是有些問題，要用幾千美元的硬體設備長期觀察藍鯨的動向，那得確定設備能在藍鯨身上停留幾個月才行。倒鈎大概會讓藍鯨短期之內不太舒服，不過沒有證據顯示倒鈎會造成長期傷害。）

要進行衛星遙測，必須知道衛星遙測跟GPS的原理不同。你車上的導航裝置，或者你爬山時手上拿的設備，可以指出方圓幾公尺之內你所站的位置，這是接收二十四個衛星發送的訊號的結果，其中至少六個無時無刻都在天空的任何一個角落俯瞰地球。相較之下，全球觀測自動中繼系統只用兩個衛星，從與赤道垂直的角度環繞地球，也會經過南極與北極，所以很難在某個時候立即俯瞰某個地方。一、兩個衛星每天會繞行地球表面六到二十八次，你的位置距離赤道愈近，繞行次數就愈少。衛星要從一個位置轉為聚焦另一個位置所需的時間在十六分鐘以內，再說藍鯨一生大部分的時間都在水面下，標示器發出的訊號太微弱，無法傳送到衛星，傳送成功的機率想必是少之又少。要解決這些問題，科學家把標示器設計成衛星一定要在傳送範圍之內，標示器才會傳送訊號（衛星每天都會在同一時間經過某地）。為了延長電池壽命（電池壽命一向是長期使用的儀器的夢魘），標示器也加裝了海水導電開關，藍鯨一潛到海底發射器就會關閉。

只有在萬事齊備的時候，也就是衛星在頭上，標示器已經打開，藍鯨又浮出水面呼吸的時候，科學家才能從其中一個標示器收到可靠的訊號。如果傳送的訊號夠多，他們就可以測量訊號的都卜勒頻移，判斷藍鯨的位置。所謂都卜勒效應，簡單來說就是救護車的警報器往你的方向衝過來時響聲比較高，離開你時響聲比較低的現象。救護車的行進會將聲波壓低或提高，所以我們聽到的聲音頻率也就不同。同樣的道理，藍鯨浮上水面的時候，標示器發出去的每個訊號都一樣，但是快速移動的衛星接收到的訊號頻率都會比實際頻率稍微高一些或低一些。把頻率的差異畫在曲線上，就可以估計衛星最接近標示器的角度與時間，藉此算出標示器所在的經度與緯度。至於算出來的結果有多準確，要看每個衛星經過的時候接收的訊號數量。如果衛星在附近的時候，藍鯨正好浮出水面四、五次，算出的位置誤差應該不會超過一百五十公尺，不過有些時候梅特也遇到十一公里之內的誤差範圍，聽起來誤差好像大了些，不過要知道有隻打上標示器的藍鯨在短短四天內就游了將近八百六十公里。「（十一公里）藍鯨一個小時就能走完，」梅特說，「全世界有三分之一的海洋盆地都是藍鯨的棲息地呢！」

從梅特早期的衛星標示器研究可以看出，有些夏季在加州外海覓食的藍鯨的確會跑到墨西哥以南，靠近哥斯大黎加圓突區的地方，不過藍鯨捉摸不定的動向還是讓梅特驚奇連連。梅特在二〇〇六年三月與四月將科提茲海的一群藍鯨打上標示器，結果這群藍鯨在下加利福尼亞半島西岸外海一待就是五個月，根本沒有去加州。那年九月，他又把加州外海的十二隻藍鯨打上標示器，到了十月底這群藍鯨已經分散到阿拉斯加與墨西哥南部之間。在同一個海域覓食的一群藍鯨為何會各奔東西呢？藍鯨如何挑選覓食的海域？藍鯨會不會記得自己最喜歡的覓食海域？還是懂得從遠距離判斷海面溫度之類的環境條件？「我真希望我知道確切的答案，希望總有一天會知道啦！」梅特說，「不過我們沒有給同一隻藍鯨打上標示器兩次，所以也不知道牠們會不會到處跑。如果我們發現同一隻藍鯨年復一年都去一樣的地方，我們就知道藍鯨的行為是來自過往經驗，也許是跟媽媽學來的，也許是自己的經驗。可是我們沒有給同一隻藍鯨打上標示器兩次，所以我們發現一群藍鯨動向各不相同，或是每年動向不一樣，我們也不知道其中原因，我們只知道在某一年一群藍鯨各奔東西。」

「就算你發現一個藍鯨固定覓食的海域，有些藍鯨還是常常會跑到別的地方再回來。」卡拉博克迪斯說，「牠們好像會一直尋找更好的地方，找不到就會回來，**找到**就不回來了。我現在發覺就算在同一個地方看到藍鯨，也不見得就是同一批。」

梅特做的研究，也發現藍鯨的遷徙出現很多變化，遷徙路線不一樣，離開的時間也不一樣。「灰鯨族群當中有八成五只會停留三個禮拜，就會沿著加州外海的路線往南快速遷徙。」他說，「這很複雜，不過我們在藍鯨身上打上標示器，發現藍鯨族群並不是一大群在短時間內一起從同一條路線遷徙到育種海域。藍鯨會考慮自己的身體狀況，看看適不適合交配，所以遷徙路線的變化比灰鯨大得多。」

藍鯨飄忽不定的行蹤，對科學家來說是一大考驗，不過梅特說這樣也有好處：「藍鯨大概也救了自己一命，這樣一來就不會被捕鯨人獵殺一空。灰鯨之所以會瀕臨絕種，就是因為遷徙路線離海岸很近，很容易預測。」灰鯨每年春季都會準時到科提茲海報到，捕鯨人就在那裡等著牠們。「藍鯨就不一樣了，藍鯨會跑到離岸很遠的地方，而且要看海洋的狀況，每年去的地方都不一樣，捕鯨人想找藍鯨是難上加難，藍鯨要在接下來的幾年回到同一個地方就更困難了。藍鯨是捕鯨業的終極目標，我覺得牠們這種到處跑的習慣真的救了自己一命。」

衛星標示器最迷人的優勢，在於能證明研究人員長期以來的判斷。「我認為哥斯大黎加圓突區應該是藍鯨的生產地。」梅特說。如果真是這樣，那會是重大發現，因為從來沒有人能確定某個海域就是藍鯨的生產地。科學家知道灰鯨會在墨西哥潟湖生產，也知道懷孕的大翅鯨每年都會到幾個生產海域，卻不知道藍鯨有沒有這樣一個地方。卡拉博克迪斯、希爾斯等人固定在科提茲海看到一、兩個月大的藍鯨仔鯨，不過他們從來沒看過剛出生的仔鯨。真的，全世界沒人看過新生的藍鯨仔鯨，就只有一、兩篇在上個世紀前半發表的報告提到過，而且沒幾個人看過這些報告。

那梅特又為什麼認為哥斯大黎加圓突區是藍鯨的生產地呢？他最近打上標示器的藍鯨當中有幾隻出現一些行為，就跟其他品種雌鯨懷孕要去生產地的時候一樣。「我們追蹤初冬前往哥斯大黎加圓突區，又在那裡停留很久的鯨魚，」他說，「灰鯨和大翅鯨遷徙，通常都是懷孕的雌鯨領隊，懷孕的雌鯨先到育種與生產的海域，在那裡待的時間也比同伴久，因為牠們要等仔鯨身體夠強壯才能再度遷徙。如果有些藍鯨前往圓突區，在那裡待上幾個月，這就不是單純地來這裡生產再回到覓食海域。」但是要確定的話得砸重金出海研究，而且時機還要拿捏得恰到好處才行。「一定要夠早，要在藍鯨開始生產之前趕到，這樣才能看到新生的仔鯨。」而且一定要在食物很充足的季節成行，才能看到很多身體夠強壯，能夠育種的藍鯨。

「所以我們用另外一種比較新奇的方法。」梅特說。他的團隊每給一隻藍鯨打上標示器，就會順便採集一小份檢體。梅特與激素檢測專家合作，想看看能不能從檢體組織當中少量的雌激素、黃體酮判斷雌鯨是在排卵、懷孕還是泌乳。「問題是檢體都是鯨皮與鯨脂，如果我們能抽血，看看血漿裡雌激素、黃體酮的濃度會比較好。現在我們只能從脂肪很多的組織裡面拿到微量的雌激素、黃體酮，所以真的很困難，我們可以看看以前的資料，看看以前我們打上標示器、採集檢體的藍鯨，思考『這些前往哥斯大黎加圓突區的藍鯨體內雌激素、黃體酮的濃度，是不是代表牠們大部分都是懷孕的雌鯨？』知道這個對未來的研究很重要。如果我們可以定期解讀濃度，就不需要出海了。只是要找到人提供經費很不容易。」

目前梅特每年還是給大約十二隻藍鯨打上標示器，他到現在已經給一百五十多隻藍鯨打上標示器了。科技日新月異，現在的儀器比以前的小，現在也不用十字弓射了，而是用氣動的儀器。標示器整個埋入藍鯨的身體，只有天線與海水開關露在外面。為了預防感染，標示器還附有會慢慢發揮作用的抗生素，藥效可以維持八個月。所有的衛星標示器都會有停止傳送訊號的一天，不是故障了、電池用完了，就是被藍鯨弄掉了。不過有了微調過的新設計，標示器在鯨魚身上停留的時間比以往久得多，目前在藍鯨身上停留的最長紀錄是四百九十五天。等到哪天蒐集夠多的長期數據，又花上幾年時間在同一隻藍鯨身上多次打上標示器，就可以拼湊出藍鯨的旅程了。

卡拉博克迪斯、希爾斯等人開始解答有關藍鯨族群規模的一些謎團，也就是族群裡有多少隻藍鯨，遷徙的時間與地點等等，也開始研究一些細部的問題。「我們開始對個別藍鯨的行為感興趣。」卡拉博克迪斯說，「我們想辦法研究看不到的地方。我們看到藍鯨浮出水面幾秒鐘就潛入海裡，一潛就是十到十五分鐘，我們不知道藍鯨在海裡都做些什麼。我們怎樣才能知道藍鯨在海裡的生活呢？」這次又是標示器立大功。

大部分的人都不知道其實科學家直到最近才比較了解藍鯨，這也不能怪生物學家。科學家擅長研究可以長期近距離觀察的陸棲動物，就算動物的棲息地又遠又令人難受也沒關係。他們可以長期待在南極研究帝王企鵝的交配習慣，也可以橫越亞馬遜河的支流，研究箭毒蛙如何養育下一代，但就是沒辦法長期觀察水裡的動物。鯨魚只有浮出水面呼吸的時候會短暫露面，其他部分科學家就只能用猜的。希爾斯從年輕就拜讀早期生物學家一九六〇年代的非洲哺乳類研究報告，他做了一個比喻：「想像一下，你在塞倫蓋蒂平原做研究，一陣大霧瀰漫，你除了長頸鹿的鼻孔之外啥也看不見，研究藍鯨就是這種感覺。他們做兩、三年的研究，我們得花上二、三十年。」

問題不是只有水深而已。在某些地方站在岸邊就能看到藍鯨，但是藍鯨一生大部分的時光都是在距離岸邊很遠的地方。光是用舷外發動機，能探索的海域有限，無法一窺藍鯨族群的全貌。當然鯨魚學家也可以搭大船到離岸幾百公里的地方，但是這樣觀測所費不貲。船得開到太平洋上的哥斯大黎加圓突區，或是大西洋上的弗萊明角之類的地方，光是租船、維修，一天就得花上幾千美元，天底下沒有一個政府願意埋單。真的，研究鯨魚的人要有某種企業家性格，能有人贊助更好，像希爾斯就曾經用一位愛鯨人士的船，帶領研究團隊出海到大西洋。這位愛鯨的女士就是棋盤遊戲「打破砂鍋問到底」的發明人，這個遊戲讓她賺進大把銀子。梅特經常搭著改裝過的二十五公尺長拖網漁船出海研究，那是一個西岸的漁業家族送給他的。「政府機關就是不肯提撥經費做研究，」梅特說，「所以大部分都要靠私人贊助。」

另外一個難題是長期研究藍鯨需要耗費大量心力，得花上好幾個月孤孤單單與怒海搏鬥。希爾斯說：「要犧牲與親朋好友相處的時間，還有很多東西。」他目前未婚，也沒有小孩。「我發覺女人不喜歡跟賺不了什麼大錢，三不五時又會失蹤的男人在一起。」他的背部與膝蓋也奉獻給海神了，他的同僚有些也一樣。做這一行真的要有犧牲奉獻的精神。梅特在搖搖晃晃的船上碰來撞去受了傷，後來傷勢惡化。有一次他說：「有的時候我告訴自己，要是這麼好做的話，那別人早就做了，早就知道答案了。」[1]

一九九〇年代末，一種叫做「可回收資料記錄器」的新標示器問世，藍鯨研究的迷霧逐漸散開。先前使用的衛星標示器可以長期附著在藍鯨身上，記錄藍鯨長途跋涉的路線。這種新標示器不一樣，上面附有吸盤，停留在藍鯨身上的時間大概只有幾小時，就在短短的時間內測量並且記錄藍鯨潛水的深度、海水的鹽度與溫度，還有藍鯨游泳的速度與方向。很多新標示器還可錄下藍鯨的聲音，有些還附有水中照相機。有了這些新功能，新標示器和衛星標示器完全不同，而且衛星標示器不需要回收，新標示器則需要。新標示器是要研究藍鯨的行為，記錄的資料非常多，無法傳送到遠端電腦，所以資料都是儲存在記憶體晶片，也就是說標示器一掉下來，科學家就一定要找到。這兩種標示器提供的資料一多一少，正好互補。衛星標示器可以長時間提供少量資訊（只有地點），新的標示器則是在短得多的時間內提供大量資訊。

很多科技進步都是自然形成，新標示器也不例外。一九八六年，卡拉博克迪斯在法拉隆灣第一次看到藍鯨，就在這一年，海洋生物學研究生馬歇爾在貝里斯用水肺潛水，有一次他在潛水的時候看見一隻鮣魚在鯊魚身上搭便車，突然靈機一動：把攝影機裝在鯊魚身上怎麼樣？鮣魚看到的東西要是我們也能看到，那該有多好！要知道馬歇爾眼前的挑戰有多大，只要想想一九八〇年代的攝影機有多笨重就知道了。能不能把攝影機做得小巧精緻，不會干擾鯊魚的行動？就算做出來了，又要怎麼裝在鯊魚身上？再說攝影機要能在鯊魚身上停留好幾個小時才管用，還要能掉下來才能回收。一九九一年，國家地理學會覺得這項科技大有前途，贊助開發經費。新產品就是後來的動物攝影機。廣受歡迎的紀錄片「企鵝寶貝」就採用了一些動物攝影機拍攝的獨特影片，目前已有數百萬人欣賞過。

一九九九年，卡拉博克迪斯與國家地理學會的科學家法蘭西斯等人攜手合作，看看用動物攝影機觀察藍鯨在水面下的活動能看到多少。他們採用的儀器包含一個改良的八厘米攝影機、測量深度與溫度的感應器、能錄下藍鯨聲音的水中聽音器，統統放在鞋盒大小的外殼裡面。第一個難題就是要把這麼大的東西固定在藍鯨身上，解決的方法就是在動物攝影機上裝一個沙拉盤大小的矽膠吸盤，再固定在一根長長的、平衡重量的桿子上面。一位研究人員駕駛充氣艇跟在藍鯨旁邊，法蘭西斯把桿子伸出船外，等到藍鯨浮出水面的時候把動物攝影機放在藍鯨背上。真空泵馬上會吸走吸盤裡的空氣，把攝影機固定在藍鯨的皮膚上。至於回收的問題，他們在吸盤上黏了一片鎂片，浸在海水三小時後會腐蝕，吸盤就會脫落，攝影機就會浮在海面上，上面的極高頻發射器就會發出訊號，研究人員就能把攝影機拿回來。

要用這種方法，需要高超的駕船技術。藍鯨游泳速度很快，每次浮出水面只有幾秒鐘，動物攝影機也不能隨便放，最好放在背部的頂端，在背鰭很前面的地方。卡拉博克迪斯等人一九九九年夏末在加州的博德嘉灣第一次作業，接近了至少十隻藍鯨，接觸了七隻，但是只在一隻身上固定攝影機。隔年他們又在蒙特瑞灣作業，給一對藍鯨領頭的那一隻打上標示器。結果鎂片比想像的還難腐蝕，在藍鯨身上待了十個小時以上，研究人員只好一路跟在旁邊，後來天氣太壞，天色又太暗，不得不空著手回到岸上。他們花了三天，耐著性子跟在極高頻發射器的訊號後面，終於才看到攝影機浮在水面上，距離裝設攝影機的地點超過四十公里。濕氣在外殼裡面凝結，所以資料有點損失，不過總是一個好的開始。

二〇〇一年二月、三月，卡拉博克迪斯又到科提茲海做研究。研究人員放置的第一個攝影機在藍鯨身上停留了六個多小時，也順利取回。兩天之後他們又放了第二台攝影機，也停留了幾個小時，不過脫落之後就找不到了。研究團隊把儀器做了一些調整，好不容易才抓到訣竅。那年七月他們到聖塔芭芭拉海峽，希望能有更多斬獲。不過他們一開始幾乎找不到藍鯨，後來的遭遇他們一定會覺得是上天眷顧。他們在聖米格爾島外海尋找藍鯨，搭著充氣艇到離港口很遠的地方，快要超越安全範圍，結果卡拉博克迪斯看到有史以來曾看過的最大一群藍鯨，總共有兩百多隻，分布在大約五十平方公里左右的海域。好不容易遇到這麼一大群，他們在十二隻身上裝設了動物攝影機。

雖然這項科技很棒，觀看從藍鯨的背部拍攝的影片還是不盡滿意。拍出來的影片很暗（淡紅的LED有時候會照亮近距離的東西），只能看到一點點藍鯨的身體，也不必奢想什麼「企鵝寶貝」了。不過動物攝影機上的感應器倒是立了大功，透露了許多藍鯨在水面下的行為。舉個例子，他們在二〇〇一年三月在科提茲海給一隻藍鯨打上標示器，後來發現那隻藍鯨是在覓食。這很有意思，因為科學家一向認為北太平洋東部藍鯨的主要覓食海域是加州外海，藍鯨過幾個月就會到那裡去。卡拉博克迪斯等人開船跟著打上標示器的藍鯨走，回聲測深儀偵測到海面下大約六十到九十公尺深的地方有一大群磷蝦。他們後來取回動物攝影機，把深度感應器的數據上傳，發現一個驚人的事實。藍鯨在戴上攝影機的頭幾個小時，幾次深深潛入海裡，潛到這群磷蝦的下方。每次潛水之後又猛衝上來。藍鯨以往都是以穩定的速度橫向穿越磷蝦群，現在換了這麼個新覓食策略，真是一百八十度大轉變。卡拉博克迪斯說：「我們從影片上看到的很少，不過還是有重大發現，我們發現藍鯨會頭朝上往前衝，從下方衝進磷蝦群。我們現在很清楚藍鯨如何接近磷蝦。在這之前，大家都不知道藍鯨如何接近磷蝦。」

動物攝影機也讓科學家看見藍鯨在夜晚的潛水模式。磷蝦有避開光線的習慣，所以天黑的時候就會往海面移動。動物攝影機上的深度感應器顯示藍鯨也會往海面移動。大概在晚上六點半之後，藍鯨潛水的深度就會淺得多，也不會再往上衝了。等到接近晚上九點的時候，藍鯨一次潛水只會在海裡停留一分鐘，而且很少潛到海面下二十公尺以下。這種懶洋洋的浮潛系列動作也許就是藍鯨在睡覺。其他鯨豚類動物的研究也發現牠們不會像人類一樣在不知不覺中呼吸。牠們一次會讓大腦的一個半球休息，大腦其他的部位還是會保持靈敏，控制身體的運動與呼吸。

另外一個重大發現是，影片當中幾乎沒有其他藍鯨出現。卡拉博克迪斯以為他在一對藍鯨其中一隻背上放動物攝影機，就可以看到另外一隻在海面下的動態，也許就可以拍到第一段藍鯨在海平面下覓食的影片。事實上，影片裡幾乎沒有另一隻藍鯨的身影。「我們發覺藍鯨不像大翅鯨會共同覓食。雖然藍鯨常常會出雙入對，覓食的時候卻會相隔很遠。」從來沒人看過藍鯨在海面附近共同覓食，科學家想也許藍鯨會在深海處共同覓食，不過從初步的資料看來，似乎並非如此。

卡拉博克迪斯在聖米格爾島外海的一批藍鯨身上放置攝影機，在其中一隻身上回收了幾秒鐘的精采片段。他們知道只要看到很多藍鯨聚集，就代表這個海域一定有大群磷蝦，但是他們船上的回聲測深儀在海面下大約兩百公尺的範圍內並沒有偵測到什麼，偏偏這個範圍又是藍鯨最常覓食的範圍。藍鯨的食物到底在哪？他們看了動物攝影機的影片就找到答案了。打上標示器的藍鯨潛下去之後，小小的磷蝦像一陣風雪般飄過攝影機，等到愈來愈多聚集，飢腸轆轆的藍鯨終於往上衝。顯然藍鯨對海面附近三三兩兩的磷蝦不感興趣，想在下面等，等磷蝦聚集一大群再說。「這些藍鯨會潛到三百多公尺深的地方。」卡拉博克迪斯說，「這比我們原本想像的藍鯨覓食範圍還要深。」

動物攝影機的影片是提供了有用的資訊沒錯，不過研究人員現在比較少看影片，比較仰賴其他儀器蒐集來的資料。真的，研究人員現在放在藍鯨背上的資料記錄器並沒有攝影功能。資料記錄器有很多種機種，研究人員也可以依據自己的需求量身訂做，不過要做出一個在海水裡泡了幾

卡拉博克迪斯駕著船，站在船頭的同僚準備把生物聲辨識牌放置在藍鯨的背上，標示器是以吸盤固定。這些儀器會記錄藍鯨潛水的深度與角度，並錄下藍鯨的叫聲。

百次之後還能正常運作的資料記錄器可沒那麼容易。最好用的設備是一個魚雷形狀的小機器，叫做生物聲探測器，簡稱B-probe，是加州的格林納里奇科技公司製作。這個神奇的小玩意的中心是一個水中聽音器與固態記憶體晶片，可以錄下藍鯨的聲音。這種設備一台要價幾千美元，內含一些儀器，如時間與深度記錄器、水溫感應器與一個可以測量藍鯨的俯仰角與滾轉角的加速計。最棒的是B-probe只有二十公分長，一百九十八公克重，不像動物攝影機那麼笨重，而且所有的儀器都放在一個硬梆梆的防水樹脂盒。製造商宣稱你可以拿它來釘釘子。

科學家在一九九〇年代中期開始將早期的B-probe安裝在海洋哺乳類身上，第一個安裝的對象是加州的北象海豹。B-probe好雖好，還是跟動物攝影機一樣有些地方需要改良，才能運用在藍鯨身上。B-probe只要塞進泡綿條裡，就能浮在海面上，裝上一個極高頻發射器，科學家就能追蹤B-probe在鯨魚身上與掉下來之後的位置。不過麻煩的是得想個法子固定在鯨魚身上。B-probe的重量比動物攝影機輕得多，所以科學家都拿小得多的吸盤做實驗，這種吸盤只要用力壓在鯨魚背上就好，不需要一個笨拙的真空泵。他們發現只要用兩個吸盤，沿著B-probe的長度將兩個吸盤連接起來，就能緊緊貼在鯨魚身上，但是要在蒐集資料之後讓B-probe掉下來又是個問題。「鎂片腐蝕法」在這裡派不上用場，所以研究人員試了幾個低科技的方法。他們在吸盤上鑽一個洞，放進很多種物質，像是止痛藥「泰諾」與喉片，這些東西早晚會溶解，吸盤就會脫落。這裡面比較好用的是QQ熊軟糖，因為很小，容易彎曲。（卡拉博克迪斯的一位同僚打趣說：「最大的問題是他一直拿去吃。」）但是這幾種東西沒有一種能快速溶解，而且有的時候機器一碰到鯨魚，東西就掉出洞外。到了最後，他們不得不跟在鯨魚後面，等到B-probe自動掉下來再說。一般來說，B-probe會在鯨魚身上停留幾分鐘至兩天，不過只要能停留兩個鐘頭以上，他們就心滿意足了。

卡拉博克迪斯等人看了早期裝設的一台B-probe回傳的資料，比較了解藍鯨衝進海面幾百公尺下的磷蝦群都在做些什麼。舉例來說，藍鯨在一次為時十三分鐘的潛水當中，B-probe顯示藍鯨一開始從負八十度的角度下潛到大約三百公尺深的地方，也就是說幾乎是直直往下衝。卡拉博克迪斯指著資料圖表說：「這些小小的起伏就是尾鰭甩動。藍鯨的尾鰭每次甩動，俯仰感測器就會感應到振動，所以你看，藍鯨浮出水面的時候會甩動尾鰭，不過接下來就把頭低下來，甩了一下尾鰭，然後就潛下去，一旦到了二十公尺或三十公尺深的地方，浮力就愈來愈低，從我們的數據看來，藍鯨往下潛的時候就算沒有甩動尾鰭，還是會加速。這真是讓我們大開眼界，一個需要呼吸空氣的哺乳動物竟然可以像石頭一樣沉到海裡，想想也有點恐怖。」由此可見雖然藍鯨在潛水的時候可以藉助負浮力保留氧氣，往上游的時候還是要付出代價。

藍鯨潛到海裡之後，會多次往上衝，衝進磷蝦群裡，這一連串的動作在圖表上畫出鋸齒狀的一條線，B-probe的俯仰感測器顯示藍鯨往上衝進磷蝦群的時候是側向一邊翻滾。研究人員很久以前就發現藍鯨如果靠近海面覓食，身體就會側向一邊，甚至整個顛倒過來。他們看了B-probe的資料，頭一次知道藍鯨在深海也會表演類似的雜技。裝了B-probe的藍鯨每隔二、三十秒身體就會往上，尾鰭甩個三、四下，接著張開嘴巴靜靜衝進磷蝦群裡，然後身體幾乎是筆直向上，拚命甩動尾鰭，游到海面。

研究人員只要能順利將儀器安裝在藍鯨身上，就有嶄新的機會探索藍鯨鮮為人知的海裡生活。一個待解的謎團就是藍鯨進食的時候為什麼花很少時間在海裡。一般來說，海洋哺乳類的身體愈大，能儲存的氧氣就愈多，所以在水裡能待的時間也就愈長。生物學家可以根據鯨魚的身體質量與新陳代謝率（也就是用完儲存的氧氣的速度）算出「理論上的有氧潛水極限」，也就是鯨魚在不得不浮出水面呼吸之前，能待在水裡的最長時間。以藍鯨來說，理論上的極限是三十一分鐘，但是實際上藍鯨在水裡覓食的時間平均不超過八分鐘。藍鯨體內儲存的氧氣明明夠用三十一分鐘，為什麼在水裡只待了四分之一的時間就要浮出水面？

二〇〇一年，三位加州科學家古蒂特雷茲、克羅與泰希就要來解開這個謎團。他們要計算藍鯨在一連串潛水當中猛衝幾次，再比較藍鯨浮上水面呼吸的時間。他們研判藍鯨猛衝的次數愈多，接下來要呼吸的時間也就愈久，就像一個人快速爬上四層樓梯，喘氣的時間一定會比爬兩層的人久。如果這個研判正確，那就能了解藍鯨覓食潛水的時間為何相對較短。藍鯨猛衝會耗費大量體力，所以很快又要浮出水面呼吸。為了要測試這項假設，他們需要統計數據，所以他們在藍鯨身上裝設測量時間與水深的記錄器。這種記錄器的大小與大型手電筒差不多，並不是用吸盤吸附在藍鯨身上，而是用十字弓射出，上面有個二．五公分長的倒鈎可以固定在藍鯨的皮膚上。為了要順利拿回記錄器，工程師做了一個小型接收器，可以接收研究人員的船隻發出的信號。研究人員覺得蒐集的資料夠多了，就會按下一個按鈕，啟動一個切割工具，將記錄器與倒鈎之間的金屬線剪斷，記錄器就會浮在海面上。

研究團隊在墨西哥與加州外海給七隻藍鯨裝上記錄器，再回收記錄器。這幾隻藍鯨的平均潛水深度一百三十一公尺，每次潛水都會猛衝四次。他們發現藍鯨往上猛衝的速度比往下潛快很多。這表示藍鯨必須用力甩動尾鰭，沉重的身體才能對抗重力。藍鯨要對付的還不只是重力而已。藍鯨猛衝進磷蝦群的時候，嘴巴會張開將近九十度，吞進身體質量七成的海水，大概就是六十公噸左右的海水，產生的流體阻力相當驚人，可以對抗極大的慣性，能讓猛衝的藍鯨完全煞車。顯然藍鯨在這個過程當中耗費大量體力。事實上，研究人員算出藍鯨覓食的時候猛衝耗費的體力，大約是沒在覓食的時候潛水耗費的體力的三

覓食的藍鯨在海面猛衝的時候通常是肚子朝天。藍鯨下顎下面的喉腹褶會擴張，方便藍鯨吞下大量磷蝦與海水。

倍。由此可見藍鯨潛水的時間為何比理論上的三十一分鐘短了許多。再拿人來比喻，一個人要是站著不動，也許可以憋氣一分鐘，但要是沿著樓梯往上跑，恐怕就沒辦法了。

衛星標示器與資料記錄器之於藍鯨研究，就像顯微鏡之於生物學家，或者望遠鏡之於天文學家。科技每年都在進步，每年都在改良，每年都預告更偉大的科技。二〇〇七年，梅特開始試驗一種新的裝置，運用GPS科技，在藍鯨浮出水面的短短幾秒鐘內，透過衛星定出藍鯨的位置。這項裝置還有一些問題有待解決，不過也許總有一天他能精確判斷藍鯨往返的路線。未來幾代的B-probe也可以解開更多謎團，對溫度更敏感的感應器可以解開藍鯨如何找到磷蝦的謎底。要是有三度空間的加速度計，能記錄藍鯨的俯仰角、滾轉角與偏航角，就能看出藍鯨覓食策略的端倪。對藍鯨和研究藍鯨的科學家來說，裝置的遊戲才正要開始。

第八章 藍鯨的樂章

動物攝影機、時間水深記錄器等裝置就是科學家在水裡的眼睛，也挖掘了許多知識，不過藍鯨的很多行為光用看的是看不出端倪的，不管是直接看還是從遠處看都一樣。要了解藍鯨，除了看之外還得聽，可以說聽比看重要。聲音是藍鯨生活的重要部分，許多科學家認為一九九〇年代初大爆發的聲音研究也許是了解藍鯨這個世界上最大動物的一項利器。

在物競天擇的世界，動物的演化最好能對生存有所幫助，不過對海洋哺乳類來說，擁有良好的視力沒有什麼幫助。即使在最明亮的海域，每下降七十六公尺，光線的亮度就會減少九成。在浮游生物眾多的海域，連幾公尺之外的東西都看不清楚。多半時候就算是視力最強的藍鯨，大概也很難看到身長範圍之外的東西，在大約一百五十至一百九十公尺深的海域覓食磷蝦的藍鯨，根本就是身處一片漆黑。視覺不行，那味覺與嗅覺呢？比起齒鯨類，鬚鯨類的噴氣孔附近對化學物質較為敏感。鬚鯨類在浮上水面呼吸的時候也許真能聞到氣味，從一些研究甚至可以看出藍鯨可以聞到浮游植物發出的淡淡二甲硫氣味。不過嗅覺對藍鯨等鯨豚類動物來說用處並不大。外界對藍鯨的味覺了解也不多。有些生物學家認為藍鯨可以從同類的尿液與糞便找到一些線索。藍鯨排泄完畢游走之後，尿液與糞便通常還會停留在原地。藍鯨可能會運用味覺判斷磷蝦群的密度，等到磷蝦群密度最高的時候再張開大嘴一網打盡，不過從來沒人證明這一點。不管如何，藍鯨的視覺、味覺與嗅覺都是在近距離才管用。所有的證據都顯示藍鯨最重要的還是聽覺。

聲音在水裡傳達的速率比在空氣裡快上五倍，在空氣裡大概是每秒三百零五公尺，在水裡則是每秒大約一千五百二十五公尺，不過實際的數字變動很大。在空氣中，真正會影響聲音傳遞的是氣溫。聲音在溫暖的空氣流動的速度較快，到了海裡，聲音傳送的速度就會受到水溫、水壓的影響，也稍微受到鹽度的影響。水溫、水壓、鹽度愈高，聲音傳達的速度就愈快。聲音傳達的速度受環境影響，差異非常大，海洋學家甚至可以發出聲脈衝，測量聲脈衝傳送速度的差異，藉此判斷大範圍海域的水溫、水壓與鹽度。

海裡的環境當然不是處處都相同，水深不同，水溫與水壓也大不相同，形成一層層的水平層（即使在聖羅倫斯灣這樣的河灣，各處的鹽度差異也很大）。海面的這一層水溫通常很溫暖，水壓與水溫也不會因為深淺而有太大的差異。海面之下中間的這一層叫做斜溫層，這一層水深愈深水溫愈低，而且溫差很大，水壓倒是只會緩緩上升。最後一層就是所謂的等溫層，這一層的水溫一向很冷，水深每增加三十公分，水壓就增加一些。聲波在海裡一定會偏向傳聲速度最小的那一層，也就是說在斜溫層的聲波會偏向溫度較低的海底，不過等到聲波到了恆溫的深海，又會因為水壓愈來愈高而往上走。等到又回到斜溫層又會往下走，整個過程就重複一遍。結果就是聲波或多或少是在斜溫層的底部與等溫層頂端之間以水平方向沿著一條線行進，這條線就叫做深海聲道（有時候也叫聲發波道〔SOFAR channel〕，這是水中聲源定位〔sound fixing and ranging〕的簡寫）。在低緯度與中緯度的區域，深海聲道通常就在海平面以下大約五百八十至一千兩百多公尺深的地方。折射不會消耗能量，所以在聲道的頂端與底部折射的聲波可以傳達到好幾公里之外。在比較誇張的例子裡，甚至可以傳遍整個海洋盆地。舉個例子，研究人員在加州外海做研究的時候，曾在海裡發射氣槍，結果五千九百多公里之外的玻里尼西亞的儀器偵測到槍聲。

要了解海洋聲學，至少是與藍鯨有關的海洋聲學，另一個要注意的地方是低頻率的聲音比高音傳得更遠。所有的聲音經過海水裡的微粒分散、反射與吸收，或者接觸海面與海底，都會流失能量。不過低頻率聲音因為波長較長，比較不會流失能量。一個二十赫茲的聲音在水裡就有大約七十六公尺的波長，我們很快就會發現二十赫茲以藍鯨的叫聲來說算是非常低的頻率了。這種大小的聲波比較不受微粒影響，碰到海面折射時流失的能量也少得多，所以能在流失大量能量之前傳達到很遠的地方。

至於藍鯨的聽音能力，特別是聽極低頻率聲音的能力，還有隔著遠距離的聽音能力，確切的資料並不多，不過動物對於同類發出的聲音頻率似乎特別敏感（也許是倒過來才對，動物可能會選用彼此聽得最清楚的頻率互相溝通）。舉例來說，人類的聽覺對於一千至三千五百赫茲的聲音最敏感，這也是我們說話的標準頻率。由此可見藍鯨的耳朵一定可以聽見很低的聲音，連不到十赫茲的聲音都能聽見，因為藍鯨發聲的頻率就是這麼低。藍鯨判斷聲音來源的方式大概就跟人類一樣，就是從聲音傳到一隻耳朵與另一隻耳朵的微小時間差判斷，這個時間差叫做聲音的相位偏移，原理就跟我們用兩隻眼睛觀察深度類似。如果一個人的耳朵距離很寬，判斷聲音來源的角度就比較容易，因為耳朵距離愈寬，相位偏移就愈大，藍鯨的兩耳至少都有四．六公尺寬。

藍鯨是用哪個器官發聲呢？這完完全全是個謎。科學家聽過藍鯨的叫聲，卻從來沒看過藍鯨呼叫。藍鯨不會張開嘴巴叫，從噴氣孔噴氣是很大聲沒錯，但是噴氣的聲音不是叫聲，叫聲是從體內發出來的。也許是空氣通過藍鯨體內的某個瓣膜，又有某個結構充當共鳴器，才會發出聲音。不管藍鯨體內的「風笛」如何運作，根據一項估計，藍鯨發出低沉長音的時候竟然可以釋放八百至一千一百公升的空氣。這幾乎是藍鯨靠近海面的時候肺裡儲存的一半空氣量，不過藍鯨在潛水時肺部會受到很大的壓力。有些研究人員認為藍鯨發出叫聲的時候，可能需要潛水或浮出水面，海水的水壓就會壓縮、放鬆藍鯨的肺部，就像手風琴的風箱一樣。不管藍鯨的聲音是怎麼發出來的，科學家多半都認為應該是來自藍鯨體內某個地方。這一點藍鯨和其他的鯨魚並不相同。舉例來說，齒鯨類的頭部裡面有一些充滿脂肪的洞，叫做額隆，齒鯨可以調整額隆的形狀，對準、集中回音進行定位。鬚鯨類就算也有這種額隆，遇到低頻率的聲音也沒有用。要知道二十赫茲的聲波在水裡大約是七十六公尺長，很難想像有這麼大的結構，可以做為那麼大的波長的聲透鏡，就算在藍鯨碩大的身體裡也很難出現這種結構。

現在科學界對於藍鯨的聲學只是略知一二，要知道在一九六〇年代末之前可是一無所知，那個時候只有美國海軍的人了解大型鯨魚發出的聲音。二次世界大戰之後，美國海軍架設了廣大的水中聽音器網路，有些是由船隻牽引，有些則是裝設在大西洋與太平洋的海底，裝設的地點至今仍然保密。這個網路叫做綜合海洋監視系統，目的是要偵測蘇聯潛水艇，不過也會接收到完全不像敵軍潛水艇發出的訊號。系統偵測到最奇怪的聲音是二十赫茲左右的聲脈衝，大概是人類聽覺範圍的最低極限。這些訊號發送的模式非常固定，顯然不是偶發的地震隆隆聲。聲音也相當強烈，大聲到有些聽見的人還以為是軍事行動，不然就是機器故障，不過也有海軍科學家認為是「生物的聲音」。至少有少數幾個人猜測這是大型鯨魚發出的聲音，大概是為了導航用，也就是說鯨魚是藉由碰到大陸棚與海底山反彈的聲脈衝，判斷地點與位置。

水中聽音器網路在一九七〇年代之前偵測到無數次這樣的聲音，不過資料是國家機密，平民科學家是拿不到的。無論如何，沒人知道那些聲音到底是怎麼回事。沒有資料可以比對，因為少數珍貴的錄音都是科學家在船上製作的，科學家可以親眼看到鯨魚，也可以知道聲音是來自哪隻鯨魚。的確有研究人員製作過錄音，不過他們很快就發現研究鯨魚聲學的最大障礙，這個障礙到現在還沒解決，那就是就算看到幾隻鯨魚，錄下了叫聲，也很難判斷到底是哪一隻在叫，簡直就是不可能的任務。很多時候聲音是來自研究人員沒看見的動物。在一九六九年五月的一項研究，兩位加拿大研究人員在北大西洋遇到一隻正在進食的藍鯨，他們將一台水中聽音器垂進海裡，錄下藍鯨的聲音。他們說錄到的聲音「又短又尖」，有些聲音高到人類的耳朵聽不見。他們研判藍鯨可能是放出超音脈衝，用回音定位找到磷蝦，就像蝙蝠找昆蟲的原理一樣。後來才發現這些聲音不是來自藍鯨，而是來自附近研究人員沒看到的鼠海豚。

等到一年之後，兩位海軍科學家康明斯與湯普森搭船在智利外海做研究，才真正錄下藍鯨的聲音。康明斯與湯普森說這些聲音聽起來像是「低頻率的呻吟」，總共分成三部分，持續時間超過半分鐘。這些呻吟聲幾乎都在兩百赫茲以下（比鋼琴中央C音的G音還低），最高的大概在二十赫茲至三十二赫茲之間。最驚人的地方在於這些聲音好強烈。康明斯與湯普森寫道：「藍鯨的叫聲實在有夠響亮。」他們說藍鯨的叫聲在當時是比其他生物都來得大聲，平均高達一百八十八分貝，「就跟二次世界大戰美國海軍巡洋艦以正常速度行駛的平均聲源準差不多。」他們發現之後大吃一驚，在報告中又加了一段傷感的文字：「這個發現非常重要，因為這些世界上最大的動物很難逃過人類的濫捕，所以也許以後都聽不見藍鯨的聲音了。」

要繼續討論藍鯨與藍鯨偉大的叫聲之前，必須先提一下音量的測量方式。聲音的單位「分貝」不像公里、公斤一樣是線性單位，而是依據聲音的壓力與一個固定的基準的比例計算。科學家採用人類可以聽見的最小聲音（也就是釋放二十微帕斯卡壓力的聲音），當作聲音在空氣的基準。也就是說剛好在這個門檻的聲音就是零分貝，就是聲音的強度是基準的零倍。比例接著以十的次方遞增，所以十分貝就是比基準高十倍，二十分貝就是比基準高一百倍（十的二次方），三十分貝就是比基準高一千倍（十的三次方），以此類推。很多人以為九十六分貝比九十分貝大不了多少，這並不正確，因為九十六分貝的聲音是九十分貝的兩倍呢！更複雜的是科學家採用在空氣中二十微帕斯卡的基準，是考慮到人類的聽覺，但是這個基準用在海裡的聲音完全沒意義。所以科學家採用距離一公尺的一微帕斯卡的壓力做為基準，再說因為水的密度比空氣高，在水中釋放一微帕斯卡的壓力所需的聲能與在空氣中是不一樣的，所以空氣中的九十六分貝與水中的九十六分貝根本就是橘子與蘋果，是不能比的。

就是因為這些誤解，很多人對於藍鯨的聲音就有一些不正確的說法，這些說法講好聽是誤導，講難聽是胡說，而且就連一些科學家也搞不清楚狀況，也在胡說。海底地震的音量可達二百二十分貝左右，所以有個知名博物學家就說這個跟藍鯨一百八十五分貝的叫聲「沒什麼差別」。事實上不但有差，而且**差別可大了**。藍鯨的叫聲絕對比不上大地震的聲響。很多書籍、文章也提到藍鯨的叫聲可比搖滾音樂會、噴射引擎，這種說法也是昏聵至極。根本不可能有人知道藍鯨浮上水面的叫聲有多大，因為藍鯨最大叫聲的頻率是人類聽不見的。海裡聽不見的聲音到了空氣中會有多大聲？這種問題就像是「用一隻手鼓掌」之類的禪學公案。

康明斯與湯普森錄下藍鯨的聲音，締造大突破之後，他們發覺美國海軍多年來在太平洋聽到的低頻率的長音很多真的就是藍鯨的聲音。另外兩位在北大西洋做研究的科學家瓦特金斯與薛維爾也有類似的發現，他們發現二十赫茲的短信號原來就是長須鯨的叫聲。這幾位海軍科學家發表了一些新發現，不過他們大部分的資料都列為機密。在此同時，其他人就只能猜測藍鯨與長須鯨發出低頻率聲音的目的。一般都認為是要辨別方向、回音定位，或者與附近的動物溝通，不過至少有一位研究人員認為，聲脈衝應該是鯨魚的心跳。

接下來一位離經叛道的科學家，發表了一個石破天驚的想法。這個想法就跟板塊構造學說與黑洞一樣，一開始大家都嗤之以鼻，後來才發現是超級前衛的真知灼見。這個想法是在一九七一年的「紐約科學院年報」裡的一篇論文提出來。「紐約科學院年報」是美國歷史最悠久的科學期刊。這篇論文的主要作者是裴恩，當時已經是名滿天下的鯨魚研究先驅。他在巴塔哥尼亞研究露脊鯨的時候，發明了照片辨識法，後來也應用在其他鯨魚身上。他在早期錄下大翅鯨的聲音，也改變了社會大眾對鯨魚的觀念。後來他與海洋聲學專家韋伯合作，轉而研究軍方的水中聽音器在大西洋與太平洋一再偵測到的低頻率聲脈衝。裴恩與韋伯認為這可能是鬚鯨類的聲音，他們也不是第一個提出這個看法的人，不過他們再往前跨一大步。他們認為長須鯨「也許會在相對寬廣的海域用微弱的聲音聯繫，這種聯繫可能是要互相尋找，可能是要加入對方，可能是要在分散很廣的鯨群當中避免走失」[2]，他們還認為藍鯨可能也會這樣。裴恩很快就澄清，說他的意思不是說鯨魚會對話、會分享複雜的資訊，他認為鯨魚應該只是發送一種定位信標而已。

他接著說他發現海軍的水中聽音器接收到的神祕信號有一些特色，可以證明就是鯨魚隔著寬廣海域互相溝通的叫聲。第一個特色就是強度，如果真是鯨魚的叫聲，那就會比其他動物的叫聲都大，所以也就能穿越遠距離，尤其是進入深海聲道的時候。第二個特色就是低頻率，先前提到二十赫茲左右的聲音傳送的距離會比海豚與齒鯨類較高頻率的聲音遠得多。裴恩與韋伯認為「二十赫茲」其實是個不偏不倚剛剛好的數字，因為剛好就介於地球低沉隆隆聲的頻率與暴風雨亂流聲音的頻率之間，要是稍微高一點或低一點，鯨魚呼叫聲的信號就會被遮蓋。二十赫茲在這個物競天擇的世界也有優勢，因為二十赫茲是除了超級暴風雨之外，「打造一個不受天氣噪音干擾的遠距離信號系統可用的最高頻率」[3]，也是鯨魚不受地震活動干擾可以使用的最低頻率。

海軍科學家聽到的聲音也是一再重複。他們在北大西洋一直聽到一個為時一秒鐘的聲脈衝，之後又是一個十二秒長的空白，之後還有一個聲脈衝，這個模式就重複了十五分鐘左右。接下來大約兩分半鐘都靜悄悄地。裴恩發現這樣的時間節奏剛好跟鯨魚呼吸、潛水的節奏一致。還有一個地方能看出信號跟鯨魚有關，那就是這樣的信號不需要刻意聆聽，只要另一隻鯨魚進入聲音傳達範圍內，就會接收到一再重複的信號，雖然可能要花上幾個小時甚至幾天才會有另外一隻鯨魚聽到。這樣想好了，如果你不小心跌落井裡，光是大喊一聲救命是沒用的，應該要一直喊，不斷喊，這樣路過的人才有機會聽見，趕來救命。

裴恩也注意到了叫聲的純度與持續時間。海軍收到的信號大概集中在二十赫茲左右，頻率的範圍（也就是聲學家口中的頻寬）只有大約三赫茲。像這樣容易預測又一再重複的信號，很容易從海洋的背景聲音中區隔出來。鯨魚如果仔細聆聽，就能聽出二十赫茲左右的狹窄頻寬。科學家以人類試驗，也發現一秒鐘的信號比非常短暫的聲音更容易聽得見，但是三、四秒鐘的聲音並不會更容易察覺。長須鯨發出的聲脈衝長度幾乎就是剛好一秒鐘，顯然這樣可以達到最大效果，鯨魚又不會浪費力氣。

裴恩也提到要用這種方式溝通的動物一定要體型超大才行，只有體型超大的動物才能發出一百八十五分貝的叫聲，而且兩耳距離還要很寬，才能聽見遠方的叫聲。再說也只有體型超大的動物，才能使用遠距離溝通呼叫同伴，不必擔心天敵找麻煩。

裴恩把這些線索統統連結在一起，發表了一個石破天驚的假設。他研判長須鯨與藍鯨是以「聽音範圍群體」做為社交單位，也就是說一個鯨魚族群「在廣大的聽音範圍內維持薄弱的聯繫」[4]。他認為海軍科學家幾年來聽到的強烈、低沉又一再重複的單音也許是相隔幾百公里，甚至幾千公里的鯨魚發出來的。這些鯨魚定期發出信號，告知同伴自己的位置。裴恩知道以前追蹤藍鯨的季節性動態的科學家，到頭來都是一頭霧水（現在還是一樣），他想鯨魚是如何找到交配對象的呢？他想到了一個解答：「捕鯨人從來沒找到藍鯨與長須鯨的育種海域，我想那是因為這根本不存在。我想藍鯨與長須鯨要找交配伴侶，也就是『鳳求凰』的時候，牠們就是呼叫而已，就算要游上幾個禮拜才能見面也在所不惜。牠們是聽個別幾隻鯨魚或一群鯨魚發出聲音，朝聲音的方向前去，就這樣相聚。」[5]如果裴恩說的沒錯，那就表示就算藍鯨不像海豚與小型鯨類那樣會一大群一起行動，牠們的社交群體還是會遍布廣泛的海域，個別的藍鯨會透過遠距離呼叫與同類聯繫。

裴恩與韋伯估計鯨魚呼叫傳達的距離，惹惱了很多同期的科學家。（裴恩後來寫道：「從別人對我的理論的回應看來，我覺得我的職業生涯一定會跌落谷底。」[6]）他們假設海洋完全沒有背景噪音，發出呼叫的鯨魚又正好在深海聲道裡，估算出來二十赫茲的聲音最多可以傳到一萬一千五百海里。他們很快就承認這只是理論上的上限，實際上不可能達到。康明斯與幾位海軍科學家覺得這個理論實在荒謬，裴恩與韋伯受到壓力，只好下修估計值，改口說聲音會傳到大約八百公里。裴恩在美國各地發表他的驚世理論，很多外行人就以為鯨魚的聲音可以繞地球一圈。想深入研究這個問題的人恐怕要失望了，因為接下來二十年藍鯨的錄音資料少得可憐，就算有也是軍事機密。

後來在一九九一年八月，蘇聯的一場政變開啟了連鎖反應，幾個月之後共產超級強權正式垮台。這個事件對紅軍影響深遠，對藍鯨也影響深遠。冷戰結束了，美國海軍昂貴的潛水艇偵測水中聽音器也就沒那麼重要了，偵測到的資料也就沒那麼敏感了。不到一年，美國民主黨參議員高爾與泰德甘迺迪等人都建議軍方允許平民使用軍方的設備進行科學研究。海軍同意了，邀請生物學家克拉克主持「鯨魚九三」研究計畫，克拉克是紐約州伊薩卡市康乃爾大學生物聲學研究計畫的主持人。克拉克的任務是和一群海軍科學家合作，看看海軍的水中聽音器網路能不能拿來研究鯨魚。水中聽音器能偵測到哪幾種鯨魚？能用追蹤潛水艇的方式追蹤個別鯨魚嗎？水中聽音器網路能不能用來監測鯨魚族群的季節性動態？

對於有興趣研究鬚鯨類聲學的非軍方科學家來說，說水中聽音器網路簡直是「天上掉下來的禮物」一點都不誇張。科學家原本苦無資料，一夕之間突然多了這麼多資料，都不知道該從何選擇。一九九二年十一月，克拉克獲准使用水中聽音器網路的第一個周末，他們偵測到的藍鯨、長須鯨與小鬚鯨的叫聲實在太多了，資料庫都當機了，他們不得不設計一個新的資料庫，應付如雪片般湧來的信號。克拉克回憶：「我們用綜合海洋監視系統偵測藍鯨，才開始幾個小時，錄到的聲音就比所有科學文獻提到的還多。」[7]（其實過去幾十年的軍方機密文件當然都提過這些聲音。）接下來的幾個月，他發現他聽到的藍鯨是在紐芬蘭大淺灘一帶。剛好希爾斯也一直認為聖羅倫斯河的藍鯨，至少有一部分會到紐芬蘭大淺灘過冬。叫聲在九月至隔年二月這段時間最為頻繁，到了五月底、六月初逐漸減少。如果是同一群藍鯨，那這樣的模式倒也正常。

克拉克還記得他第一次偵測到藍鯨的叫聲有多開心。他待在維吉尼亞州的一棟水泥大樓，水中聽音器的資料都是即時回傳到這裡，他正在聽紐芬蘭外海某處一隻藍鯨的聲音，聲音實在太小了，他戴著耳機都很難聽見。不過看到分析機吐出幾公尺長的紙張，上面是一些逗點形狀的光譜，他還是很興奮，那就是藍鯨的聲音沒錯。他瞄了一眼偵測到這些聲音的水中聽音器的名稱，在牆上的大西洋地圖尋找聽音器的位置。「我整個人都呆了，」他說，「因為我發現我耳朵聽到固定的小小哼聲，還有眼睛看到的光譜，竟然是一隻**八百多公里**之外的藍鯨的傑作！」[8]他的研究工作持續進行，常常接收到八百多公里之外傳來的信號。事實上，鯨魚在紐芬蘭外海發出叫聲，在整個北大西洋西部一直到西印度群島都能偵測到。克拉克了解這一點後，想起了一個人，現在證明鯨魚的聲音能穿越大海，此人就能沉冤昭雪。在一九七〇年代，克拉克還是研究生的時候，此人就是負責指導他的科學家。此人在阿根廷外海研究露脊鯨的時候，克拉克也有幫忙，不過後來兩人漸行漸遠。一九九四年六月，他們在英格蘭一間教堂的墓地再度聚首。他們在溪岸邊坐下，克拉克告訴對方他的新發現。那個全神貫注聽講的人不是別人，就是裴恩。裴恩在不久之後寫下這次會面：

> 克拉克跟我說：「裴恩，我聽到一千六百多公里之外的一隻藍鯨的聲音。」我聽著聽著，心中一種感覺油然而生，我想我這輩子大概不會再有這種感覺……不過我覺得最感動的是，克里斯這個回頭的浪子做到了我做不到的事，得勝歸來再告訴我。我的心頭湧上一股暖流，眼淚都快掉出來了。[9]

綜合海洋監視系統的目的不只是要偵測敵軍的潛水艇，還要追蹤潛水艇的動態。這個程序叫做「適應性波束定向」，理論上也能用來追蹤個別藍鯨，不過科學家很快就發現一個海域裡的所有藍鯨聲音幾乎都一樣，所以要鎖定其中一隻非常不容易。不過要是一隻鯨魚有著獨特的發聲模式，那要鎖定就容易了。克拉克與海軍科學家花了四十三天追蹤一隻綽號叫「藍兒」的藍鯨，「藍兒」在百慕達附近遨遊了兩千七百多海里。他們也從一九九二年開始，每年追蹤另外一隻在北太平洋的鯨魚，牠的叫聲很獨特，大概在五十二赫茲左右，科學家從來沒有聽過鬚鯨類會出現這種頻率，也許這是一隻混種，也許只是一隻生理機能比較特別、叫聲比較尖銳的藍鯨或長須鯨。不管真相如何，這都很像是一隻孤獨的鯨魚在大海中不斷呼叫，卻始終沒有同伴回應。

一九九〇年代初，海軍開放軍用水中聽音器，為科學家打開了一條資料的礦脈，其實好處還不只這樣。有了水中聽音器，科學家的想像力得以奔馳，看到革新大型鯨魚研究的機會。年輕的科學家柏翠葛也投身這股熱潮。她先是在一九九二年與希爾斯在聖羅倫斯河做研究。她在明根島鯨豚研究站工作期間學到很多，不過她很快就發現要了解鯨魚，光是觀察鯨魚在海面上的行為是不夠的。「你就坐在船裡，就算運氣好，在鯨魚浮上水面、潛到水裡之前能觀察個一分鐘，也要再等上半個鐘頭才能再看見，真的很挫折。鯨魚一生大部分的時間都在水裡，而且大部分的時間也不會用到視覺，所以我才對聲學感興趣。」她在賓州州立大學攻讀博士學位的時候，曾經多次回到聖羅倫斯河，這回是帶著水中聽音器蒐集博士論文所需的資料，也許還能幫忙解答一些希爾斯煩惱十幾年的問題。「我一開始是想看看海軍的資料，然後想：『好，這裡有一隻鯨魚，你能告訴我牠離開聖羅倫斯河之後要去哪裡過冬嗎？』我在做聲學研究的時候，希爾斯是用衛星標示器研究這個問題，可是大部分都失敗。就算衛星標示器管用，一次也只能給一隻鯨魚放上標示器，水中聽音器就不一樣了，只要在水裡裝一台，就能聽到路過的所有鯨魚的聲音。」

希爾斯與卡拉博克迪斯幾位在野外研究的生物學家困擾已久的問題，聲學都可以解決。萬一天候不佳不能出海，研究人員希望可以舒舒服服坐在電腦前面，喝著咖啡，聽著研究範圍鯨魚的聲音。只要在世界各地的海域部署水中聽音器，就能知道藍鯨離岸的動態。他們希望如果藍鯨擁有聲紋（一種可以辨識個別藍鯨的獨特聲音特徵），那他們可以靜悄悄即時追蹤個別藍鯨，不用在藍鯨身上裝設標示器。他們希望能進行聲學調查，這樣估計族群就會比截線抽查法與標識再捕法更準確。這些願望很多到現在還沒實現，不過聲學還是成為藍鯨科學最有前途的一個領域。研究人員的法寶林林總總，有照片辨識法，也有標示器與基因分析，不過聲學很有可能成為了解藍鯨族群結構最有用的工具。

在運用藍鯨聲音的新錄音資料之前，研究人員需要開發專用儀器，還要學會分析資料的新方法。永久的水中聽音器網路（最明顯的例子就是美國海軍的水中聽音器網路）可以監聽大範圍的海域，也可以將資料即時傳送上岸，可是藍鯨經常出沒的海域有些是在水中聽音器的監聽範圍之外。幾十年來，科學家都是看到鯨魚的時候把水中聽音器從船上放進水裡，錄下鯨魚的聲音，蒐集資料之後再到別的地方去，所以生物聲學研究真正的用途在於要把水中聽音器裝設在特定區域，通常是遙遠的區域，一次蒐集幾個月的資料。要達到這個目的，科學家發明了一種新的聲學錄音機。這種錄音機現在有幾種機型，其中很多原本的設計是要記錄地震活動，不是要錄下鯨魚的叫聲，不過這些錄音機多半都有一個水中聽音器，固定在塑膠外殼裡，外殼裡還有硬碟與電池。塑膠外殼再裝上一個加重的金屬框，這樣一丟下船就會往海底沉，浮力會讓水中聽音器浮在海底之上，有時候正好在深海聲道的位置。一旦儀器就位，就能連續好幾個月錄下海裡的低頻率聲音，常常可以錄上一年多。研究人員回來以後就會發信號給電腦，叫裝置脫離金屬框。接著裝置就會浮出水面，等到資料上傳之後，就把硬碟清空，再放回海裡。不同的研究團隊部署的裝置名稱也不同，有些叫做聲學錄音組合（ARPs），有些的綽號叫做「彈出來」。

可惜的是裝置的零件有時候不肯配合，硬碟與水中聽音器會故障，電池會用完，有的時候裝置無法脫離金屬框，錄音機就只能永遠待在海龍王的箱子裡了。不過只要一切順利，這種可取回的水中聽音器可以提供大量資料。到了一九九〇年代末，藍鯨聲學的文獻如滾雪球般增加。早期的研究很多都是在北大西洋西部與北太平洋東部進行，科學家對這一帶的藍鯨族群多有研究。科學家現在也開始把藍鯨的叫聲分門別類。比方說有些研究論文就形容美國西岸外海的藍鯨聲音是兩階段、低頻率。第一個階段是快速重複的調幅聲脈衝，也就是一個單元的叫聲的頻率相同，音量不同。第二個階段從一個頻率開始，接著降低幾赫茲，到達比較低的音調。研究人員就把單音聲脈衝叫做「叫聲A」，把低音叫做「叫聲B」。這兩個名稱幾十年前就在軍方的文件出現過，很快就會成為研究藍鯨叫聲的人熟悉的術語。

研究人員也發現還有「叫聲C」，也就是常出現在「叫聲A」與「叫聲B」之前短暫的高頻率。不過除非藍鯨距離水中聽音器很近，否則很難偵測到。還有第四種「叫聲D」，人類只能聽見這一種。「叫聲D」的變化很大，不過也有聽起來像拖曳車調到低排檔的低音。「叫聲D」非常低沉，是從九十赫茲降到三十赫茲。拿好的喇叭播放，你家牆上的照片都會喀噠喀噠響。不過柏翠葛倒是開玩笑說這是藍鯨「吱吱叫」。

偵測這些叫聲，並不是把水中聽音器放進水裡，再把錄音放出來聽那麼簡單。藍鯨的聲音是海裡最大的，但是因為藍鯨的聲音大部分都是次聲波，人類要聽要用正常速度的好幾倍播放才能聽見。（對外公開的「叫聲A」與「叫聲B」的錄音也是這樣加速播放，實在很可惜，因為這樣一來就感受不到在其他鯨魚的耳裡聽起來有多大聲。）用快轉聆聽幾百個小時的錄音根本就是不切實際，科學家如果非這麼做不可，那他們很快就會放棄研究藍鯨聲學，改做不那麼痛苦的研究。所以科學家就不用聽的，而是用看的，用眼睛看光譜圖或是其他能呈現出一段時間的振幅與頻率的圖表。可惜的是風聲、地震聲與船隻的敲擊聲統統都在藍鯨叫聲的頻率範圍之內，所以很麻煩。科學家在早期就發現要是把這些頻率過濾掉，噪音是沒了，可是藍鯨的叫聲也跟著沒了。他們需要的是能夠過濾沙土，留下真金的軟體。好消息是有些藍鯨的叫聲變化不大，尤其是北太平洋東部藍鯨的「叫聲B」一向都是在十五秒之內下降二赫茲左右，而且叫聲的和聲也很清晰。所謂和聲就是頻率是基音的倍數的泛音。以十五赫茲的「叫聲B」為例，和聲會出現在三十赫茲、四十五赫茲、六十赫茲，以此類推。這些頻率在光譜圖上呈現一連串的平行線條，所以很容易發現叫聲。科學家了解之後，就設計了一個具有這些特質的樣本，再撰寫電腦程式，搜尋符合樣本的模式。他們就用這種方式過濾大量的錄音，找到有用的資料。

研究人員得到的資料愈來愈多，發現藍鯨的叫聲有幾個特色，有些特色說出來還真嚇人一跳。第一，同一個族群發出來的叫聲變化極小。一個海域內所有藍鯨的叫聲頻率相同、持續時間相同、模式也相同，只有少數例外。比方說整個北太平洋東部的藍鯨族群一般的呼叫模式都是「ABABAB」或是「ABBBABBB」，叫聲兩個部分的間隔與叫聲之間的間隔都非常一致。北大西洋藍鯨族群的叫聲模式也非常固定，不過與北太平洋東部藍鯨族群的叫聲差異很大。研究人員將新資料與一九六○年代之後的少數舊錄音資料拿來比較，發現藍鯨的叫聲模式幾十年來僅有少數變化。現在錄下智利外海藍鯨的叫聲，會發現跟一九七○年康明斯與

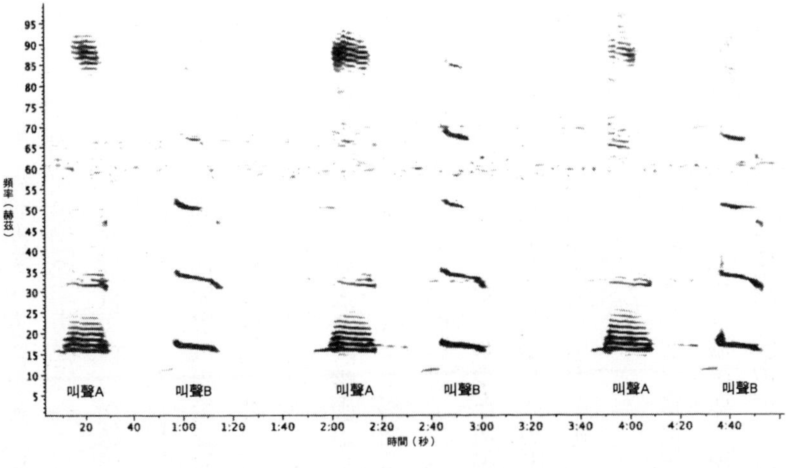

北太平洋東部藍鯨叫聲的光譜圖。二十赫茲附近的暗色區域是「叫聲A」，平行的細線是「叫聲B」還有和聲。

湯普森錄下的藍鯨叫聲非常相似。藍鯨並不像大翅鯨那樣擁有多種叫聲，大翅鯨會製造各種聲音，還會持續不斷創作新歌。如果說大翅鯨是交響樂團，那藍鯨只是四弦車庫樂隊。

之前研究人員希望能用聲紋辨識藍鯨，或者用叫聲的數量估計藍鯨族群規模，沒想到現在發現這些，算是潑了一盆冷水，看樣子是不可能了。不過這個發現又開啟了一個很有意思的契機。如果說一個海域的藍鯨都有獨特的叫聲模式，那研究這個「叫聲特性」，也可以說是藍鯨的「方言」，就能了解全球藍鯨族群結構。這個構想來自人類學，人類文化通常不是用生理特徵描述，也不是用地理界線描述，是用語言描述，也許藍鯨也跟人類一樣。

史丹芙是第一個了解這種可能的科學家。一九九六年她在奧勒岡州立大學攻讀碩士學位，剛好一群美國地球物理學家正在研究東太平洋脊，那是一塊海底區域，所處位置大概與南美洲西岸平行，史丹芙正好可以搭個便車。研究人員要測量那一帶的地震強度，在海底裝設了六台「彈出來」水中聽音器，兩台就裝在赤道上，兩台裝設在北緯八度的地方，另外兩台裝設在南緯八度的地方。史丹芙就拿到好幾個月的資料。其中一台水中聽音器正好就在哥斯大黎加圓突區附近，史丹芙想也許那一台水中聽音器的錄音可以證明來到這個熱帶區域的藍鯨正好就是出現在加州外海的藍鯨。

史丹芙的同僚大約每半年會回收海底的水中聽音器，將資料轉錄到錄音帶上，拿到四萬七千多小時的錄音。她看著最靠近哥斯大黎加圓突區的水中聽音器的資料，看出一個明顯的模式。在北半球的冬天，藍鯨的叫聲較為頻繁。在此同時，美國太平洋沿岸外海的海軍水中聽音器呈現出來的結果卻是完全相反，反而是在夏天叫聲比較多，顯然藍鯨是從北往南季節性遷徙。而且在這兩個區域錄到的叫聲特性相同。史丹芙說：「聽聽在哥斯大黎加圓突區附近錄到的叫聲，很明顯這一帶的藍鯨是北太平洋東部的藍鯨族群，不是以前想的南半球族群。」[10]這個結果發布之後沒多久，卡拉博克迪斯與梅特就宣布他們追蹤一隻打上衛星標示器的藍鯨，從加州一路追到圓突區稍北的地方，所以這兩種方法得出來的結果正好互補。史丹芙回憶以往：「我第一次在水中聽音器上看見北太平洋東部藍鯨的叫聲，打了個冷顫，也不是說完全沒想到，不過真的看到了還是覺得很興奮，很了不起，因為在我看來，這就表示這兩群藍鯨其實是同一群，可惜當時沒幾個人這樣想。」史丹芙發現雖然藍鯨的叫聲在某個季節會達到顛峰，在十一月到五月的這段時間最為頻繁，不過北太平洋東部的藍鯨的叫聲一年到頭在圓突區附近都聽得見。有些科學家認為有藍鯨族群定棲在北太平洋東部，現在看來應該沒有，實際情況應該是北太平洋東部的藍鯨有些每年都會留在那裡，有些則會往北遷徙。

另外一台水中聽音器洩漏了更多熱帶東太平洋藍鯨的祕密，也打開了一連串耐人尋味的問題。位在最東南方的一台水中聽音器，也就是距離祕魯海岸大約一千四百五十公里的一台水中聽音器，偵測到幾百小時的藍鯨叫聲，這種叫聲分成四個部分，和北太平洋偵測到的叫聲截然不同，但是跟二十五年前康明斯與湯普森在智利外海錄到的聲音幾乎一模一樣。當年康明斯與湯普森的船大概在史丹芙的水中聽音器以南四千多公里處。一九七〇年的那份錄音是在五月錄製的，那時候是南半球的秋天，史丹芙的水中聽音器則是在五月之後偵測到的叫聲最為頻繁，顯然這個藍鯨族群可能會沿著南美洲沿岸南北遷徙。還有一個更驚人的事實，就是史丹芙後來偵測到和南極藍鯨一模一樣的叫聲，由此可見至少有些藍鯨會在南冰洋與熱帶東太平洋之間遷徙，不過這些藍鯨可能只占南極藍鯨族群的極小部分。顯然兩個不同的南半球藍鯨族群可能會在冬季造訪同一個熱帶海域。

真的，有些在熱帶東太平洋混在一起的藍鯨可能分別居住在南北半球。一台裝設在赤道上的水中聽音器記錄了兩百一十五小時的北太平洋東部藍鯨的叫聲，還有五百三十五小時很像智利那裡的藍鯨的叫聲，兩者通常會隨著季節交替，表示這兩群藍鯨是在各自的冬季來

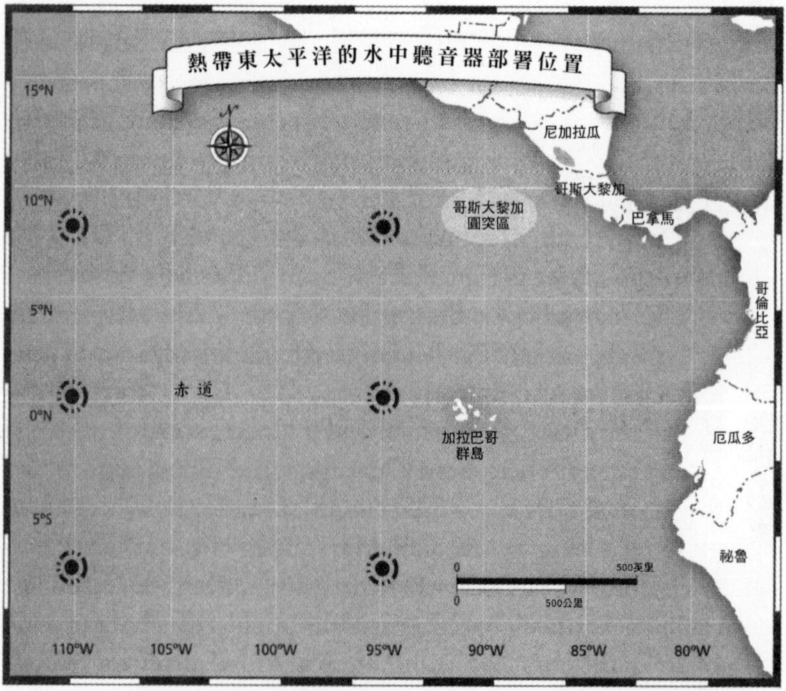

訪，不過也不見得一直都是這樣。史丹芙說：「這就表示南北半球的藍鯨會在每年不同的時間出現在熱帶東太平洋，偶爾還會一起出現在赤道。」這就已經夠耐人尋味了，沒想到史丹芙還偵測到少數的叫聲，她發覺那是北太平洋**西部**的藍鯨的叫聲。那一帶藍鯨的叫聲通常是在日本北部外海、堪察加半島外海還有阿留申群島西部外海較常聽到。這些藍鯨如果是跑到南美洲外海，那牠們離家可真夠遠的。

史丹芙後來又從熱帶移師到阿拉斯加灣做研究。以前捕鯨人固定在這一帶捕鯨，不過捕鯨時代結束之後做了幾次調查，卻都沒發現藍鯨的蹤影。卡拉博克迪斯等人都開始覺得曾經到過阿拉斯加的藍鯨就是現在出現在加州外海的族群，有些人則認為應該是另一個族群才對，也許和北太平洋西部的藍鯨族群有關，只是後來被捕鯨業撲殺一空。一九九九年十月，科學家在阿拉斯加灣裝設一堆水中聽音器做研究，史丹芙在二〇〇〇年與二〇〇一年回收錄音資料。她不但發現阿拉斯加外海果然有藍鯨，還偵測到北太平洋東部族群與北太平洋西部族群的叫聲，叫聲通常是在秋季出現，有時候還會同時出現。這次又和熱帶海域的情形一樣，兩個不同族群的藍鯨在阿拉斯加灣相遇。要不是有聲音資料，科學家永遠不可能知道這一點，因為西部藍鯨族群並沒有檔案照片。熱帶東太平洋與阿拉斯加外海這兩個海域都有不少磷蝦，至少每年都有一段時間有不少磷蝦出沒，所以可能是有些藍鯨從西方與南方游了幾千公里，到這些覓食海域會合。

如果說兩個族群的藍鯨會在同一時間出現在同一地點，那這兩個族群會雜交嗎？如果會，那就真的很特別。所謂「族群」顧名思義就是同一物種分離的群體。兩個族群因為距離遙遠，或者被地理界線阻隔，所以很少有機會互相交配。但是兩個族群的藍鯨會不會真的在阿拉斯加灣或是熱帶東太平洋交往？這個想法的第一個問題是族群之間的混合通常都是發生在覓食海域，偏偏從來沒人看過藍鯨在覓食海域出現交配與認真的追求行為。再說來自不同海域的藍鯨可能會用獨特的叫聲分辨彼此，就像某些鳥類與蛙類一樣，所以不同族群也不容易雜交。不過史丹芙與同僚摩爾找到一個引人入勝的證據，可以證明也許兩個族群真的會雜交。二〇〇一年十月，他們在阿拉斯加灣錄到一隻藍鯨的叫聲，他們覺得這種叫聲又像東部族群的藍鯨，又像西部族群的藍鯨。這隻藍鯨的「叫聲B」很像東部族群的叫聲，不過到了快要結尾的地方聲音又會高一些，這又很像日本與堪察加半島那裡的藍鯨。而且這隻藍鯨的「叫聲A」有時候聽起來也很像標準的西部藍鯨叫聲。這隻藍鯨會不會是「雙語雜交種」，父母分別來自太平洋的兩邊？史丹芙說：「也許這隻藍鯨學了一首新歌，隨口哼上兩句。我們真的不知道藍鯨族群獨特的叫聲是與生俱來的，還是後天學來的。」

這個發現是很迷人沒錯，不過當初在二〇〇三年發表的時候，已經有足足三十年沒有人在阿拉斯加灣與阿留申群島外海**看過**藍鯨。不過到了隔年夏季，史丹芙搭船到這兩個海域做研究，她主要是想看看大翅鯨，聽大翅鯨的聲音。他們在七月在阿拉斯加外海拍到一隻藍鯨，大家都很興奮，唯一不覺得驚訝的大概就是史丹芙。幾天之後她跟一位記者說：「我們聽阿拉斯加灣深海的錄音，聽到北太平洋東部與西部的藍鯨的聲音，所以我們知道這裡一定有藍鯨。」[11]他們把照片寄給卡拉博克迪斯，馬上就知道這隻藍鯨屬於哪個族群。卡拉博克迪斯一眼就認出他在加州外海看過這隻藍鯨。這是第一次有人證實藍鯨會從加州外海到阿拉斯加灣。他們再開船往西走，到了八月十九日，又在阿留申群島中部外海看到另一隻藍鯨。四天之後又看到兩隻。史丹芙在其中一次把水中聽音器放進海裡，只偵測到一種聲音，很像是西北太平洋藍鯨的聲音。史丹芙與同僚幾年來都是在高緯度海域聽到這些聲音，現在終於可以在同一個季節看到北太平洋的兩個藍鯨族群。

那北大西洋的藍鯨又是如何呢？聲學能不能掀開北大西洋藍鯨族群的神祕面紗？希爾斯的照片辨識研究雖然不能得到肯定的答案，還是證實了有兩個截然不同的藍鯨族群。西部族群裡有些藍鯨每年夏季都會到聖羅倫斯河，這個族群的分布範圍北至戴維斯海峽，往南至少會到百慕達。而在大西洋的另外一頭，應該是另一個獨立的族群從冰島外海，穿過亞速群島，至少會到達非洲西北部。希爾斯比對這兩個族群的照片，從來沒有找到一隻一模一樣的藍鯨，表示藍鯨不會跨越大西洋中洋脊（冰島、亞速群島與百慕達都是大西洋中洋脊上的高峰）。再加上史丹芙與同僚在太平洋的發現，可以推測這兩個族群叫聲不一樣。不過研究藍鯨的科學家心裡都明白，要推測藍鯨的事情可是難上加難。

到了二〇〇三年，克拉克與康乃爾大學的同僚梅林傑發表了他們運用北大西洋綜合海洋監視系統的大規模研究成果。他們錄到的藍鯨叫聲當中，最普遍的形式是兩段式叫聲，先是一個八秒的聲脈衝，隔了幾秒之後再有十一秒的頻率逐漸降低的聲音。可惜他們沒有把資料按照區域分類，所以就算東部藍鯨與西部藍鯨的叫聲不一樣，克拉克與梅林傑也不會發覺。後來史丹芙與同僚紐柯克研究六台錄音機的資料，三台裝設在大西洋中洋脊的一邊，另外三台裝在另一邊，每一台相距大約八百公里。最北邊的那一台水中聽音器所在的緯度就在北卡羅萊納州，最南端的一台則在瓜地馬拉附近。這些位置的水中聽音器聽不見聖羅倫斯河與冰島外海藍鯨的聲音，不過如果在這一帶覓食的藍鯨冬季往南移動的話，就一定會進入水中聽音器的範圍，不管在大西洋中洋脊的哪一邊都一樣。

史丹芙與紐柯克蒐集了兩年的錄音資料，發覺在北邊的聽音器最常聽見藍鯨的聲音，這其實也不意外，因為藍鯨一向很少在熱帶大西洋海域出沒，而南邊的水中聽音器剛好就在那裡。藍鯨的叫聲也有季節性的差異，叫聲在冬天明顯多出許多，這也在意料之中。他們和克拉克與梅林傑一樣，也發現藍鯨的叫聲分為兩段，第一段「叫聲A」是聲脈衝，第二段是「叫聲A」加上「叫聲B」，不過東部與西部的水中聽音器錄到的聲音也沒有明顯的差異。如果不考慮希爾斯的發現，這是不是表示北大西洋只有一個藍鯨族群，而不是兩個？還是說只有西部族群在水中聽音器的收聽範圍之內？會不會是東部族群也在範圍之內，只是沒有發出叫聲？這些情況都不可能發生。最簡單的解釋是東部族群與西部族群雖然不會相聚，叫聲的頻率與長度都是一樣的。

世界上再也找不到第二個地方可以看到兩個族群的藍鯨擁有同樣的叫聲，所以這個獨一無二的情景到底是怎麼發生的？演化是個緩慢的進程，把一個動物族群分為兩群，這兩群的外形、行為等特質遲早也會不一樣，但是變化的過程需要幾代、幾世紀，甚至幾百萬年才能完成。也許北大西洋很久以來都是只有一個藍鯨族群，直到最近才變成了兩個。十九世紀捕鯨人在歐洲北部外海大量獵殺藍鯨，那裡的藍鯨後來可能是分散了，有些沿著歐洲沿岸往南，有些往西朝著格陵蘭與加拿大走。如果牠們最近才到海洋盆地的兩端定棲，可能還沒有足夠的時間發展出獨特的叫聲。另外一個可能的解釋是北大西洋的藍鯨（數量只是北太平洋藍鯨的一小部分）從來沒有離開彼此的傳聲範圍，所以沒有機會發展出獨特的叫聲。

這些關於北大西洋藍鯨的猜測到現在都還不能證實，不過經過十五年來的聲學研究，科學家現在更了解全球藍鯨族群的分布情形。從叫聲的種類判斷，全世界應該至少有九個藍鯨族群。[12]之前已經討論過四個族群，兩個在北太平洋，一個在南美洲西部外海，還有一個在北大西洋。還有三種叫聲在印度洋，一種在南極，最後一種只有在紐西蘭外海偵測到過。學界對紐西蘭的藍鯨族群所知不多。我們對全球藍鯨族群分布還沒了解透徹，不過至少科學家懂得從聲音聽出端倪。

奧蕾森把九十公分長的銀管的蓋子拿掉，把裡面的東西灑在「約翰馬丁號」的甲板上。「約翰馬丁號」有十七公尺長，本來是漁船，現在的船主是加州蒙特瑞灣岸上的莫斯蘭丁海洋實驗室。那是二〇〇五年八月的某一天，天氣陰暗涼爽，奧蕾森整理著像義大利麵一樣錯綜複雜的一團電線，這團電線連接十三台紙板火柴大小的水中聽音器，偵測海裡所有頻率的聲音。奧蕾森接著把整堆東西扔下船，看著裝著二氧化碳的罐子把一個淚珠形狀的橘色氣球灌滿氣。氣球在海面安安靜靜搖搖擺擺，其他的東西都沉到海面下。

奧蕾森那年才二十八歲，剛剛拿到博士學位，她在「約翰馬丁號」蒐集研究所需的資料。她的研究主題就是藍鯨發出叫聲時所出現的行為。從史丹芙等人的研究可以看出每一個藍鯨族群都有獨特的「方言」，同一個族群的藍鯨叫聲聽起來都差不多，不過科學家現在才開始了解藍鯨**為何**發出叫聲。藍鯨覓食、游動的時候會發出叫聲嗎？藍鯨發出叫聲是不是為了求偶、進行短距離溝通？藍鯨是不是像裴恩一開始說的那樣，把叫聲當成遠距離定位信標？還是當成低頻率聲納？藍鯨是不是用叫聲探測海水水溫變化，尋找食物充足的上升流地帶？

奧蕾森知道要想解決這些問題，必須拿到已知的藍鯨的聲音資料，光靠裝在海底的水中聽音器是不管用的。她和同僚必須帶著照相機、採集檢體的飛鏢、生物聲標示器與水中聽音器搭船出海，還得在同一時間看見藍鯨，聽見藍鯨的叫聲，這可是沒幾個前輩辦到的事情。他們得做到這些之後才能比對資料。

他們的第一步是了解是不是雄藍鯨、雌藍鯨都會叫，還是只有一種會叫。他們研判既然藍鯨不分雌雄都需要辨別方向、覓食，所以如果只有雄藍鯨或雌藍鯨會叫，就表示藍鯨並非用叫聲辨別方向、覓食。如果只有雄藍鯨或雌藍鯨會叫，就表示叫聲與繁殖有關。舉個例子，科學家很久以前就知道大翅鯨只有雄性會發出叫聲，一般認為雄大翅鯨用叫聲吸引雌鯨，或是挑戰其他雄鯨，也許兩種目的都有。或許藍鯨也是這樣。一九九七年卡拉博克迪斯等人搭船到加州外海，這是第一次有人研究藍鯨的性別與叫聲的關係。在他們最豐收的一天，他們在聖塔芭芭拉海峽聽到五隻藍鯨的叫聲，其中三隻發出「叫聲A」與「叫聲B」，兩隻發出「叫聲D」。他們在海裡裝設了五台水中聽音器，所以可以準確追蹤藍鯨的動態，不過他們只看到其中兩隻藍鯨。卡拉博克迪斯採集了一隻發出「叫聲A」與「叫聲B」的藍鯨的檢體，發現這隻是雄鯨。他們後來又採集了兩隻藍鯨的檢體，這兩隻都沒有發出叫聲。兩隻沉默的藍鯨都是雌鯨。這是個好的開始，不過一直到奧蕾森在研究生時期研究藍鯨的時候，還是沒人能確定會叫的藍鯨都是雄鯨。於是又得回到蒙特瑞灣的「約翰馬丁號」。

奧蕾森與同僚從二〇〇〇年就定期出海研究，有時候是一日遊，有時候是花好幾天到離岸很遠的地方。他們一邊錄下藍鯨的叫聲，一邊觀察藍鯨的行為，再把發出叫聲的藍鯨與卡拉博克迪斯的檔案照片比對。她在這個八月天拿出的法寶叫做 DIFAR 聲納浮標（DIFAR 的意思是「定向與測距」）。DIFAR 聲納浮標含有十三台垂直間隔的水中聽音器、一個指南針，還有幾個定向感應器。裝設在海底的錄音機裡面的水中聽音器，還有從船上丟下水的水中聽音器，通常都是全方向的，也就是說可以錄到來自四面八方的聲音，但是聽的人不會知道聲音從哪裡來。DIFAR 聲納浮標就不一樣了，可以準確測量發出叫聲的藍鯨的方位。拿兩、三台一起用，還可以測量藍鯨距離有多遠。極高頻發射器再把所有的資料即時傳送到奧蕾森的電腦。這批聲納浮標是在過期之後，奧蕾森等人從海軍那裡免費拿來的。原本是要從飛機上丟下去偵測潛艇用的，後來就跟綜合海洋監視系統一樣，也用來研究藍鯨的聲音。

奧蕾森把聲納浮標放進海裡，就走進「約翰馬丁號」的船艙，打開筆記型電腦，馬上就能看到水中聽音器偵測到的聲音的光譜圖。沒多久她就在螢幕上看見一隻發出叫聲的藍鯨，這在海面上可是看不見的。螢幕上虛線形成的橫線就是「叫聲 A」的單音聲脈衝，另外還有四條或更多條平行線組成的垂直線束，在螢幕由左而右向下彎曲，就是頻率愈來愈低的「叫聲 B」還有和聲。

奧蕾森判斷出這隻藍鯨大概的位置，用無線電和卡拉博克迪斯通話，卡拉博克迪斯搭著充氣艇在附近巡邏。「打個比方，如果我判斷在北方有隻藍鯨，我就請約翰往北走。」奧蕾森說，「希望他能找到那隻藍鯨，在藍鯨身上安裝標示器。」卡拉博克迪斯也會拍到藍鯨的照片，運氣好的話還能拿到檢體。他要裝在藍鯨身上的標示器就是之前透露藍鯨潛水行為祕辛的生物聲探測器B-probe。真的，B-probe 裡面雖然有一堆與聲學無關的儀器，其實當初的設計就是要偵測聲音，再儲存在內部的快閃記憶體。奧蕾森分析錄音資料與標示器其他的感應器收到的資料，就能判斷出發出叫聲的藍鯨在海面下多深，也會知道藍鯨游動的路線是一直線，還是會出現覓食的舉動。她也想知道藍鯨是孤伶伶地發出叫聲，還是在其他藍鯨面前發出叫聲。卡拉博克迪斯把 B-probe 架設好，「約翰馬丁號」上面的人就會用極高頻接收器追蹤藍鯨，等到標示器掉下來之後再撿起來。

奧蕾森與同僚雖然幾度出海研究，要聽懂藍鯨的語言還是有待努力，不過他們倒是發現了藍鯨的叫聲與行為之間的某些巧妙關連。他們的第一個發現就是原來只有雄藍鯨會發出「叫聲A」與「叫聲B」。他們有一次做研究，拿到幾隻藍鯨的檢體，其中八隻已經確定會發出「叫聲A」與「叫聲B」，另外兩隻疑似會發出這樣的叫聲，他們發現十隻都是雄鯨。他們還拿到十七隻沒有發出叫聲的藍鯨的檢體，其中只有三隻是雄鯨。他們也拿到三隻發出「叫聲D」的藍鯨的檢體，其中一隻卻是雌鯨。所以藍鯨不分雌雄都會叫，只是叫聲不一樣而已。

奧蕾森也發現一個不同之處，是別人之前沒注意到的。科學家很久以前就知道北太平洋東部的藍鯨會發出「叫聲A」，之後再發出一聲或更多聲的「叫聲B」，就在「歌聲」當中不斷重複這個模式。但是奧蕾森發現藍鯨有的時候唱完「叫聲A」之後**不會**接著唱「叫聲B」，有時候「叫聲B」之前也沒有出現「叫聲A」。這些斷斷續續的叫聲並不會出現歌曲般固定的模式。後來她發現藍鯨有時候會唱首長長的歌，有時候只是叫個幾聲，要看藍鯨當時在做什麼。唱長歌的藍鯨永遠都是獨自行動，永遠都在游動當中，以一小時四到九海里的速度游動，游動的路線或多或少是直線，途中也不會往下潛水覓食。叫個幾聲的藍鯨可能是在游動、覓食、休息或者是短暫潛水。更有意思的是叫個幾聲的藍鯨都是兩隻同行或一小群同行，奧蕾森的團隊採集發出叫聲的藍鯨的同伴的組織檢體，發現發出叫聲的雄鯨的搭檔一定是雌鯨。

奧蕾森也發現發出「叫聲D」的藍鯨也有一個模式。藍鯨覓食的時候會猛衝幾次，「叫聲D」就在幾次猛衝之間出現。藍鯨通常會往下潛大約七十幾公尺，也許更深都有可能，衝到磷蝦群裡，再回到海面呼吸，再往下潛一次，這次潛得比較淺，接著再發出「叫聲D」。研究人員在三隻發出「叫聲D」的藍鯨身上裝設標示器，其中兩隻都算有伴侶，所謂「算是有伴侶」的意思是說牠們身邊有隻藍鯨，但是牠們不會同步呼吸，也不會同步潛水。有一次一台標示器錄到幾聲藍鯨的叫聲，音量差異很大，表示這一對藍鯨兩隻都會叫。比較大聲的叫聲大概是身上有標示器的藍鯨發出來的，比較小聲的叫聲應該是來自另一隻隔著一段距離游動的藍鯨。

標示器上的水深感應器與加速計也提供了更多線索。研究人員發現藍鯨會在海面以下不到三十公尺的地方發出三種叫聲，而且藍鯨發出叫聲時多半都是水平游動，不會往下潛，也不會往上游。藍鯨雖然體型大，動作可是非常靈活，覓食的時候巨大的身體常會彎曲，也會翻滾，甚至整個身體顛倒過來，不過藍鯨發出叫聲的時候身體幾乎都是挺得直直的。藍鯨會在這麼淺的海裡發出叫聲，大概是生理因素。藍鯨覓食的時候可能會潛到三百多公尺深的海裡，但是只要潛到一百公尺左右的深度，水壓就會嚴重壓縮藍鯨的身體，不可能發出叫聲。奧蕾森說藍鯨在二十至三十公尺深的海裡發出叫聲還有其他的好處，第一個好處是這樣的水深浮力適中，所以藍鯨不須費力游動，可以集中精力發出叫聲。「另外一個原因是，如果藍鯨在二十公尺深的地方發出叫聲，聲音碰到海面之後會彈回來，所以聲音往下的時候會比在水平方向大。」藍鯨不像海豚能對準方向發聲，只能間接把聲音導向深海聲道，不過奧蕾森也承認：「我們還沒找到證據證明這一點，現在都只是推測而已。」

所以從這些可以看出什麼？第一，如果是一群單獨長途跋涉的雄藍鯨發出重複的「叫聲AB」，那應該是隔著長距離溝通，也許跟繁殖有關。雄藍鯨也許是透過叫聲宣示自己的存在，想吸引雌鯨，就像大翅鯨與長須鯨一樣，就算在覓食季節也要求偶。雄藍鯨在下半年叫得比較頻繁，所以這個說法並非全無根據。希爾斯與卡拉博克迪斯都發現，藍鯨在夏季末與秋天的時候比較容易找到長期伴侶，所以叫聲會愈來愈頻繁也許是因為雄藍鯨要在冬天到來之前趕快找個伴。

奧蕾森也解釋唱長曲的藍鯨為何一定是在長途跋涉。她認為因為藍鯨需要耗費大量體力，所以一旦碰到一群磷蝦就要集中所有精神覓食，吃飯的時候沒有閒工夫唱歌。藍鯨是在穿梭在覓食海域之間的時候才會唱出最長的歌曲，就好像公司總裁利用一小時的通勤時間回覆她午餐時間沒接到的電話。

藍鯨在做很多活動的時候都會發出奇特的「叫聲AB」，覓食的時候會發出這種叫聲，長途跋涉的時候也會，在覓食與長途跋涉之間也會，所以很難判斷「叫聲AB」的用意。奧蕾森認為既然這種叫聲是一對或者一小群藍鯨裡面的雄藍鯨發出來的，那應該是要給附近的藍鯨聽的。長途跋涉唱長曲的藍鯨為了尋找雌鯨，會把歌聲儘量傳遠，發出奇特的「叫聲AB」的雄藍鯨可就不一樣了，牠們應該是對著同伴說些「別走開，我還在這裡」之類的話，免得跟同伴分開。

至於「叫聲D」的功能，那就更難以捉摸了。藍鯨不分雌雄都會發出「叫聲D」，而且不同藍鯨族群的「叫聲D」聽起來也沒什麼兩樣。奧蕾森認為「叫聲D」應該跟社交比較有關，跟繁殖比較無關。怎麼會呢？如果藍鯨是在覓食之外的時間發出「叫聲D」，那牠們會不會是想要吸引其他藍鯨前來？藍鯨沒有合作覓食的習慣，所以應該不可能。奧蕾森大膽假設：「也許藍鯨跟特定伴侶維持關係是有好處的，就算不會合作覓食，藍鯨應該也會想和另一隻藍鯨維持關係，有可能是母鯨與仔鯨，也有可能是一對剛剛結合的藍鯨，想要廝守在一起。」她說其他鬚鯨類都是用具有獨特頻率升降的叫聲聯繫彼此：露脊鯨的叫聲頻率會逐漸上揚，長須鯨的叫聲則是跟藍鯨的叫聲一樣頻率逐漸降低。叫聲頻率有些微的變化，就不容易被背景噪音埋沒，鯨魚就比較容易判斷叫聲來自何方。有人看過露脊鯨與長須鯨游向發出叫聲的同類，所以叫聲的作用應該是要維繫群體。

奧蕾森其他的研究主題也同樣很有前景。她和卡拉博克迪斯等人合作，同步採用目測觀察與聲音偵測估算藍鯨的族群規模。畢竟有時候聽見藍鯨的聲音未必看得見本尊，有時候本尊露面卻又不肯叫一聲，所以雙管齊下效果比較好。那聲學研究人員早期立下的目標呢？不是要辨認個別藍鯨、即時追蹤藍鯨嗎？史丹芙說：「說實話，要做到這些還早得很，我之前還以為我們可以做到。」

第九章 二十四公尺長的小藍鯨與其他故事

北大西洋與北太平洋的藍鯨叫聲差異很大，外形卻沒有什麼差別。科學家看到一隻藍鯨，也看不出藍鯨是從聖羅倫斯灣來的，還是從聖塔芭芭拉海峽來的，至少要經過詳細分析才會知道答案。不過到了南半球就不一樣了，這裡至少有兩個藍鯨亞種，體型大小差異很大。一種叫做南極藍鯨，另一種是體型更小的小藍鯨。

南極藍鯨是全球最大藍鯨族群，之前族群裡可能出現過身長超過三十公尺的藍鯨。這些巨型藍鯨曾經塞滿南冰洋，不過到了夏季，在南緯五十五度以北的海域很少看到南極藍鯨。第一次有人看到小藍鯨是在印度洋南部，從南極海域往北要走很久才會到這裡。日本與蘇聯捕鯨人殺了幾千隻小藍鯨，沒有一隻身長超過二十四公尺。這比南冰洋最大的藍鯨還要短個兩成左右，即使如此，在動物界也只有長須鯨能跟小藍鯨一較長短，「小藍鯨」這個名稱本身就是個矛盾。

「小藍鯨」一點都不小，難怪這種分類法會有爭議。很多所謂的「小」鯨外形其實都跟同名的大鯨差很多。小抹香鯨身長不到三公尺，小露脊鯨身長一般不會超過六公尺。在分類上小抹香鯨與抹香鯨並不屬於同一科，小露脊鯨與露脊鯨也不屬於同一科。小藍鯨可就不一樣了，乍看之下跟藍鯨幾乎沒有差別。研究人員很久以來都很難在船上辨別這兩個亞種，因為兩者的分布範圍可能重疊，體型也差不多。在南極聚合帶附近的一隻二十三公尺長的藍鯨可能是小藍鯨，也有可能是南極藍鯨。這對想要研究南極藍鯨在捕鯨時代的大屠殺之後數量有沒有增加的人來說，是天大的難題。如果兩者的分布範圍真的會重疊，外形又很難分辨，那就不可能計算兩者的數量了。就好像走一趟倫敦，要計算英格蘭人的數量，還要把那些長得像威爾斯人的排除在外，根本是天方夜譚。

難辨的還不只這樣，南極之外的南方藍鯨一向都統稱為小藍鯨，不過最近的研究發現這裡的藍鯨族群不見得都是近親。在澳洲與印尼外海覓食的藍鯨一直都歸類為小藍鯨，但是太平洋東南的分類就模糊多了，那裡的藍鯨到了夏季都會聚集在智利外海。另外在斯里蘭卡、馬爾地夫外海和阿拉伯半島附近，也就是北半球的低緯度海域，還有一個藍鯨族群，科學家對這個族群研究不多，有時候是歸類為第四個亞種，但是現在卻跟赤道另一頭的小藍鯨相差無幾。說到底，藍鯨的分類就是一團亂，由此可見人類對藍鯨的底細還是摸不清楚。

其實早在十八世紀，藍鯨的分類就是個大難題。瑞典植物學家林奈在一七三五年發明生物學分類系統，把鯨魚歸類為魚類，種下了錯誤的開始。二十三年後他才在他的著作《自然系統》的第十版改正過來，將鯨魚歸類在哺乳類。在第十版中，他幫一六九二年在福斯灣擱淺的一隻二十四公尺長的鯨魚取了名字。西巴爾德爵士曾經寫下這隻鯨魚的遭遇。林奈給這隻巨大的鯨魚取了學名叫 *Balaena musculus*，史學家從此傷透腦筋。*Balaena* 的意思很清楚，但是拉丁文 *musculus* 是「小老鼠」的意思（小家鼠的學名就叫 *Mus musculus*）。林奈竟然給一個二十四公尺長的海洋生物取個綽號叫「小老鼠」，他腦袋有沒有問題啊？

林奈這樣做可能有幾個原因，不過這些原因說來都有點牽強。拉丁文 *musculus* 可能跟英文與法文的 *muscle*（肌肉）有關，所以林奈用這個字應該是想形容鯨魚壯大的身軀。還有人說公元一世紀的羅馬博物學家老普林尼用 *musculus* 形容一條魚「沒有牙齒，嘴巴裡面該長牙齒的地方有滿滿的硬鬚」[1]，聽起來很像一隻鬚鯨。（在老普林尼四百年前的亞里斯多德寫道：「所謂的『鼠鯨』嘴裡沒有牙齒，只有很像豬鬃的硬鬚。」老普林尼應該是借用亞里斯多德的說法。[2]）不過老普林尼用字遣詞也是模稜兩可，他也用 *musculus* 形容一隻帶領鯨魚過海的魚：「（鯨魚的）眉毛很濃，有時候還會蓋過眼睛，把眼皮都壓垮了。」[3]看不出來 *musculus* 到底指的是那隻有硬鬚的魚，還是那隻為盲鯨引路的魚。斯摩爾也提出見解：「林奈會用這個字，唯一說得通的理由就是他當時一定想搞笑。」[4]這還真有可能，林奈這位生物分類法之父語文造詣的確很高，也有愛搞笑的毛病。有一次另一位植物學家西格斯貝克嚴詞批評他的植物分類法，他就拿西格斯貝克的名字當成一種野草的名字。所以也許他真的是在搞笑，搞一個只有他知道的笑料。

林奈在一七五八年的第十版《自然系統》為四種鯨魚命名，他的 *Balaena mysticetus* 就是弓頭鯨，我們現在知道他的 *B. physalus* 是長須鯨，他的 *B. musculus* 是藍鯨（後來發現他的第四種也是隻長須鯨，只是當時他誤認為是新品種）。不過會搞錯也是在所難免，畢竟他們那個時候沒什麼機會看到大型鬚鯨，不管活的死的都很少看到。接下來的一百五十年，科學家把藍鯨的分類搞得一團亂。一八〇四年，法國博物學家發明了「鬚鯨屬」*Balaenoptera*，這個字結合了拉丁文的

「鯨」和希臘文*pteron*（「翅膀」的意思），「翅膀」指的是背鰭，鬚鯨身上很常見，不過弓頭鯨與露脊鯨身上沒有。這位法國博物學家算是踏出了正確的一步。後來英格蘭探險家、科學家斯科斯比在一八二〇年出版重要著作《北極紀實與北方捕鯨業之歷史與概述》當中就沿用「鬚鯨屬」，但是斯科斯比把長須鯨與藍鯨搞混了。他在書裡說長須鯨是「體型最長的鯨魚，大概也是全世界體型最大、力量最大的生物」，又說藍鯨「體型較短，據說是以鯡魚為主食」[5]。一八四六年，另外一位英格蘭分類學者又把北大西洋體型最大的鯨魚歸類為*Balaenoptera sibbaldii*，這下子又混亂了。

接下來的幾十年，其他地方的科學家給其他海洋盆地的巨型鯨魚取新名字。英格蘭動物學家布萊斯一八三一年在印度定居，負責管理孟加拉皇家亞洲學會的收藏。布萊斯也是達爾文的同僚。一八五九年，布萊斯在學會期刊發表論文，提到兩隻巨大的鬚鯨，一隻身長據說有二十七公尺，在孟加拉擱淺。另一隻據說有二十六公尺長，在緬甸一座島嶼的岸上擱淺。布萊斯研究過二十六公尺長的這一隻的部分骨骸，認定這隻是新品種，他說：「我覺得應該可以叫做*Balaenoptera indica*。」[6]

十三年過去了，一八七二年，德國生物學家伯梅斯特在阿根廷做研究，他在南大西洋發現三隻鬚鯨。一隻十八公尺長，「很年輕」，但是「我看到的是風乾之後的身體，所以看不出原本的外形」。[7]不過伯梅斯特發現這隻鯨魚的鯨鬚完全是黑色的，幾乎可以確定這就是一隻藍鯨，因為其他鬚鯨類的鯨鬚顏色都比較淡。伯梅斯特宣布這是新品種，將之取名為*Balaenoptera* *intermedia*。

最後，美國古生物學者柯普為北美洲太平洋沿岸最大的鯨魚取了新學名。柯普最知名的大概是他的恐龍研究。他把西巴爾德爵士取的名字與當時仍然常用的名稱「磺底鯨」（sulphur-bottom）結合，為這隻鯨魚取名叫 *Sibbaldius sulfureus*。一八七四年，前捕鯨人史卡蒙出版了影響深遠的作品《北美洲西北岸的海洋哺乳類》（他就是在這本書裡描述磺底鯨在加州外海被魚叉炸彈轟炸），就是沿用這個名稱。

在這裡應該留意的是十九世紀的科學家沒有什麼機會互相比對他們發現的鯨魚，在各洲作業的科學家更難有機會，結果就是一堆人都發現「新品種」，不知道同樣的品種早就有別人發現、命名了。藍鯨在這個時期遇到的就是這個問題。布萊斯、伯梅斯特與柯普要是有機會把他們發現的鯨魚與福因在歐洲海域剛開始捕捉的鯨魚比對，就會發現原來都是同一品種。*Balaenoptera sibbaldii* 也好、*B. indica* 也好、*B. intermedia* 也好、*Sibbaldius sulfureus* 也好，那些曇花一現的綽號也好，說的都是藍鯨。

科學界需要一位救星「撥亂反正」，這位救星就是美國國家博物館的楚爾。美國國家博物館現在是史密森尼學會的分支機構。楚爾是博物館的第一任生物學館長，也是鯨豚類動物專家。他仔細研究林奈的原始資料，發現一些錯誤。他也發現林奈之後的科學家常常把 *musculus* 當成長須鯨，而不是藍鯨。斯科斯比在一八二〇年就犯了這個錯誤。（一般都習慣把所有的鬚鯨類統稱 finback，跟長須鯨 fin whale 很像，可能是這樣才會混淆。）一八九九年，楚爾發表論文，建議把

*sibbaldii*拿掉，改正林奈的品種名稱，也就是把*physalus*正名為長須鯨，*musculus*正名為藍鯨。至於*indica*和*intermedia*，因為那個時候在印度洋北部與阿根廷外海實在太少見到大型鯨魚，所以沒人會在意這兩個名稱合不合適。其他的科學家多半都願意接受楚爾的建議，等到遠洋捕鯨時代拉開序幕，南半球、北半球所有的藍鯨都叫做*Balaenoptera musculus*。（不過一直到一九五〇年代，還有少數幾位科學家喜歡用屬名*Sibbaldius*。）

一直到捕殺藍鯨時代進入尾聲，分類法才又引發紛爭。那個時候藍鯨實在太稀少了，一年只捕捉區區幾百隻，國際捕鯨委員會很多科學家都提議全面禁止在南半球捕鯨。強硬派頑強抵抗，雙方爭執不下，日本人就逮到機會。一九六〇年三月，日本人在印度洋中南部、凱爾蓋朗群島附近一個新發現的捕鯨海域獵殺了三百一十一隻藍鯨，這個地點與非洲南部、澳洲和南極都是等距離。一九六一年，生物學家市原忠義發表一篇文章，將這裡的藍鯨歸類為新族群，與在南冰洋度過夏天的藍鯨區隔開來。[8]這裡的藍鯨不但分布範圍不同，外形特徵也不同，比南冰洋的藍鯨小得多，也沒那麼瘦長。市原很快就把這些藍鯨稱為小藍鯨，後來又取了拉丁文學名*Balaenoptera musculus brevicauda*。他列出幾個理由，認為小藍鯨應該算是獨立的亞種。第一，小藍鯨的夏季覓食棲息地主要是在南極之外，在南緯五十四度以北的地方，吃的磷蝦品種也不一樣。牠們的「尾巴也短得多，軀幹又大得多」（*brevicauda*的意思就是「短尾」），皮膚比較接近銀灰色，鯨鬚板也比較短，「顯示頭顱大小不一樣」，不過市原也承認他沒有實際測量過頭顱大小。這些鯨魚成年之後身長大約在二十至二十二公尺之間，體型最大的雌鯨身長可達二十四公尺，比最大的南極藍鯨還要短上五分之一。

很多科學家馬上反對「小藍鯨」這個名稱。在美國華盛頓特區的一場研討會，市原首度公開他在一九六三年的發現，會議代表費雪表示他在一九二〇年代在南喬治亞島研究過很多藍鯨，很多體型都很小。費雪還給這些小不點兒取了一個名字*Myrbjønner*，費雪跟市原說：「我們不覺得牠們跟一般的藍鯨不一樣。牠們只是體型很小的成年藍鯨，不曉得有沒有人研究過這些*Myrbjønner*跟你所說的小藍鯨有哪些差別？」市原回答說在南喬治亞島外海捕獲的小型藍鯨其實就是小藍鯨，只是跑到南極海域而已。費雪還是不能苟同，他說：「問題是據我所知，沒有人研究過*Myrbjønner*。」他說捕獲資料並沒有把未成年藍鯨與比平均體型小的成年藍鯨區分開來，所以很難把*Myrbjønner*與所謂的小藍鯨拿來比較。「但是我覺得，」費雪說，「這兩者就是同一種沒錯。」[9]其他生物學家指出由於國際捕鯨委員會禁止獵捕身長不足二十一公尺的藍鯨，體型比較小的藍鯨比較容易存活下來，把基因傳給後代，所以小型藍鯨的數量會增加。他們也覺得還沒有足夠的證據可以成立一個新的亞種。

費雪等人對市原的資料有意見，正在萌芽的環保運動就更嚴厲了。斯摩爾的《藍鯨》一九七一年出版的時候，斯摩爾說市原故意發明「小藍鯨」，就是希望南半球的藍鯨至少一部分不會受到保護。他嚴詞抨擊：「我看日本人就是要把藍鯨獵殺殆盡，他們的貪婪實在太明顯了，連自己人都覺得應該找個藉口美化一下。我覺得所謂的『小藍鯨』就是一場騙局，是日本人要繼續獵殺藍鯨的藉口。」[10]環境保護主義者莫瓦特也抱持這種看法，他寫道：「日本人為了要規避國際捕鯨委員會即將實施的禁令，假裝發現新品種藍鯨。」[11]

四十幾年過去了，現在我們可以比較理性地看待這個問題。市原與日本人當然是拿「新發現」當作反對南半球捕鯨禁令的藉口，這點毋庸置疑。在一九六三年的國際捕鯨委員會會議，日本人同意停止在南極獵殺藍鯨（其實同不同意也沒差，反正那裡的藍鯨已經所剩無幾），只要「這個幾乎未開發的藍鯨品種」定棲的印度洋海域能維持開放就好。他們在一九六四年又重施故技，到了隔年終於同意全面禁止在南半球捕鯨。不過不管日本人心裡打什麼算盤，現在科學家的共識是小藍鯨的確是一個獨立的亞種。雖然目前對**亞種**的定義仍有爭議，不過一般來說指的就是一個或是一群族群，具有某些特質，能和同種其他生物區別，而且分布範圍也有所不同。根據這個定義，市原的小藍鯨算是亞種。小藍鯨與南極藍鯨定棲在不同的海域，外形也不一樣。一九九○年代，蘇聯的非法捕鯨作業曝光，大家就更相信小藍鯨的存在了。一九六○年代與一九七○年代，蘇聯人在印度洋獵捕幾千隻藍鯨，他們的捕獲資料顯示這些藍鯨的體型與外形跟市原形容的小藍鯨很像。日本人是利用資料為自己謀求利益沒錯，但是他們並沒有憑空捏造。

不過離開印度洋，小藍鯨的問題就模糊得多。其實看看全世界的藍鯨族群，就會發現印度洋的小藍鯨體型並不算太小，平均身長跟北半球的藍鯨差不了多少。吉爾派翠克花了十年的時間用攝影測量研究活生生的藍鯨的體型，再跟捕鯨資料比對，他發現兩者非常相似。「我們在加州外海看到的藍鯨體型跟市原說的小藍鯨很像。」他說，「喙形上顎的長度一樣，尾巴的長度一樣，身長也完全一樣。我的意思不是說牠們**就是**小藍鯨，但是從這三個外形特徵來看，就會發現真的很像。」要說不正常的話，那也是南極藍鯨不正常，因為實在是太大了。

希爾斯半開玩笑說小藍鯨是「侏儒鯨」，他對「侏儒鯨」的爭議從來就不耐煩。他記得他跟日本科學家西脇昌治在一九八三年的一場海洋哺乳類研討會討論過這個問題。他們在電梯不期而遇，西脇夫人擔任他們的口譯。「他就一直說因為這個表型、那個表型，所以聖羅倫斯河與下加利福尼亞半島的藍鯨都是小藍鯨。」（所謂表型就是動物明顯的外在特徵，如體型、顏色等。）希爾斯聞言大怒，不是因為他不認為印度洋的藍鯨（或是北半球的藍鯨）比南極藍鯨的體型小，或是不像南極藍鯨是流線型，而是他認為光憑表型差異不足以把藍鯨重新分類。「要是我錯了，那好，就把我拖出去砍了，可是我看過幾篇關於小藍鯨的論文，談的都是表型，光憑表型就要把小藍鯨當成獨立亞種。我以前研究過鮭魚，每一條河的大西洋鮭魚長得都不一樣，但是牠們都是大西洋鮭魚。有些的體型比較接近紡錘形（兩端比較細），有些比較短，有些可能因為食量比較大，所以比較胖。所以我覺得研究魚的科學家跟研究鯨魚的科學家遵行的原則好像不一樣。」就算是研究鯨魚的科學家也有點顛三倒四，世界各地的大翅鯨外形差異都很大，還不是都叫大翅鯨。

萊斯的著作《世界上的海洋哺乳類：分類與分布》常有人引用。他在書裡將全球藍鯨族群分為三個各具特色的亞種，還提到可能還有第四個。北大西洋與北太平洋所有的藍鯨統稱為 *Balaenoptera musculus musculus*，有時又稱北方藍鯨。南極藍鯨（有時又稱「真正藍鯨」，不過很多科學家不喜歡這個名稱）統稱為 *B. m. intermedia*，也就是伯梅斯特在一八七二年發明的名稱。萊斯在書裡寫道小藍鯨 *B. m. brevicauda* 集中在印度洋中南部，後來又說小藍鯨的分布範圍最西可到南大西洋，最東可達澳洲與紐西蘭之間的塔斯曼海。他又說南美洲太平洋沿岸的藍鯨可能也屬於這個亞種。最後他說布萊斯的「巨型印度鬚鯨」*B. m. indica* 就是在斯里蘭卡、馬爾地夫外海以及印度洋北部其他海域出現的亞種，不過他也說：「不曉得有沒有可以辨別的特徵，就算有，也沒幾個人知道。」[12]

就算不考慮目前根本沒有關於 *indica* 的資料，這種藍鯨亞種分類法還是問題多多。最明顯的問題是萊斯口中的小藍鯨分布範圍橫跨三個海洋盆地，也就是印度洋盆地、南大西洋盆地與太平洋東部盆地。「小藍鯨」這個名稱原本指的是一個擁有獨立分布範圍的族群，對於南極之外的南半球藍鯨來說，統稱為「小藍鯨」是很方便沒錯，但是定義實在很模糊，更不用說有時候「小藍鯨」指的是北半球藍鯨。名稱不精確的問題並不只是學術上的爭議，與現實世界無關，而是會導致追蹤藍鯨復育極度困難。你不曉得藍鯨族群的活動範圍，也不知道藍鯨族群的育種對象，這樣要怎麼監測呢？

到一九九〇年代中期，科學家開始解決這個問題。雖然現在還在進行當中，不過他們已經把南方的藍鯨族群研究得很清楚了。想不到這次國際捕鯨委員會與日本政府竟然當起好人，在過去一、二十年資助許多重要研究。國際捕鯨委員會科學委員會的任務就是持續評估鬚鯨的存量，監測鬚鯨的復育情形。從一九七〇年代開始，科學委員會把重點放在小鬚鯨，因為日本人每年還是會獵殺幾百隻小鬚鯨。不過委員會成員一九九五年在東京開會，計畫一系列出海研究，研究的對象卻是南半球藍鯨。這些研究後來成為南冰洋鯨魚與生態系統研究（SOWER）計畫的一部分。他們搭著船，已經踏遍南極、印度洋南部與太平洋東南部幾千平方公里的海域。看過幾次出海蒐集到的資料，加上獨立研究人員的研究結果，科學家本來以為他們了解南半球的藍鯨，現在發覺過去的知識都要重新評估。

吉爾從一九八三年開始研究大翅鯨，不過十二年後國際捕鯨委員會與日本資助的出海研究卻改變了他畢生研究的方向。吉爾在澳洲墨爾本以西三百多公里、波特蘭附近的家中提及過往：「他們在這一帶發現一大群藍鯨，這是大家頭一次發現這裡有藍鯨聚集，之前都只是偶爾看到藍鯨。」

澳洲有一部血腥又漫長的捕鯨史，捕鯨人主要的目標是露脊鯨、大翅鯨與抹香鯨，不過偶爾還是有人發現藍鯨，有人在海上看到，也有人看到藍鯨擱淺在岸上，還有幾十隻藍鯨在伯斯附近被捕獲。這裡面有些應該就是冬季往北遷徙的南極藍鯨。一隻在一九〇八年在圖佛德灣被獵殺的藍鯨據說有三十公尺長。蘇聯捕鯨人在一九六〇年代末與一九七〇年代初拚命非法捕鯨，他們捕的大部分都是澳洲南部與西部外海的小藍鯨。不過在之後的十年，很少有人在這裡看到藍鯨，所以研究人員一九九五年十二月從費利曼圖搭船出海的時候，沒有人料到他們會發現這麼多藍鯨。日本政府提供的兩艘船在澳洲西南部外海勘查之後，一路往東走到塔斯馬尼亞的荷巴特。他們在阿德萊德與墨爾本之間的發現灣遇到一群藍鯨。船上的一群日本觀察員都是辨別鯨魚的老手，他們說這群藍鯨絕大多數都是小藍鯨。科學家也在靠近海面的地方發現幾群磷蝦，也看到醒目的微紅色糞便，顯然這裡就是覓食場。就像十年前在加州外海發現藍鯨一樣，這裡又是一個距離城市不遠的藍鯨聚集地，只是竟然沒人知道。

接下來就該吉爾登場。一九九八年，他搬離雪梨西邊的藍山，到波特蘭郊區定居。這個城鎮大約有九千人，從發現灣開車很快就到了。從那時候開始，吉爾的職業生涯都在研究他的新家後院的藍鯨。兩年之後專門研究藍鯨攝食生態學的同僚莫莉絲也加入他的行列。他們就一直合作到現在，研究範圍擴展到阿德萊德以西，東至塔斯馬尼亞與澳洲大陸之間的巴斯海峽。

海洋學家已經知道鬚鯨為何要造訪這些海域。澳洲南部的這一帶是一個廣大的沿海上升流地帶，夏季的風將富含養分的冷水帶到海面，培育了大量浮游植物，也孕育了大批磷蝦。「磷蝦就像一鍋湯一樣會冒泡，」吉爾說，「你就看到這邊一群磷蝦，藍鯨找到之後就大快朵頤，吃到所剩無幾再離去。」這個地方

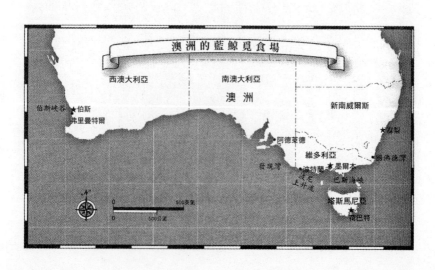

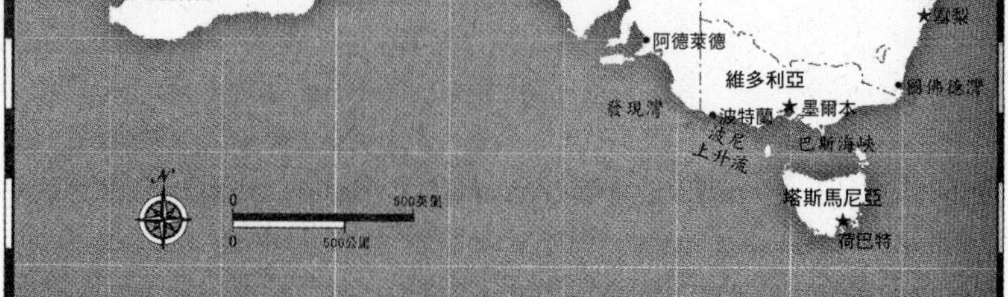

藍鯨的腹囊完全膨脹的時候大概可以裝進六十公噸的海水，這時藍鯨看起來就像一隻二十三公尺長的蝌蚪。一位科學家估計藍鯨覓食猛衝的力道高達九萬牛頓，是「動物界最大的生物力學動作」。

從那時候起就叫做「波尼上升流」，現在成為全世界最重要的藍鯨覓食海域。

吉爾與莫莉絲會搭著小船出海研究，不過他們多半還是在空中調查。「我們在大約四百六十公尺高的空中做調查，因為藍鯨對大約三百公尺高的飛機非常敏感。我們儘量不要打擾藍鯨，這樣才方便觀察。」吉爾說，「我們找到藍鯨，就在空中繞個五分鐘、十分鐘，看看藍鯨在做什麼，如何覓食。從空中可以看到不少精采的畫面。」波尼上升流的地勢與水流將磷蝦推向海面，所以常常可以看到藍鯨覓食的清楚畫面。「這裡的藍鯨常常是猛衝到海面覓食，」吉爾說，「藍鯨會往一邊翻滾，幾乎都是滾向右手邊，這樣側向的彈性比較大，比較能猛衝進磷蝦群。藍鯨往一邊翻滾，脊椎就會彎向一邊，而不是上下移動，藍鯨就可以做出難度比較高的翻轉。你可以看到藍鯨的左胸鰭與左尾鰭浮出水面。藍鯨衝進磷蝦群的時候會張開山洞一樣的大嘴巴，裝滿海水與磷蝦。我們說這樣的藍鯨是藍色蝌蚪。」

吉爾與莫莉絲觀察在海面覓食的藍鯨，可以看到藍鯨鮮為人知的生活。「有時候我們看到兩隻藍鯨肩並肩同步覓食，牠們會同時翻滾，同時衝進同一群磷蝦。」吉爾說，「有時候也看見兩隻藍鯨在一個地方晃來晃去，其中一隻會覓食，另一隻不會。不過這些都是短時間觀察，都是看個五分鐘而已。我們不曉得藍鯨是因為磷蝦很多才一起行動，還是牠們是好朋友，已經一起晃了幾個禮拜、幾個月甚至幾年。」

從空中觀察雖然都是驚鴻一瞥，不過看到的畫面跟搭小船看到的畫面絕對不一樣。在海面上想要看出你身旁的一隻藍鯨是不是和幾百公尺外的另一隻藍鯨交往，簡直是不可能的任務。從大約四百六十公尺高的空中有利位置觀察，就比較容易看出藍鯨之間的關係。莫莉絲記得看見兩隻藍鯨一起覓食，她覺得那是一隻成年藍鯨和一隻幼鯨。「我相信牠們一定是合作覓食，那隻幼鯨接近一大群磷蝦，待在原地等，接著比較大的那隻就會過來吃，然後比較小的那隻就會跑到另一群磷蝦那裡，好像在探路一樣，真的很有意思。」學界一般認為藍鯨不會合作覓食，至少不會像大翅鯨那樣常常合作獵食魚群。從莫莉絲的觀察可以看出，藍鯨用不著緊緊依偎也能互動。「我們說一群藍鯨，不見得是說一群靠得很緊的藍鯨，藍鯨不見得會緊緊靠在一起，也許會相隔幾百公尺，甚至幾公里都有可能，不過牠們可能還是會來往，還是會協調牠們的行動。」

吉爾與莫莉絲現在要準確估計這個藍鯨族群的規模尚嫌過早，他們的研究範圍大概只是藍鯨族群分布範圍的一小部分。「我們看到的藍鯨應該不會只到**這裡**覓食。」吉爾說。那牠們還會去哪裡？從「波尼上升流」往西走大約一千九百多公里，在澳洲西南角外海，在伯斯峽谷有個地方食物很充足，也是藍鯨經常造訪的地方。「我們覺得藍鯨會在這些海域之間流竄，我們正在加強照片建檔，我們有張很清楚的照片，是一隻藍鯨在這裡也在伯斯現身，再說這兩個海域的藍鯨叫聲也一模一樣。這兩個海域之間的距離對藍鯨來說並不遠，幾天就能到達。我想我們大概會發現更多藍鯨在澳洲海域之間游動。」吉爾與莫莉絲也發現（從二〇〇四年一隻打上衛星標示器的鯨魚身上發現）有些他們看到的藍鯨也會往南到亞熱帶海域，到南冰洋的邊緣，也就是蘇聯捕鯨人非法獵殺大批藍鯨的地方。這一帶大概介於南緯三十九度和南緯四十七度之間，來自北方比較溫暖的海水在這裡與南方比較冷的海水會合，這樣的環境適合大批浮游生物生長。光憑兩個生物學家坐著船、搭著小飛機要走這麼遠的距離實在太困難，不過對尾鰭長達四．六公尺的藍鯨來說，這點距離只是小意思。「藍鯨就像善跑的灰狗，」吉爾說，「我們做調查，有一次在一個地方看到三、四十隻藍鯨，一個禮拜後又來看，牠們都不見了。牠們沿著岸邊往南走了一百六十公里左右。牠們就是有這個本事，懂得跑到別的地方覓食，天知道牠們是怎麼找到的。」

藍鯨通常在十一月出現在「波尼上升流」，五月底離開。牠們冬季跑到哪裡去了呢？這個問題在這裡跟在其他地方一樣都是個謎。有人說藍鯨會沿著澳洲西部海岸往北走，到印尼群島的熱帶海域。這一帶非常獨特，是唯一連接兩大洋的赤道區域。目前已知有三十多種鯨豚類定棲在印尼海域，其中有些可能會從島嶼狹窄的水道從印度洋跑到太平洋，或是從太平洋跑到印度洋。可惜印尼這個國家實在太窮了，各島嶼之間往返不易，偏偏野生動植物又太豐富，隨便找一個都比鯨魚好研究太多了，所以這裡鯨豚類的知識非常稀少。卡恩想要改變這個情形。他是一位荷蘭科學家，現在住在澳洲，從一九九〇年代初就在印尼、巴布亞新幾內亞附近的海域以及更遠的地方做研究。他在職業生涯初期在印尼蘇拉威西島北部附近追蹤抹香鯨，發現還有其他科學家與捕鯨人從未發覺的鯨豚類也會來這裡。「我們都不用刻意尋找，一天就會看到十到十二種鯨豚類，所以我們很快就發現研究領域應該要廣泛一點才好。」卡恩說。從那時候開始，他最感興趣的就是印尼群島的藍鯨族群，這個族群應該是小藍鯨。

在加州外海、聖羅倫斯灣以及澳洲南部研究藍鯨的科學家可以外出工作一整天，回家還來得及吃晚餐。卡恩在印尼做研究就沒這麼好命了，從巴里島到阿洛島要橫越小巽他群島，九百多公里的路程要走上三天。從巴里島到伊里安查亞（新幾內亞的西半部）至少需要一個禮拜。卡恩追著鯨魚跑，有時候要追到天涯海角，還得租下當地的船、雇用船員，一跑就是十天半個月，跑到沒有柴油的地方，有些地方的港口實在太少，連新鮮食物與飲水都不可得。另外海浪的湧動太厲害，停船的錨地也很難找，要在驚濤駭浪中航行也是一大考驗。

卡恩開始研究藍鯨，光是判斷到哪裡找藍鯨就是個天大的難題。「印尼有一萬七千個島嶼呢！天知道要從哪裡開始找。」他說。為了縮小範圍，他閱讀過往目睹藍鯨的資料，再參考海洋學家對水流與上升流地帶的意見。他發現藍鯨有時必須從島嶼之間的狹窄海峽硬擠

一個從未有人研究過的藍鯨族群在一九九〇年代中期在澳洲外海出現，當時吉爾與莫莉絲是第一批到現場研究的科學家。

才能通過，鎖定這些地方機會最大。「這些狹窄海域常有大型海洋生物，牠們要擠過去才能到達上升流地帶，所以鎖定這些地方比較有機會。我們都說這些地方是『包中』。卡恩與同僚用這個方法找到幾個重要的狹窄海域，其中一個在蘇拉威西島與菲律賓之間，還有幾個在巴布亞新幾內亞附近，全都通往太平洋。不過最重要的藍鯨聚集地是再往南走的小巽他群島，包括一個在巴里島與龍目島之間，還有一個更重要的在阿洛島與帝汶島之間的翁拜海峽。「那裡一定是印尼藍鯨的熱門聚集地，也許整個亞洲的藍鯨都喜歡聚在這裡。」

小巽他群島南部有個重要的上升流地帶，這並不讓人意外。「這個地方在印度洋北部是獨一無二，」卡恩說，「這個現象很有趣，每年四月左右雨季開始，上升流就開始，到了十一月又慢慢結束。我不曉得這一帶是藍鯨的目的地，還是短暫停留吃點東西的休息站。我們正在慢慢研究，不過應該是兩個都是吧！」翁拜海峽北邊的班達海經常可以看到藍鯨，顯然有些藍鯨是從印度洋，也許會經過澳洲，穿越這個狹窄的水道，不過也會停留在這裡覓食。「我們看過藍鯨花上一天待在某個海域，別的遷徙路過的藍鯨絕對不會這樣。」

上升流的尖峰時期是四月到十一月，跟澳洲南部的情形正好相反，所以藍鯨應該會根據季節在這兩個地方往返。問題是藍鯨到了夏季不會離開印尼，每個季節都在。澳洲外海的藍鯨每年五月到十一月都銷聲匿跡，相較之下簡直是天壤之別。「這裡的藍鯨分布範圍真的比較小，」卡恩說，「我不曉得藍鯨是不是一年到頭都只待在印尼，別的地方都不去。也許牠們是像在輸送帶上一樣，就是同一個族群一直都會有幾隻藍鯨光臨印尼海域，所以才會一年到頭都看到。」

二〇〇五年，卡恩決定在薩武海的一、兩隻鯨魚身上裝設衛星標示器，看看鯨魚會去哪些地方。梅特等人使用的標示器是連接極軌道上的衛星，如果標示器距離赤道很近，衛星就很難出現在接收器上方，無法即時傳輸。所以卡恩的團隊用的是「彈出來」標示器。這種標示器可以把時間與鯨魚潛水深度資料儲存在硬碟上，等到一定的天數之後，標示器裡面的程式就會啟動，自動從鯨魚的背上脫落下來，透過衛星把儲存的資料傳送出去，研究人員就不用跑到遙遠的海域尋找標示器，把標示器拿回來。不過這種標示器也有個問題，就是只能知道標示器裝設的地點與脫落的地點，完全無法知道鯨魚在這當中幾個禮拜的行蹤。

搭著充氣小艇把標示器裝設在游動的鯨魚身上已經夠困難了，要在縱帆船上作業簡直是強人所難，卡恩只能硬著頭皮應戰。有些研究人員用十字弓、壓縮氣槍把標示器射入鯨脂，卡恩不想用侵入

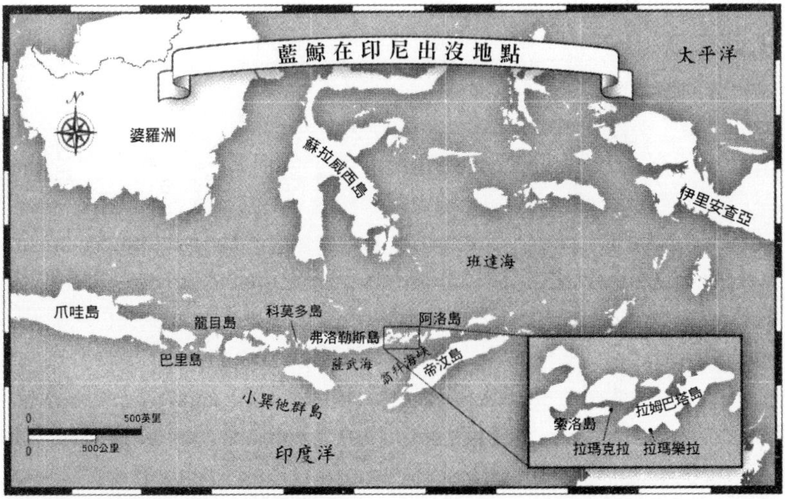

式的方法。再說研究人員也不能在印尼攜帶武器，所以卡恩得把標示器綁在竹竿上，開船儘量靠近鯨魚，把竹竿扔在鯨魚的背上。他忙了一個禮拜都沒成功，到了五月三日這個美妙的日子，卡恩在一隻藍鯨與一隻抹香鯨身上都裝了標示器，兩次相隔只有四小時，距離不到十公里。卡恩彎著身子越過欄杆的時候，正好碰到那隻抹香鯨用鯨尾擊浪，尾鰭差點打到卡恩的頭，還好卡恩跟儀器都沒有傷亡。「我們正好可以同時開始研究最大的鬚鯨與最大的齒鯨，在這一刻兩隻正好都在這裡，結果牠們往相反的方向迅速離去。」那隻抹香鯨往西南跑到印度洋，裝上標示器四十二天後，標示器在距離裝設地點大約一千一百多公里的地方開始傳送訊息。那隻藍鯨則是往東北方走，六十天後，標示器在距離裝設地點六百八十四公里的班達海傳送資料。這隻藍鯨應該是穿越翁拜海峽狹窄的水道才到班達海。

這隻藍鯨花了兩個多月，才走了六百多公里，顯然牠應該是在覓食，不是遷徙。雖然沒人知道藍鯨是不是彎彎曲曲向前進，不過藍鯨要是遷徙的話，六十多天走下來的直線距離應該比六百公里多很多。不過標示器回傳的時間、深度資料也是模稜兩可，這隻藍鯨晚間時間（從晚上六點到早上六點）有九成七都在海面或靠近海面。白天的時間一半在靠近海面的地方游泳，一半的時間則是幾次深深潛入海裡，大概是要覓食。意想不到的是六十天當中有十五天，這隻藍鯨潛水都不會超過五十公尺深，所以藍鯨是在長途跋涉，並不是覓食。藍鯨又不按牌理出牌了。

卡恩實在很想多了解印尼藍鯨的季節性動態，看看印尼藍鯨與澳洲外海的藍鯨是不是同一批，不過他更想保護藍鯨不受這個大島國各式各樣的威脅。印尼正在規畫一系列的海洋保護區，限制傷害藍鯨的人類活動。這種保育措施多半是針對脆弱的珊瑚礁、紅樹林與其他沿岸地區。卡恩希望深海海域也能受到保護。深海海域一向很難管理，畢竟離岸太遠的地方很難照顧，但是卡恩覺得藍鯨在印尼的聚集地就是不錯的起點，因為這裡是全球少數幾個離岸不遠的深海地帶。印尼這個國家是由星羅棋布的火山島組成，所以沒有大陸棚，有些水域只有兩、三公里深，距離海灘很近。卡恩覺得印尼這種獨一無二的地形給了保育團體很好的機會，可以展開深海棲息地保護計畫，不用像以前還要擔心後勤的問題。

印尼的藍鯨需要怎樣的保護呢？卡恩說船隻的撞擊就是一種危險，如果船隻跟被他裝上標示器的藍鯨一樣，會在晚上花很長時間在海面附近閒晃，那就更危險了。藍鯨經常出現在離岸大約一百五十公尺的地方，很容易被刺網與漂網「網羅」。藍鯨也遇到一些只有在印尼才會遇到的危險，不過卡恩也承認沒人知道這些危險對藍鯨的傷害到底有多大。藍鯨面臨的第一個危險就是非法炸礁。漁民把瓶子裝滿汽油與肥料，再用防水引信塞住，點燃之後丟進魚群裡。「本地人不常幹這種事，他們說都是外地人在印尼流竄，轟炸別人的後院。」卡恩說，「最遙遠的礁石受創最嚴重，因為這些是無主礁石，都被炸成碎片了。」爆炸的規模很小，除非把炸彈直接丟向藍鯨，不然應該傷不到藍鯨，但是卡恩擔心的是棲息地遭到破壞。多次爆炸的噪音會傳到離爆炸地點很遠的地方，藍鯨聽到爆炸聲就會避開某些遷徙路線。卡恩與同僚已經徹底掃蕩科莫多國家公園附近的非法炸礁，多虧了他們，這一帶的鬚鯨數量也變多了。「二〇〇六年我們看到兩、三隻藍鯨經過國家公園，印象中沒人看過這種畫面。」

對這些藍鯨來說（應該說隨便一個藍鯨族群都一樣），最具異國情調的威脅是索洛島上的拉瑪克拉村。村民有個流傳已久的習俗，就是搭著傳統船隻出海用魚叉叉鬚鯨。過去十年已經很少有人這樣做，不過只要有機會，村民還是會出門獵鯨。村民把獵物稱為 *kelaru*，不曉得指的是哪一種鯨魚。有可能是沒沒無名的小布氏鯨（卡恩最近在科莫多附近發現一隻），但是卡恩幾次出海調查，從二〇〇一年到現在，在拉瑪克拉村附近看到的鬚鯨統統都是藍鯨。*Kelaru* 會不會指的就是藍鯨？印尼的這個彈丸小島會不會是世上唯一一個人類不用現代科技獵殺藍鯨的地方？拉瑪克拉村的村民現在是不是偶爾還會捕鯨？卡恩覺得非常有可能，還寫在他的年度研究報告裡面。

這是個震撼的消息，大無畏的島民可能做到了歐美捕鯨人做不到的事。他們被巨大的藍鯨拖著走，上演大衛與歌利亞的決鬥，這是「拉瑪克拉雪橇行」。附近一個島上有個幾乎同名的「拉瑪樂拉村」，傳統捕鯨人還是會搭著小船獵捕抹香鯨，二〇〇四年殺了十二隻孔武有力的抹香鯨。（印尼並不是國際捕鯨委員會的會員國，所以不必遵守商業捕鯨禁令。）但是這實在是令人匪夷所思，很難想像怎麼會有人光憑簡單古樸的小船與魚叉就能獵捕藍鯨。如果真能成功，那其他地方的捕鯨人也能如法炮製囉？現在拉瑪克拉村的捕鯨人把很多傳統捕鯨船賣給博物館。年輕一代的村民都去抓毯魟，不捕鯨了。*Kelaru* 的真相可能就跟世界上很多原住民文化的謎團一樣，永遠要石沉大海了。

在一九九七到一九九八年南半球的夏天，SOWER 計畫不再關注印度洋，轉向智利沿岸。捕鯨人對這一帶興趣缺缺，不過捕鯨船還是會偶爾跨越南美洲尋找南極藍鯨。有些南極藍鯨夏季在南冰洋，到了冬季就跑到熱帶海域。舉例來說，在二十世紀初，歐洲捕鯨人偶爾從南設得蘭群島越過合恩角到智利峽灣。這一趟要經過德雷克海峽，這裡的海浪經常高達九公尺，真是驚濤駭浪。有一支船隊的經驗格外恐怖。那是一九一二年，一艘搭載二十三位捕鯨人的挪威船隻遭遇超級強風，船隻被大風颳上岸，最後只有三人回家。很多人失事的時候沒死，上岸之後卻被食人族打死當飯吃。後來有人發現幾艘當地土著的獨木舟裡面有歐洲人的靴子，裡面塞滿人肉。

六年之後，另外一位挪威捕鯨人勘查智利南部海域，發現這個遙遠的海域大有可為，可惜他缺乏開業的資金。到了一九〇九年，他說服一位金主出資贊助船隊，船隊的船隻「維斯特萊號」就在南極捕鯨季結束之後從南設得蘭群島出發，這次也經過合恩角，還好沒人被吃掉。他們沿著岸邊往上走，到智魯島與科可瓦索灣。他們之前接到消息，說科可瓦索灣有藍鯨出現，結果真的看到藍鯨，只是數目不如他們希望的多。那年五月到十月，他們殺了三十七隻藍鯨。他們在智魯島以北兩百四十公里左右的瓦爾迪維亞設置海岸作業站，不過獲利情況始終不理想，最後在一九一三年關閉。

一直到一九六〇年代末，捕鯨人持續在智利外海獵捕少量藍鯨。事實上，一家日本公司取得智利政府的許可，從一九六四年到一九六八年也在這一帶捕鯨。智利那個時候還不是國際捕鯨委員會的會員國。日本人就隱藏在私下協議背後大肆捕鯨，一九六五年殺了三百六十五隻藍鯨，是這一帶年度最大捕獲量。一九六六年到一九六七年國際捕鯨委員會頒布全球捕鯨禁令之後，日本人又在這裡殺了六十五隻藍鯨。捕鯨船上的研究人員在一九六六年十二月把類似發現委員會用的那種鋼牌打入一、兩隻藍鯨的體內，不過並沒有拿回來，所以完全不知道這些藍鯨的分布範圍。真的，即使到了一九九〇年代末，大家對太平洋東南部藍鯨族群還是所知不多。捕鯨人本來以為這一帶是南極藍鯨冬季的必經之地，沒想到夏季也能在這裡看到藍鯨。這些藍鯨真的是沿著南美洲岸邊往北走的南極藍鯨嗎？還是在智利南部與赤道之間遷徙的一群藍鯨？如果他們不是南極藍鯨，那是不是跟印度洋的藍鯨一樣，也是小藍鯨？有些科學家認為這三種都有可能。一位智利科學家在論文中提到從一九六五年到一九六七年，「我們研究了一百六十八隻藍鯨，發現十隻是小藍鯨。」[13]可惜他沒有提供這些藍鯨的詳細資料。牠們的體型有多大？他怎麼知道牠們是小藍鯨，不是幼藍鯨或者體型小的成年藍鯨？論文並沒有交代清楚，不過科學家到現在還是會引用這篇論文。幾十年之後還是有人相信智利海域有兩種藍鯨亞種，可見如果沒有深入研究就引用科學文獻，那有待證實的事情都成了金科玉律。

大家對智利外海的藍鯨所知不多，是因為這裡的藍鯨都集中在一個孤立的區域。智魯島是南美洲第五大島，但是從智利的文化重鎮聖地牙哥與瓦爾帕萊索還要往南走九百多公里才會到這裡，而且這裡的人口也很少。要把一群鯨魚學家派到這裡非常不容易。美國科學家康明斯與湯普森在一九七〇年搭著設備齊全、三十八公尺長的船，錄下這一帶藍鯨的叫聲，這可是一大創舉，不過接下來將近三十年的時間，沒人認真研究這裡的藍鯨。說到這裡又要提到一九九七年十二月在智利海岸展開的SOWER研究。當時在船上的一位研究人員叫做胡克蓋特。這位智利大學生原先的研究主題是海狗，邂逅世界上最大的動物之後就馬上變心。幾年之後他想起這段經歷：「我第一次看到藍鯨就想，好了，我可以瞑目了。」[14]那次邂逅之後不到兩年，他已經成為智利藍鯨研究與保護的大將。

SOWER研究派出的兩艘船在第一次出海勘查發現四十七隻藍鯨，勘查結束才幾天，一位研究人員又在一天之內在智魯島南部附近發現六十幾隻藍鯨。在這之後研究人員還是斷斷續續看到藍鯨，像胡克蓋特就在二〇〇一年親眼看到九隻藍鯨。兩年之後，新成立的非營利團體「藍鯨中心」提供協助，胡克蓋特終於拿到了他需要的資金，可以仔細勘查這一帶，結果他發現這裡的藍鯨族群的密度比大家想像的還要高得多。他和團隊成員在二〇〇三年一月到四月搭著飛機，在岸邊不到四十公里的地方從空中勘查。他也租下一艘船進行截線抽查研究。他們勘查了科可瓦索灣、智魯島西岸以及南方幾個比較小的島嶼附近的水域。胡克蓋特在三個半月之內發現一百五十三隻藍鯨，其中至少有十一對雌鯨與仔鯨的組合。這些藍鯨很多都在覓食，有些待在距離岸邊不到一公里的地方，這種景象全世界只有少數幾個地方能看到。胡克蓋特把他的新發現公諸於世，說「這個地點是南半球目前發現最重要的藍鯨覓食與哺育海域」。[15]

在這個重大發現之後，胡克蓋特與藍鯨中心每年夏天都回到科可瓦索灣與智魯島。他們在阿森松島上一個叫做美林卡的漁村做研究。光是要跑到研究區域就是一趟遠足。旅程的終點是蒙特港，也就是美林卡往北走一百六十幾公里的地方。研究團隊得用駁船把設備從那裡拖過來。從二〇〇四年開始，他們多半都是搭乘硬殼充氣艇出海勘查，這艘船叫做「藍鯨號」，倒也很恰當。藍鯨距離岸邊很近，研究人員通常頂多只要離岸十九公里遠就能近距離接觸藍鯨。一群觀察員在山頂上用望遠鏡觀察這一帶，再告訴研究人員。觀察員看到藍鯨噴氣，就會用無線電通知船上的研究人員，研究人員就趕快跑到藍鯨出現的地方照相。到了二〇〇七年，他們已經辨識了一百隻左右的藍鯨，從來沒有看過同一隻藍鯨在不同年度出現。

胡克蓋特除了建置照片辨識資料庫之外，也很快引進新科技。二〇〇四年二月，他請梅特把衛星標示器帶到這裡來。他們在五隻藍鯨身上架設了標示器，裝設之後的第四十六天到第二百零三天，標示器回報藍鯨的位置，有些結果非常有趣。他們發現兩隻藍鯨往北走了大約一千九百多公里，到智利北部外海的納斯卡山脈，一般都認為這裡應該是永久上升流地帶。這裡就像哥斯大黎加圓突區一樣，藍鯨可以在這裡育種，也可以整個冬季都在這裡覓食。第三隻是隻帶著仔鯨的雌鯨，往北走到摩卡島外海，那裡以前經常可見英國與荷蘭海盜的蹤影。（《白鯨記》的靈感來自一隻白色抹香鯨，就是在這裡發現。）「這隻雌鯨在摩卡島附近晃了一、兩天，接著開始往南走。」胡克蓋特說，「牠到了大陶半島稍微往南一點的地方，又快速往北移動，跑到納斯卡山脈。」

這一帶不是只有藍鯨中心在做研究。從二〇〇四年開始，鯨豚類保育中心的嘉樂蒂和同僚就在勘查智魯島西北部外海，那裡距離胡克蓋特的研究範圍大約兩百公里。每年二月到五月藍鯨都會到這裡，這段時間藍鯨會離岸很近，近到研究人員可以站在海平面以上九十公尺左右的地方，就可以觀察藍鯨。「站在懸崖上，一天至少可以看到藍鯨一次，看得很清楚，就在離岸不到一．六公里的地方。」嘉樂蒂說。鯨豚類保育中心也有一艘小船，可以做照片辨識。他們也在二〇〇

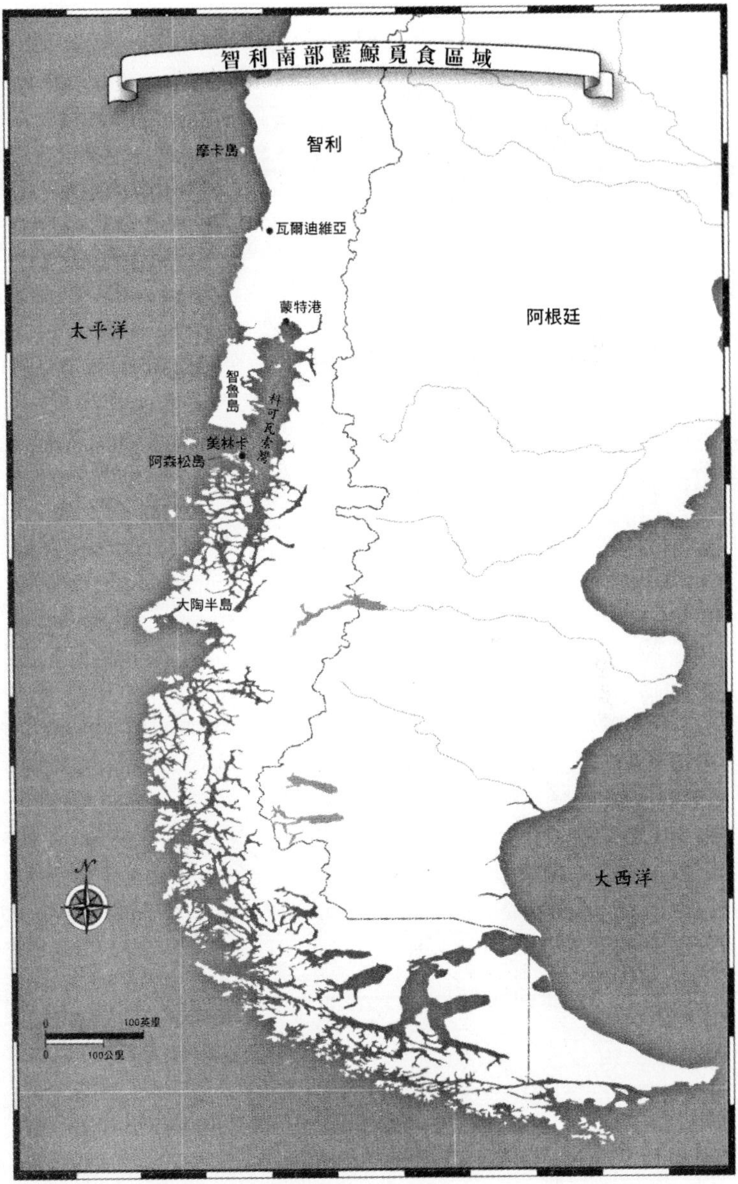
智利南部藍鯨覓食區域
智利
摩卡島
瓦爾迪維亞
蒙特港
阿根廷
太平洋
智魯島
科可瓦索灣
美林卡
阿森松島
大陶半島
大西洋
N
0
100英里
0
100公里

六年向智利海軍借來一架飛機，進行空中勘查。嘉樂蒂的團隊完成了一百四十多隻藍鯨的檔案，其中有幾隻他們還看到好幾次。二〇〇六年三月二十一日，他們看到一隻藍鯨，這隻藍鯨在二月第一次拍照，拍照的地點距離再次出現的地點只有十三公里。二〇〇七年是他們豐收的一年，看到十六隻之前在智魯島外海看過的藍鯨，也看到一隻之前在科可瓦索灣看過的藍鯨。嘉樂蒂長久以來的想法終於得到證實，同一批藍鯨真的會年復一年回到智利峽灣食物充足的覓食海域，而且還會到幾個地方，會到她的研究海域，也會到南邊胡克蓋特的研究海域。藍鯨的覓食海域海洋環境都很適合磷蝦生長，南美洲的這一帶也不例外。這裡的海洋很像河口，來自各冰河、河流與大雨的淡水在這裡匯流。海岸線與海底的潮汐與地勢抓住了浮游植物潮，孕育出大批的磷蝦，市原發現的小藍鯨也是吃這種磷蝦。

嘉樂蒂開始思考藍鯨隨著季節移動，還會去哪些地方？她把藍鯨照片檔案寄給卡拉博克迪斯。卡拉博克迪斯拿來和他的熱帶東太平洋藍鯨檔案照片比對。熱帶東太平洋可能是智利藍鯨冬季的去處，畢竟從這裡一直到赤道的水中聽音器都聽見藍鯨的叫聲。卡拉博克迪斯沒有發現相同的藍鯨，不過兩份檔案的照片數量都不多，所以將來還是有可能比對出同一隻藍鯨。

這些藍鯨在分類學上的正式名稱是什麼？科學界目前的共識是赤道以南的所有藍鯨不是南極藍鯨就是小藍鯨。但是智利藍鯨並不符合這兩個亞種的條件。智利藍鯨絕對不是南極藍鯨，因為叫聲差別太大，而且也沒有證據能證明智利藍鯨會走到南緯四十五度以南的地方。雖然捕鯨人曾經一路跟著藍鯨跟到這裡，他們也以為他們是跟著南極藍鯨往北走，但是現在發現他們在科可瓦索灣與智魯島外海獵殺的藍鯨就是現在生活在這一帶的藍鯨族群的祖先。藍鯨常在每年十二月到五月出現在智利峽灣，在南半球的夏季數量達到顛峰，因為那個時候南極藍鯨應該是位於再往南很遠的地方。既然不會是南極藍鯨，那就一定是小藍鯨了。問題是智利藍鯨的體型又比印度洋藍鯨的體型大得多。根據一九七四年的研究報告，一九六〇年代研究的一百六十八隻藍鯨當中，十隻是小藍鯨，意思是說另外的一百五十八隻體型太大，不能算是小藍鯨。沒錯，雖然這份報告並沒有提供個別藍鯨的詳細資料，還是有提到最大的一隻身長二十六公尺，比任何人看過的小藍鯨都長得多。二〇〇五年，一隻藍鯨在智魯島岸上擱淺，鯨豚類保育中心測量出牠的身長是二十四公尺，這也比所有露過面的小藍鯨長，而且這隻藍鯨是雄鯨，身長比雌鯨短。胡克蓋特說他都是把藍鯨跟他七公尺長的船比較，就大概知道藍鯨有多長。他經常遇到身長是船長三．五倍的藍鯨。所以如果智利的藍鯨體型比小藍鯨大，卻又不是南極藍鯨，那牠們到底是什麼？會不會又是一個獨立的亞種？

這個問題在智利最嚴重，不過南極藍鯨與小藍鯨還是有很多謎團待解。把所有夏季在南極之外覓食的南半球藍鯨統統歸類為小藍鯨，這樣合不合理？還是只是因為便宜行事才這樣歸類？印度洋的藍鯨族群與太平洋東南部的族群是不是近親？要解答這些問題，研究人員不但要像以前研究北半球類似的問題那樣，研究藍鯨的叫聲，還要研究可以提供比較確切的答案的領域。科學家認為亞種問題的最終關鍵就是藍鯨的基因藍圖。他們開始研究藍鯨的DNA。

第十章　藍鯨的基因

就算是聲學專家也會承認區別藍鯨的生殖族群最好的方法不是用水中聽音器，而是用顯微鏡。你聽帶著布魯克林口音的男人說話，還有操著德州長調子的女人說話，一聽就知道這兩個人來自不同的地方，但是你光用聽的不會知道他們有沒有血緣關係，也許這兩個人兩、三代或是二十代之前的祖先是同一人，搞不好他們還是一出生就失散的雙胞胎。用聲音特質描述藍鯨雖然很方便，卻也有其局限。從藍鯨的叫聲模式可以看出藍鯨大部分的時間都待在哪裡、都跟哪幾隻藍鯨溝通，但是光用聽的不會知道以前藍鯨族群之間會不會混雜，也不會知道現在族群之間有沒有類似植物「異花受粉」的情形。用ＤＮＡ就不一樣了，保證一翻兩瞪眼。

康薇一九九三年開始蒐集藍鯨組織檢體的時候，腦中想的就是這個。康薇在紐澤西長大，在理查德斯托克頓學院拿到海洋科學學士學位，後來在舊金山州立大學拿到碩士學位，開始研究藍鯨基因學。她在二〇〇五年在加州戴維斯大學拿到生態學博士學位的時候，已經花了十幾年蒐集、分析世界各地藍鯨的ＤＮＡ。「了解藍鯨的生殖族群及牠們的族群結構是藍鯨保育的根本。」她說，「我以前老是聽到別人說全世界還剩下一萬隻藍鯨，可是除非你知道族群結構，否則這個數字根本沒有意義。」她的意思是說除非知道藍鯨生殖族群的地理分界，否則無法準確評估族群規模，當然也就不知道藍鯨有沒有復育。「舉個例子，假如你不知道洛杉磯的邊界，你要怎麼做洛杉磯的人口普查？蒐集藍鯨的統計資料，一定要知道地理與時間的分界，因為藍鯨會遷徙，所以要知道牠們某個時間在哪裡。」科學家早就知道用基因分析把界線畫分清楚有多重要，但是一直沒有一個人做全球的比較研究，直到康薇出現。

北太平洋東部的藍鯨至少有兩千隻，成長相當迅速。冰島外海的藍鯨也在增加，就連遭到大量屠殺的南極族群數量也在成長，但是其他地區的族群估計值通常都在一千隻以下。所以問題來了：到底要幾隻藍鯨才算一個健康的生殖族群？「沒有固定的數目，」康薇說，「真的太少的話，比方說不到五十隻吧！那倒要擔心，因為這樣一來就缺乏基因多樣性。」這種情況就是近親繁殖，會降低生育力，還會引發其他健康問題。「遇到比例的問題也很頭痛，像是雌雄比例不均等，或者是藍鯨的交配對象太稀少，找不到交配對象，不過這都要看藍鯨還有藍鯨的生活習慣。」對藍鯨來說，困難還真不小。藍鯨大概要到十歲左右才會性成熟，雌鯨可能要每隔兩、三年才會生下一隻仔鯨，而且藍鯨都是獨自在廣大的海域漫步。不過看看其他品種的鯨魚，就會發現只要全面禁獵就能復育，這倒是好消息。

康薇的第一道難題就是要說服其他研究人員分享他們的藍鯨檢體。「想也知道檢體很珍貴，我得花上好幾年才能贏得他們的信任。」卡拉博克迪斯與希爾斯拔刀相助。加州拉霍拉的西南漁業科學中心更是幫了大忙，那裡有世界各地藍鯨的皮膚與鯨脂樣本，數量居全球之冠。康薇七拼八湊，終於蒐集到全球各地十四個地點的二百零四個樣本，不過分布範圍並不平均。最多的樣本來自加州外海（四十一個）與聖羅倫斯河（三十八個），還有少數來自墨西哥、哥斯大黎加圓突區、智利、加拉巴哥群島、澳洲、馬達加斯加與南極。康薇唯一錯過的藍鯨聚集地就是太平洋西北部與大西洋東部，科學界對這裡的藍鯨研究不多。（她倒是拿到印度洋北部的兩個藍鯨檢體，後來還是決定不用，因為數量太少了，無法代表整個族群。）

拿到樣本了，偵探工作就此開始。「我們做的就像是法庭案件的法醫鑑定。」康薇說，「就是要鎖定DNA的某個部分，我要看五個指標，還要觀察所謂的對偶基因頻率差異。」對偶基因是任何一個基因都可能出現的情形。決定眼睛顏色的基因可能含有藍色、棕色或綠色等對偶基因。「基因分析就是要研究對偶基因在藍鯨族群出現的機率有多高。比方說在挪威，藍眼睛對偶基因出現的機率就比棕眼睛對偶基因出現的機率大得多，中國的情形就正好相反。對偶基因頻率如果差異很大，就表示是不同的生殖族群。」康薇把樣本依據地理位置分類，鎖定她的五個指標，不是看眼睛顏色基因，而是看DNA其他能顯示共有遺傳特徵的區域。「如果說，打個比方，加州和智利的藍鯨基因差別夠大，就表示這兩個地方的藍鯨不會一起育種。」

康薇強調光憑兩百零四個樣本不能為全球藍鯨族群結構下定論，不過她研究幾年下來，已經大致有個概念。她把藍鯨分為四組，大概按照海洋盆地分類。這四組就是熱帶太平洋東北部與東部、印度洋南部、北大西洋西部，以及南冰洋。也就是說世界上至少有四個藍鯨生殖族群，彼此之間幾乎不會混合。但是話又說回來（你一定猜到了），藍鯨的事情絕對不會那麼簡單。這次的問題又是出在智利外海那群神祕藍鯨。康薇無法確定這些藍鯨算不算是第五個族群。智利藍鯨的基因與南極藍鯨差異很大，但是說來奇怪，牠們的基因和加州外海、墨西哥外海的藍鯨又差異不大，跟印度洋的藍鯨也差不了多少。這幾個族群會這麼像，可能也是因為樣本太少。康薇要是能夠每個族群拿到幾百個檢體，也許就能看出差異，不過這也不代表相似處就不重要。康薇跟大部分的研究人員一樣，也認為北美洲、南美洲的西岸的確有兩個不同的藍鯨族群，藍鯨聲音的資料也能證明這一點，不過康薇的分析顯示這兩個族群可能是近親。事實上，太平洋東部北邊與南邊的藍鯨可能偶爾會雜交，不只在赤道雜交，也會在哥斯大黎加圓突區雜交。

梅特的衛星標示器、史丹芙的水中聽音器，以及卡拉博克迪斯的照相機，統統都在一九九〇年代發現加州藍鯨族群的確會到圓突區。幾位研究人員認為南半球藍鯨也會到圓突區，不過到現在都沒人能證明這一點。史丹芙的聲音資料顯示南北半球的藍鯨會在赤道混雜，不過她發現這種情況在往北將近九百七十公里的圓突區很少發生。康薇的資料倒是顯示藍鯨在這兩個地方都會混雜。舉個例子，一種對偶基因在從加州到加拉巴哥群島一帶的藍鯨身上很常見，不過智利的藍鯨完全沒有。另外一種對偶基因在智利到哥斯大黎加一帶很常見，往北到墨西哥一帶也偶爾會出現，但是從沒出現在加州。這兩種對偶基因在赤道與圓突區同時出現，表示這兩個地方的藍鯨可能會雜交。「我不確定牠們是雜交，還是只是同時出現在那裡。」康薇說，「不過看樣子哥斯大黎加與加拉巴哥群島外海的藍鯨同時具備南半球、北半球藍鯨的特質。」康薇也發現熱帶東太平洋的藍鯨基因差異比加州外海的藍鯨大，不過康薇手上熱帶東太平洋的藍鯨樣本比加州外海的藍鯨樣本少得多。「一群藍鯨當中如果基因差異很大，就表示可能是兩群藍鯨混在一起。」

南北半球的藍鯨會不會雜交不只是地理問題，也是時機問題。如果南北半球的藍鯨只會在各自的冬季交配，那這兩個族群就會有六個月的時間不會碰頭。南半球藍鯨會在大約六月到八月交配，而北半球藍鯨則是在十二月至二月尋找伴侶。就算這兩個族群真的會在同時間碰頭，大概彼此都沒有興趣交配。「我剛開始研究的時候，」康薇說，「我記得其他研究人員跟我說：『喔，不是，因為南北半球的藍鯨不同步，所以從來不會雜交。』嗯，我覺得牠們偶爾會雜交，比我們想像的頻繁。」如果藍鯨的遷徙只是抓個大概的時間，沒有一定的時間表，而且藍鯨一年到頭都會覓食的話，那也許藍鯨偶爾也會在非交配季節交配。沒錯，因為哥斯大黎加圓突區與加拉巴哥群島西部海域都是具有大量磷蝦的上升流地帶，這在熱帶海域中非常罕見，所以藍鯨可能在這兩個地方混雜。「這種情況也許不會到處發生，」康薇說，「也許只會出現在熱帶東太平洋。因為北半球藍鯨會在過冬的海域覓食，也會在度過夏季的海域覓食，所以也許藍鯨遷徙不需要趕進度。也許北半球的藍鯨有些可以提早到哥斯大黎加圓突區與加拉巴哥群島，因為也可以在那裡覓食。有些藍鯨可能也會往南遷徙，朝著智利前進，而且不必急著離開。真的很有意思，我手上的熱帶東太平洋藍鯨樣本是在十一月拿到的，這個時間對南北半球的藍鯨來說都是遷徙的過渡時間。我們必須拿到其他月份的樣本，看看樣本是北半球藍鯨多，還是南半球藍鯨多，這樣就會知道南北半球的藍鯨到底會不會使用這些區域，哪幾個月份會一起出現。」

還有一個引人入勝的基因證據，能證明南北半球的藍鯨的確會雜交。來自太平洋東部的兩隻藍鯨的DNA含有一種在北半球相當普遍的對偶基因，還有另一種在南半球常見的對偶基因。這裡其他的藍鯨都是只有一種或完全沒有，只有這兩隻兩種都有。這兩隻其中一隻是在加拉巴哥群島外海取樣，另外一隻是在圓突區取樣。這個發現讓人想起阿拉斯加灣的藍鯨叫聲同時具備東部族群與西部族群的特色，不過這兩個情形還是有一個重大的差異。那隻「雙聲帶」藍鯨可能是父母來自不同族群，也有可能是東部藍鯨，只是學會西部藍鯨的叫聲而已。藍鯨有著相同的DNA就不一樣了。對偶基因一定要靠雜交才能從一個族群傳到另一個族群。

康薇研究印度洋南部的藍鯨樣本，事情就愈來愈有意思了。一般認為那裡的藍鯨都是小藍鯨，其中六隻是在馬達加斯加島附近取樣，另外二十三隻是在澳洲南部與西部取樣。雖然這些藍鯨位在海洋盆地的兩頭，對偶基因卻非常類似。這些樣本與南冰洋的樣本差異又很大，所以顯然這些藍鯨不會和南極藍鯨雜交。康薇說：「這我倒是沒想到，因為並沒有明顯的地理分界把這兩個族群隔開。」康薇覺得這幾個族群之間應該至少會有一些基因交流，畢竟她發現太平洋的藍鯨族群會混在一起，基因也會混雜。「我想南極外海的藍鯨會沿著冰緣線追著食物走，因為那裡食物很充足，所以牠們不需要冒險再往北走，尋找其他覓食地。而且我覺得藍鯨會從一起覓食的對象當中挑選交配的對象。也許就是因為這樣，太平洋東部的藍鯨基因差異才不大，但是印度洋與南冰洋的藍鯨基因差異卻很大。」

康薇的樣本當中真正的怪胎是一隻在一九九〇年代末在智利外海取樣的藍鯨。這隻藍鯨的DNA有一個對偶基因，在智利取樣的其他十五隻藍鯨都沒有這種基因，不過這種基因在印度洋倒是很普遍。康薇說：「這就是此地無銀三百兩，那一帶必有蹊蹺。」她很快就指出智利外海的藍鯨的基因跟澳洲外海、馬達加斯加島外海的藍鯨應該是絕對不一樣，不過以前可能有混雜。這可能就是遺傳學家口中的「創始者效應」，也就是一個族群的少數幾隻藍鯨離開族群，到另一個地方開創另一個族群。也許印度洋的一隻或幾隻藍鯨跑到智利海域，就在那裡待了下來。這種情況偶爾還是會發生。「用遺傳學也很難確定這種事情發生的時間。」遺傳特質有點像數位電腦檔案，可以複製好幾代都不會壞，所以從對偶基因頻率差異可以看出兩個藍鯨族群有沒有混雜，但是看不出來發生的時間是最近還是很久以前。

康薇的研究是第一次有人研究南半球藍鯨之謎，不過就像所有美好的科學一樣，解決了幾個問題，就也留下了幾個問題。「這個研究至少證明了藍鯨具有一些基因多樣性。要做好藍鯨保育，儘量維持藍鯨的基因多樣性，那這些區域的藍鯨都要保護到。至於這幾個族群是不是不同的亞種，我就留給別人研究了。」

已經有別人用遺傳學研究小藍鯨、南極藍鯨之謎。畢竟SOWER出海研究計畫的重要目的就是要找出一個可靠又不會致命的方式，分辨小藍鯨與南極藍鯨。康薇的研究在二〇〇五年完成，在這之前一直有人覺得雖然小藍鯨與南極藍鯨夏季的分布範圍非常不同，大約以南緯五十五度為分界，不過兩邊陣營總會有幾隻偶爾會溜到對方的地盤去。至於到底有幾隻投奔敵營，多久會投奔一次，則沒人知道。除非解開這個謎題，否則很難評估兩個族群的規模是否健康。

在上個世紀初，大海裡有二十四萬隻左右的南極藍鯨，相較之下，整個南半球的小藍鯨數量只是九牛一毛。不過南極藍鯨比起個頭比較小的親戚，被獵殺的情形嚴重多了，所以現在小藍鯨的數量大概比南極藍鯨還要多很多。如果小藍鯨與南極藍鯨會在南極覓食海域混雜，那小藍鯨的比重應該是比捕鯨時代高出許多。這樣一來，要準確計算南極藍鯨的數量，評估牠們的復育情形根本不可能。南冰洋整體藍鯨族群數量是愈來愈多沒錯，但是多半是因為小藍鯨變多。結果就是國際捕鯨委員會必須知道研究人員在南極看見的藍鯨當中，小藍鯨的比重有多大。一直到了二〇〇三年，多數人都覺得應該是不到百分之七，不過這個數字還是不夠精確。

會搞不清楚是有原因的。市原忠義是在仔細研究三百多具藍鯨屍體之後，才歸納出小藍鯨的生理特徵。如果把小藍鯨與南極藍鯨各殺一隻再仔細研究，當然很容易看出兩者的差別，不過現在不能這樣做了，也不曉得站在船上能不能區別兩者。有人倒是說可以，SOWER研究計畫的船上就有一些經驗老到的日本水手，就是負責區別小藍鯨與南極藍鯨，但是沒人知道他們的判斷可不可靠。要目測藍鯨的身長就已經難如登天了，再說知道身長也沒用，因為有些小藍鯨與南極藍鯨的身長差不多。市原也指出小藍鯨與南極藍鯨除了身長之外的一些體型上的差異，但是這些也是在死亡的藍鯨身上更明顯，看活藍鯨不容易看出來。

所以國際捕鯨委員會就在一九九〇年代中期交給科學委員會一個新任務。加州拉霍拉的西南漁業科學中心的遺傳學家勒杜克說：「他們想知道我們能不能用基因區別小藍鯨與南極藍鯨。他們說：『你們拿到檢體，能不能判斷是小藍鯨還是藍鯨？』我們說儘量試試看。」勒杜克是原始研究團隊的成員，他和同僚拿到南極大陸附近以及印度洋幾個地點的藍鯨組織樣本。印度洋的幾個地點包括澳洲西部外海、馬達加斯加島以南，甚至包括赤道以北的馬爾地夫。「為了力求詳盡，我們也拿了太平洋東南部的智利、厄瓜多與祕魯外海藍鯨的樣本，因為那個時候覺得這些地方的藍鯨有時候也會跑到南極。」

康薇的研究是看整體的基因趨勢，勒杜克的研究是要找出判斷的指標，也就是ＤＮＡ特定的一個區塊，這個區塊在某一群藍鯨每一隻身上都一樣，換了另一群藍鯨又是另一個樣子。不過這群遺傳學家研究了一百一十一個檢體，卻沒找到半個十拿九穩的指標。要是有遺傳學家口中的「原型標本」，事情就好辦多了。所謂「原型標本」就是可以當作指標的標本，通常由博物館提供。舉個例子：「我們有個藍鯨組織樣本，我們知道是南極藍鯨的，另外還有一個是小藍鯨的，就把其他的樣本拿來跟這兩個比對。」但是沒人有經過專家仔細研究測量，確定是南半球南極藍鯨或小藍鯨的樣本。要拿到這種樣本，當然就得殺藍鯨。勒杜克的團隊只知道每個樣本的取樣地點。「那個時候我們不知道取樣地點有多重要。如果一大群藍鯨從一個地方走到另一個地方，那取樣地點就完全不重要。如果我們發現一個基因指標在南極出現一次，在太平洋又出現一次，那到底是這個基因自然出現在兩個族群呢，還是一隻藍鯨從南極跑到太平洋呢？這就是我們面臨的難題：我們發現基因差異又該如何解讀呢？」

勒杜克折衷的辦法就是撒下更大的網，研究許多基因指標的基因頻率差異，就像康薇做全球研究一樣。用這種方法無法確定一隻藍鯨屬於哪個族群，不過遺傳學家可以判斷出機率，比方說Ａ樣本有八成機率是南極藍鯨，兩成機率是小藍鯨。但是勒杜克說這樣還是有問題：「算出機率比我們想像的困難，因為我們把印度洋族群與太平洋東南部族群統統歸類為小藍鯨，但是這兩個族群其實不像。」換句話說，南美洲西部外海的藍鯨跟印度洋的小藍鯨不一樣，跟南極藍鯨也不一樣。也就是說總共有三大類，不是兩大類。分析也發現兩隻疑似流浪藍鯨。一隻是在南極取樣，不過基因分析發現有九成四的機率是從太平洋東南部來的。另外一隻是在智利海域取樣，有九成二的機率是從南極來的。「不管怎樣，」勒杜克說，「有些從南極來的藍鯨，船上的人說是小藍鯨，而我們的基因分析顯示不可能是小藍鯨。所以要嘛就是我們漏看什麼了，要嘛就是船上的人搞錯了。」

船上的人現在又回到原點，因為勒杜克與同僚後來不得不承認，光用一個檢體不足以判斷藍鯨屬於哪個亞種。科學界又在尋找藍鯨其他的生理差異，區別小藍鯨與南極藍鯨，而且一定要一眼就能看出來的才行。SOWER研究計畫多次出海，船上的工作人員錄下藍鯨的影片。日本科學家加藤秀弘率領的團隊就仔細研究影片，看看能不能找到其他辨識指標。他們仔細研究了超過二十八小時的影片，加藤確定這些藍鯨夏季出現在南緯五十五度以北，所以應該是小藍鯨。這些藍鯨頭部大得多，尾巴比較短。他把小藍鯨的體型稱為「蝌蚪形」，不像南極藍鯨是「魚雷形」。他還有一、兩個有趣的發現。第一個是他發現噴氣孔不太一樣。小藍鯨噴氣孔中間的喉腹褶通常會超過鼻孔部位，南極藍鯨則不會。另外小藍鯨幾乎都有一塊或是一些背部隆起，南極藍鯨幾乎都沒有。加藤認為雖然這三個特點都不算十拿九穩，不過觀察員要是能在一隻藍鯨身上同時找到三個特點，那判斷起來就八九不離十了。研究人員要是拍到一隻魚雷形的藍鯨，噴氣孔中間的喉腹褶又不會超過鼻孔部位，又沒有明顯的背部隆起，那這隻藍鯨有百分之九十九．八的機率是南極藍鯨。就算只符合兩個條件，機率也通常會高於九成二。這個辦法並不是十全十美，不過還算有機會，只要拍到的藍鯨照片夠清楚就好。

其他研究人員往藍鯨的聲音下手。在一九九〇年代中期，還沒有人證實藍鯨族群各有獨特的叫聲之前，SOWER的工作人員就已經搭著船，在南半球到處擲下聲納浮標。聲納浮標錄到的聲音，加上接下來十年其他研究人員錄到的聲音，都再次證明聲學可能是研究藍鯨分布最有用的工具。SOWER計畫在一九九六年至一九九七年兩度出海。第一趟到達馬達加斯加島以南的一個地方，之前日本船隻曾在這裡看到藍鯨，日本人覺得是小藍鯨。第二趟長驅直入，到了南極冰緣線。他們遇到的兩群藍鯨也有很多不同之處。第一，船上的觀察員發覺馬達加斯加島外海的藍鯨幾乎都是小藍鯨，而在南極研究範圍遇見的藍鯨都是普通的藍鯨。這兩個族群的叫聲也很獨特。馬達加斯加島的藍鯨的叫聲分為兩段。第一段是三十八赫茲左右的聲脈衝，接著是二十五秒左右的空白，再來就是一段長長的、頻率愈來愈低的聲音。南極的藍鯨則是一再重複一個叫聲，叫聲頻率從二十八赫茲開始，銳減到二十赫茲。科學家這才發現原來基因學做不到的事情，聲學竟然能做到。

後來SOWER計畫在二〇〇一年至二〇〇三年幾次出海到南極，把水中聽音器丟到海裡，放了一整年。這些水中聽音器錄到的藍鯨聲音都是相同的一個單元的叫聲，開頭的頻率是二十八赫茲。接下來的每個月，水中聽音器在南極大陸各地都聽到這種叫聲（三月、四月達到尖峰，接著在十月、十一月又出現一次尖峰）。南緯六十度以南的地方從來沒有聽過澳洲外海與馬達加斯加島外海小藍鯨的聲音。所以顯然小藍鯨從來不會涉足南極。SOWER計畫剛開始的時候，南冰洋大概每五十隻藍鯨就有一隻是小藍鯨（也許是每十五隻藍鯨就有一隻），現在看來小藍鯨的數量應該是零才對。

後來發現南極藍鯨會發出連續的叫聲，不過科學家對於印度洋與太平洋東南部的藍鯨叫聲還是不太了解，最後是史丹芙研究這個問題。她把馬達加斯加島外海藍鯨的錄音與後來在澳洲西南部外海錄到的藍鯨聲音拿來比較，發現差異很大。澳洲藍鯨的叫聲是三段式的，不像大海那一頭的藍鯨叫聲是兩段式的。她接著研究檔案，發現最早在斯里蘭卡外海錄到的藍鯨聲音。那是在一九八〇年代初錄的，當時只有美國海軍知道藍鯨會發出叫聲。這些藍鯨發出的叫聲是四段式的，所以印度洋總共有至少三個小藍鯨生殖族群。

至於在太平洋東南部的藍鯨，勒杜克的團隊與許多科學家都認為是小藍鯨，這些藍鯨的叫聲也很獨特。一九七〇年，康明斯與湯普森首度在智利外海錄下這一帶藍鯨的聲音。後來在一九九〇年代，裝設在祕魯外海海底的水中聽音器又錄到這一帶藍鯨的聲音。結果發現聲音與印度洋的藍鯨不一樣，跟在南冰洋聽到的二十八赫茲的叫聲也不一樣。這就表示智利外海的藍鯨並不是從南極往北遷徙來的。不過如果這些藍鯨是小藍鯨，那就是**第四個**生殖族群，跟史丹芙在印度洋看到的三個族群不一樣。

勒杜克的研究也得到相同結論。他長期做基因分析，發現太平洋東南部的藍鯨與南半球的其他藍鯨並非近親。「我們的研究結果跟聲學研究結果相同，就是太平洋東南部的藍鯨的基因跟印度洋的小藍鯨不一樣，跟南極藍鯨也不一樣，彼此之間的差異都差不多大。這麼說太平洋東南部的藍鯨到底算不算小藍鯨呢？我覺得新的問題是，智利外海的藍鯨算不算是一個獨立的亞種？」

就好比盲人摸象，摸到象腿就說是柱子，摸到象鼻就說是水管。科學家研究藍鯨生物學各層面、藍鯨的各種行為，對藍鯨的看法也大不相同。常常需要一個人把眾人的研究總結起來，才能窺見全貌。對南半球藍鯨來說，這個人就是布蘭屈。他一九七四年在南非出生，在開普敦拿到動物學與電腦科學的學士學位，又拿到保育生物學的碩士學位。他後來移居美國，在華盛頓大學取得博士學位。他馬上就承認他的野外考察經驗非常有限，自嘲自己是「宅男生物學家」，他也承認他從來沒看過活生生的藍鯨，不過他花了多年時間研究百年老資料、期刊論文與捕鯨紀錄，辯駁未經證實的說法，又綜合歸納當前野外考察的生物學家、聲學專家與基因學家目前的研究。他在二〇〇七年發表一篇鉅細靡遺的論文，共同作者有四十一位，來自十七個國家，包括史丹芙、吉爾、莫莉絲、卡恩、胡克蓋特與嘉樂蒂，引用的資料達兩百二十筆之多。他的目的是要歸納南半球藍鯨過去與現在的分布情形，他比任何人都接近成功。

布蘭屈也做了原始研究，揭露小藍鯨在南極藍鯨當中占多大比重。他的想法是專攻捕鯨時代蒐集的資料，而不是現在蒐集的資料。這樣一來有個好處就是量大：康薇研究了兩百零四個藍鯨組織樣本，勒杜克研究了一百一十一個，布蘭屈可是擁有三十幾萬隻藍鯨的資料。國際捕鯨委員會從一九八〇年開始蒐集捕鯨統計數據，幾十年來的數據都收在龐大的資料庫裡，總共有兩百多萬隻藍鯨的資料。這麼浩瀚的資料包含一九一三年到一九七三年被殺的每一隻藍鯨的身長、性別、懷孕情形與地點。除了這些之外，布蘭屈還有幾千筆目擊、擱淺、發現委員會的鋼牌與聲學錄音資料，整個人快要淹沒在資料裡了。他想他該如何用這麼多的資料解決困擾其他科學家已久的問題：小藍鯨與南極藍鯨以前和現在的分布範圍在哪裡？南半球到底有多少生殖族群？現在的亞種分類有沒有問題？還是應該再評估？

布蘭屈面對的第一個問題就是在南極被殺的藍鯨當中，小藍鯨的比重占多少。雖然要判斷一隻死掉的藍鯨屬於哪個亞種非常容易，不過一直到一九六〇年代初，科學家才知道有小藍鯨這麼個亞種，那個時候距離獵捕藍鯨的黃金時代已經很遠了。市原主張所謂的 *Myrbjønner* 就是小藍鯨。這種藍鯨就是捕鯨人偶爾在南喬治亞島等地捉到的藍鯨，體型比一般藍鯨小，但是這個理論從來沒有得到證實。現在幾十年過去了，布蘭屈也沒有藍鯨屍體可以測量，要怎麼研究呢？他決定鎖定性成熟雌鯨相關的捕鯨紀錄，因為性成熟雌鯨不容易出現亞種之間體型相同的問題。性成熟的南極雌藍鯨平均身長將近二十四公尺，只有極少數的小藍鯨能長到這種長度。所以在一個正常的族群當中，鮮少藍鯨在性成熟前會有二十三公尺長，而未成熟的小藍鯨也很少達到這種長度。如果知道一隻雌鯨的身長與性成熟程度，就能知道是小藍鯨還是南極藍鯨。但是除非雌鯨剛好是在懷孕的時候被殺，不然捕鯨人又怎麼知道牠已經性成熟了呢？

幸好早期生物學家發現了一個好方法。哺乳動物排卵之後（藍鯨大概每三十個月排卵一次），卵會在體內留下一小塊的組織，縮小變硬之後就形成一種叫白體的球狀物。尚未達到性成熟的雌鯨卵巢裡沒有白體，性成熟的雌鯨則是大概每兩年半會增加一個白體。布蘭屈查閱捕鯨紀錄，發現一些可靠資料，其中一百多隻雌鯨證實是小藍鯨（大概是在一九六〇年或是之後被殺），另外還有在南極被殺的兩千多隻藍鯨，還沒有依照亞種分類。他把每一隻按照身長與白體數量做成圖表，得出兩個不同的族群。在已知的小藍鯨當中，七十隻雌鯨身長介於二十公尺與二十二公尺之間，全都是性成熟的雌鯨。而在南極，這種長度的藍鯨每七十五隻只有一隻性成熟。而且身長介於二十三公尺與二十四公尺的小藍鯨每一隻都有至少四塊白體，平均有九塊白體。分布在南極這一帶的藍鯨體內的白體不會超過三塊，四分之三的藍鯨一塊都沒有。布蘭屈根據分析結果寫道，在捕鯨時代，南極海域的藍鯨當中小藍鯨的數量「在統計學上幾乎為零」。[1]

布蘭屈後來用國際捕鯨委員會的捕獲量資料庫做了平行分析。資料庫涵蓋了三萬三千隻懷孕的藍鯨和三百多隻被殺的時候正在泌乳的藍鯨。（其實捕鯨人不應該獵殺正在哺育的雌鯨，不過在海上根本看不出雌鯨有沒有在哺育。捕鯨人也不能獵殺帶著仔鯨的雌鯨，不過當然有時候捕鯨人也會看到仔鯨不在身邊的哺育母鯨。可能是因為這樣，也有可能是捕鯨人壓根不管規定，愛殺就殺。）有了這麼豐富的資料，布蘭屈對於他的統計模型就更有信心了，做出來的結果也與他之前的數據符合。這次他能證明在南緯五十二度以南被殺的藍鯨幾乎都是南極藍鯨，而在印度洋被殺的藍鯨幾乎都是小藍鯨。他的研究結果都一清二楚，唯一的問題是在智利外海被殺的藍鯨。這一帶的性成熟雌鯨身長介於南極藍鯨與小藍鯨之間。布蘭屈權衡這個現象，又參考其他研究人員的發現，認為「顯然智利藍鯨應該歸類為獨立的亞種」。[2]

至於南極的藍鯨當中有多少是小藍鯨的問題，基因研究、聲學研究與歷史資料研究都得到相同的結果：答案是幾乎是零。如果說南冰洋的藍鯨數量一直在增加，事實上也在增加沒錯，那就表示族群的確有所成長，而不是計算小藍鯨的時候不小心造成的統計錯誤。南極藍鯨雖然是被獵殺最多的亞種，不過現在也許真的在慢慢復育當中。

至於南極藍鯨到哪裡過冬，目前還不清楚，大概也永遠不得而知了。南極藍鯨顯然不是團進團出，裝設在南極半島附近海底的水中聽音器每個月都聽到藍鯨的叫聲，所以並不是每一隻藍鯨每年都會遷徙。有些可能會往北到熱帶東太平洋度過秋冬。在智利海岸作業的捕鯨人可能獵殺了一些靠近岸邊的南極藍鯨，不過更有可能的是太平洋東南部的藍鯨育種地離岸遠得多，而且科學家至今尚未發現詳細地點。其他南極藍鯨可能會跑到印度洋中部，或者澳洲、紐西蘭的外海。這些地方的水中聽音器都在冬天聽到牠們獨特的二十八赫茲叫聲。有些南極藍鯨在過去幾年到非洲西南部外海過冬（少數跑到非洲東南部外海過冬），被岸上作業的捕鯨人獵殺，不過這兩個地方最近幾十年都極少看到藍鯨。

至於學界爭論了將近五十年的主角小藍鯨，應該涵蓋至少三個具有血緣關係的族群。第一個就在印度洋東部。雖然照片辨識、聲學研究、衛星標示器都沒研究出確切的結果，布蘭屈還是認為在澳洲南部度過夏天的藍鯨跟印尼外海的藍鯨是同一個族群。卡恩回報說一年四季都看得到藍鯨，所以不是每一隻都循著同樣的模式。不過有種情況倒是很有可能，那就是很多藍鯨在冬天大概都往赤道移動，因為波尼上升流趨緩，要往北走磷蝦才會比較多（如果食物夠多，有些藍鯨也會跑到亞熱帶水域）。第二個族群叫聲和澳洲藍鯨大不相同，在馬達加斯加島以南與亞南極之間

浮出水面的藍鯨呼出的氣遇到陽光，為海上的空氣增添了彩虹般的色彩。這張照片是國際捕鯨委員會南冰洋鯨魚與生態系統研究計畫二〇〇六年至二〇〇七年在南極拍攝的。這個年度計畫從一九九〇年代中期至今已經為南極藍鯨與小藍鯨研究提供不少寶貴資料。

的海域活動。目前並不知道印度洋南部的這兩個族群會不會雜交。牠們的叫聲不一樣，所以應該不會，更不用說牠們的覓食地相隔幾千公里。康薇的基因研究雖然取樣很少，不過她也發現這兩個族群對偶基因頻率沒有太大差異。所以就算這兩個族群現在沒有雜交，之前也一定有雜交。

那北印度洋族群呢？還有那些在斯里蘭卡東部與馬爾地夫外海露面，有時叫做*B. m. indica*的藍鯨呢？這些藍鯨的特別之處在於不會大幅度遷徙，只是在赤道兩邊的海域穿梭（斯里蘭卡與馬爾地夫都在北半球低緯度地區，而位在大約南緯七度的迪戈加西亞環礁外海也曾經聽到這些藍鯨的叫聲）。不過布蘭屈還是覺得沒有*B. m. indica*這個亞種。他認為北印度洋的藍鯨只是小藍鯨的第三個族群。他是仔細研究了一九七三年之前十年左右蘇聯非法捕鯨的資料，才得出這個結論。「蘇俄人跑遍了北印度洋，大概抓了一千三百隻藍鯨。藍鯨的身長都跟南印度洋的小藍鯨一模一樣。檢查卵巢的結果也一樣，這兩邊的藍鯨到了性成熟的年紀身長也差不多，所以我覺得*indica*就是小藍鯨。」

不過也許有一個新藍鯨亞種要取而代之。布蘭屈認為智利外海的藍鯨應該就是獨立的亞種。這些藍鯨不僅分布範圍獨立，基因與叫聲也和其他的亞種不一樣，而且體型與印度洋的小藍鯨也不一樣。雖然沒有人研究過所有的歷史資料，布蘭屈的研究倒是顯示在智利外海被殺的雌藍鯨當中有一成二身長超過二十四公尺，而在印度洋被殺的一萬兩千隻小藍鯨當中沒有一隻這麼長。這跟後來觀察到的藍鯨長度也相符。觀察發現這些藍鯨最長的長度在南極藍鯨與小藍鯨之間。除非抓到一隻，不然布蘭屈無法正式為新亞種命名，不過他倒是把新名稱放在口袋裡，就是

Balaenoptera musculus chilensis。如果以後學界採用了這個名稱，那布蘭屈就是世界數量第二大亞種的命名者。

第十一章 大小很重要

探討藍鯨的每一本書、每一篇文章都提到藍鯨可以長到三十公尺長。這個整數挺不錯的，而且又是三位數（原文為一百英尺），比較震撼。但是事實上這個數字是嚴重誤導，就好像有本書也說人類的身高可達二百五十公分以上一樣誇張。在捕鯨時代被殺的藍鯨大概每兩千五百隻只有一隻達到三十公尺長，不過捕鯨人申報的數據有時候也是誇張。

在這裡要把話說清楚，就目前所知，北半球沒有一隻藍鯨長到這種長度。北大西洋最長的一隻藍鯨是在戴維斯海峽被殺，身長達二十八公尺，而北太平洋捕鯨紀錄最大的藍鯨也不過二十七公尺長。希爾斯與卡拉博克迪斯現在遇到的藍鯨多半都是二十一公尺長，最大的雌鯨也不過接近二十四公尺長。南半球的小藍鯨體型也差不多，一般身長都在二十一公尺左右，沒有一隻身長超過二十四公尺。不過捕鯨時代倒有不少南極的藍鯨身長突破三十公尺大關。《海洋哺乳類百科》就記錄了一隻在南喬治亞島捕獲，身長三十二公尺的藍鯨，還有一隻在南設得蘭群島外海捕獲，身長三十三公尺的藍鯨。斯摩爾的著作《藍鯨》也提到一九二〇年代在南喬治亞島有一隻身長三十三公尺的藍鯨。國際捕鯨委員會資料庫當中最大的藍鯨在一九一九年二月十六日被捕獲，身長為三十五公尺。這些數字到底有沒有錯誤我們不得而知。捕鯨人一向習慣誇大自己獵物的大小，一來獵物愈大獎金愈多，二來「拿下最大獵物」的頭銜實在太誘人了，參加過釣魚比賽的人都能了解這種感覺。就算大家申報數據都很老實，不同的測量方法還是可能製造不同的數字。一般都是測量喙形上顎到尾鰭凹刻的直線距離（這是因為捕鯨人都會把尾鰭切掉）。如果從藍鯨突出的下顎開始量起，那總長就會多個百分之三。如果尾鰭沒有切掉，有時候也會算進去。如果是沿著藍鯨背部曲線計算，不是以直線計算，那又會更長些。真的，這幾種情況隨便來一個，都會把二十九．三公尺、二十九．六公尺的藍鯨算成三十公尺。很多科學家會對捕鯨紀錄上的長度數字存疑，不過這些數字實在是太令人佩服了，大家都希望是真的，很多人也就這麼接受了。一九八五年出版的《海洋哺乳類手冊》提到有隻三十四公尺長的雌藍鯨在南喬治亞島被殺，還特別強調測量方式「科學又精確」，不過原始資料顯示這隻藍鯨是在一九〇四年至一九二〇年之間被獵殺，這麼一說就很難有信心了，因為那時候申報的數據不怎麼可靠。裴恩在著作《與鯨共舞》寫道他看到一張一九二八年拍的照片，照片的主角是「我們所知宇宙最大的動物」，不過他沒提到長度，也沒把照片來源交代清楚。從裴恩寫下的日期看來，不可能是《海洋哺乳類手冊》的那一隻。有一點倒是大家都得承認，就是沒人知道最大的藍鯨到底有多長。

藍鯨研究先驅萊斯在一九八〇年代認真研究捕鯨資料，看看上面的這些說法正不正確。「我埋首研讀文獻資料，又請教世界各地的鯨魚學家。」他說，「我發現目前可以證實的最長的藍鯨（按照動物學標準方式測量，採喙形上顎的尖端到尾鰭之間的尾鰭凹刻的距離），是日本南極鯨魚研究所西脇昌治博士在一九四六年至一九四七年的捕鯨季研究過的一隻二十九．九公尺長的雌藍鯨。」[1]如果西脇博士遇到的真是史上最大藍鯨，那真是天大的巧合，不過至少可以確定有些藍鯨身長的確超過三十公尺。至於有沒有身長達到三十四公尺的，那就永遠不得而知了，更不用說三十五公尺。

藍鯨的最大體重比身長更難確認，藍鯨的體重比身長更奇怪。據說有些長頸長尾的恐龍品種身長超過三十五公尺，甚至超過四十公尺，這比最誇張的藍鯨還要長。不過說到重量，天下沒有一個比得上藍鯨。最重的恐龍大概是七十三公噸重，有可能到九十公噸。相較之下，萊斯的研究發現一九四八年有隻二十七公尺長的雌藍鯨被殺，切割之後秤重發現重達一百二十八．五公噸。「考慮到死亡後血液與體液流失，體重會減少一成二，」萊斯寫道，「這隻藍鯨活著的時候體重一定有一百三十公噸。」[2]南極捕鯨人也發現幾隻這種等級的藍鯨，其中一隻在南喬治亞島外海被殺的雌鯨體重據說有一百七十二公噸。不管這些說法是真是假，動物的質量通常都是以身長的三次方遞增，也就是說身長變為兩倍，體重會增加八倍。把萊斯說的那隻二十七公尺長的雌藍鯨再增長個三公尺，牠的體重就會變成一百八十多公噸。

大部分的人都不難想像三十公尺有多長，不過想像藍鯨的重量級噸位就跟想像光年有多長一樣困難。想像一下：全國曲棍球聯盟、美國棒球聯盟與全國棒球聯盟總共有六十隻球隊，名單上平均有二十四隻球隊，總共有一千四百四十名球員。球員的平均體重是九十三公斤，也就是說一流的曲棍球員、棒球員統統抱在一起站在磅秤上，總重量就是一百三十四公噸左右，一隻大藍鯨的體重可能比這還重。藍鯨為何會發展出如此夠分量的體魄？一隻藍鯨的體重比三個職業運動聯盟的球員加起來還要重，這麼重到底有什麼好處？

學界最近才比較了解藍鯨的演化史，不過還是有許多疑難待解。真的，打從科學家開始研究物競天擇開始，他們對鯨豚類的誕生就百思不得其解。藍鯨是極少數離開陸地生活，到大海永久定棲的哺乳類之一。從化石紀錄可以看出藍鯨是突然離開陸地到海裡生活，至少以演化的角度來看是挺突然的。需要呼吸空氣的哺乳類為何要全天候在海裡生活？為何藍鯨和其他鬚鯨會採取其他海洋動物都不會採取的覓食策略，就是先吞入大量的海水與獵物，再吐出海水，用嘴裡一排的角蛋白鯨鬚板擋住食物？

已知最早的古鯨類（現代鯨魚的始祖），是五千多萬年前生活在地球上的哺乳類，體型大小跟狼差不多。這個古鯨叫做巴基鯨，第一份化石碎片於一九七〇年代末在巴基斯坦出土。巴基鯨活著的時候，古地中海流經現在的歐亞大陸與北非。恐龍絕種後幾百萬年，也就是在古地中海，世世代代的有蹄哺乳類開始以一條河附近的魚類為食。後來這些哺乳類演化成新物種，進入河口、潟湖，最後到大海。巴基鯨雖然跟現代鯨魚一點都不像，不過巴基鯨的牙齒與耳朵具有一些特徵，是其他哺乳類都沒有的，後來的鯨類祖先都具備這些特徵，古生物學者就是憑藉這個認定巴基鯨與現代鯨豚類有關。

大約在四千萬年前，古鯨類完全成為水棲動物，演化出幾乎無毛的身體、細細長長的體型，有些古鯨還有像現在的鯨類一樣的龐大身軀。也就是說鯨類是在不到一千五百萬年間從旱鴨子搖身一變成為深海泳將，這在演化史上是一眨眼的功夫。在這中間應該有個水陸兩棲的階段，這個

「消失的環節」到哪去了？創造論者一直討論這個問題，直到一九九四年，科學家挖掘出四腳動物的遺骸，很像一隻毛茸茸的鱷魚，四隻腳都很寬，還有一條為了游泳長出的尾巴。這次化石又是出現在巴基斯坦，大概有四千八百萬年了，科學家取名叫做「游走鯨」，意思是「會走路、會游泳的鯨魚」。這是有史以來第一次證明鯨類的確因為物競天擇，從陸棲變成水棲，而且是在極短的時間內轉變。

那藍鯨與藍鯨的親族又為何發展出巨大的身軀與「大口吞下」的覓食策略呢？這些特質是何時演化出來的呢？背後的原因又是什麼？大概在三千五百萬年前，古鯨類分裂成現在的兩個亞目，也就是齒鯨與鬚鯨。之所以會分裂，大概是因為南半球的超質大陸板塊分裂。現在的南極洲與南美洲分裂出來，打開了一片大洋，就是現在的南冰洋。有恆風推波助瀾，南冰洋的海水由西往東繞著世界底部的新大陸跑，造就了南極洲環流。南極洲環流現在流經大西洋、太平洋與印度洋較低區域，可能導致海水溫度降低，帶來其他變化。溫度比較低的海水造就大量浮游植物。浮游植物一多，磷蝦也就跟著增加，而且是大量大量增加。對於能享用新出現的大批磷蝦的動物來說，一扇演化之門就此開啟。

有些磷蝦群實在大到令人嘆為觀止，不過磷蝦並不會在各地均勻分布，也不是一年四季都很充足，換句話說就是有時候供給會大增，但通常都是曇花一現，要吃磷蝦的動物需要有點特殊的本事才能大快朵頤。第一個本事就是要能在短時間內泳度長程，因為磷蝦充足的地方往往相隔幾百公里，甚至幾千公里。第二個本事就是要一次儲存幾個禮拜甚至個把月所需的能量，磷蝦稀少的時候就靠儲存的脂肪過活。第三個本事就是體型要能大口吞下大量小型獵物，畢竟一隻、兩隻慢慢吃實在太沒效率了。能同時擁有這三個本事的就是一個碩大的體型。物競天擇之手就是這樣塑造了一個能夠利用南半球磷蝦群的動物，就是第一個擁有龐大身軀、能大口吞蝦，又懂得濾食的鬚鯨。在那之後的幾百萬年，物競天擇之手又持續精益求精，製造出體型超越列祖列宗的鬚鯨。

藍鯨長出那麼大的身體，竟然是因為要吃區區五公分長的磷蝦，生物演化的不協調由此可見一斑。Krill（磷蝦）一字源自挪威語，就是「小魚」的意思。科學家所謂的磷蝦類涵蓋八十多種磷蝦。這八十多種磷蝦都是像小蝦一樣的甲殼動物，以浮游植物為食，有時候也吃浮游動物（非常小的動物）。很多種魚類、哺乳類與鳥類都以磷蝦為食，所以磷蝦是許多海洋食物鏈的基礎。最簡單又最文雅的海洋食物鏈就是磷蝦吃浮游植物，藍鯨再吃磷蝦。就像生物學家兼作家查德維克說的：「所以藍鯨距離直接吃陽光只有幾步之遙嘛！」[3]

藍鯨在一九八〇年代開始在加州外海出沒的時候，科學家很快就發現是夏季大量出現的磷蝦群吸引藍鯨來這裡，可惜科學家對這些藍鯨的覓食生態所知也就僅限於此。不過像卡拉博克迪斯這些在野外考察的生物學家，知道藍鯨有三個最愛的地方，一個是法拉隆灣，一個是蒙特瑞灣，還有一個在海峽群島附近，但是實在不曉得這些地方為何有這麼多磷蝦。就算每天開著船到同一個GPS座標，也不見得每天都能看到藍鯨。在加州聖克魯茲大學研究生態學與演化生物學的克羅說：「大家一定要知道藍鯨不會只去一個食物充足的地方，藍鯨的行蹤是動態的。」

克羅在一九九〇年代中期開始深入研究藍鯨的動態。在那個時候，卡拉博克迪斯十年來的研究都是聚焦在個別藍鯨。克羅與他的長期搭檔泰希從另一個方向下手：「我們從磷蝦的角度研究藍鯨的覓食生態，而不是從藍鯨的角度。因為藍鯨只吃磷蝦，磷蝦又只吃浮游植物。其他大型哺乳類在一年當中的不同時間都會吃很多種東西，相形之下藍鯨的食物鏈簡單多了。我們要研究食物在哪裡，什麼時候會出現，還有為何會出現，再把藍鯨考慮進去。」這樣聽起來很簡單，但是其實克羅、泰希等人做的事情並不容易。沒人知道藍鯨夏季在加州外海所有的覓食地，這背後是有原因的。要想知道，就必須在許多地方同步測量浮游植物與磷蝦的密度，看看哪裡的食物最多，還得連續做個幾年，看看密度在哪一個季節會達到顛峰，判斷風、水流、鹽度、光線亮度、水溫與海底地貌等環境因素的影響。

克羅說，加州外海之所以會有這麼多磷蝦，最根本的原因是海岸上升流作用。海洋動物與植物死亡的時候，屍體會往下沉，也會腐蝕，所以愈深的海水，磷酸鹽、硝酸鹽與鐵質等養分就愈多。靠近海面的海水多半缺乏這些養分，不過可以接觸陽光，而陽光是光合作用的重要成分。所以海裡食物充足的地方一定有上升流，冷水被推到海面上，養分與陽光這兩種重要成分就會結合，浮游植物就會增加。

幾種原因會形成上升流。有些地方是潮汐形成，有些地方則是深海潮流遇到海底山，就被導向海面而形成。海岸上升流現象比較複雜，也比較少見，因為需要多種條件配合，冷水才會上升到海面。第一個條件就是海岸線必須位在大海的東邊界線，如果在北半球的話，還要有從北方吹來的恆風，形成一個洋流。這裡的洋流就是往南的冷水流「加利福尼亞洋流」，沿著太平洋沿岸一路往南蜿蜒，長約一百至兩百公里。地球由西向東旋轉，形成柯氏效應，將洋流往風向的右邊推，把海面的海水拉離海岸，下面一層比較冷的海水就取而代之。「很多人以為藍鯨就在加利福尼亞洋流覓食，其實不對。」克羅說，「上升流並不是發生在離岸很遠的地方，其實最冷的海水就在海岸旁邊。」在陸地向外突出的地方，海岸上升流就會增強。「風遇到岬角風速就會增強，所以更多的冷水就會被帶到海面，水裡的養分含量就會達到顛峰。」

這樣說來，要找到藍鯨覓食地，就要從冷水跑到海面的地方找起。測量海面水溫只是第一步，用衛星就能即時測量。「生物學現象一定會發生，」克羅說，「藍鯨不會吃養分很多的冷海水。」下一步是要找到浮游植物潮，研究人員現在發現並不是上升流最強烈的地方就一定有浮游植物潮。「浮游植物潮的位置會有點變動。浮游植物潮出現的位置是在上升流尖峰的下游，因為跑到海面的冷水不會一直停留在海面，而是會一直動來動去。冷水離開之後，浮游植物潮就會出現。」浮游植物潮可以在很短的時間內成長，一天就能成長一倍。

磷蝦生長繁殖的速度當然沒那麼快。成年磷蝦族群有些每年會在一個地方過冬。上升流在二月、三月達到尖峰，磷蝦這時候就會浮出水面產卵，然後死亡。克羅說：「上升流出現顛峰，磷蝦產卵之後，幼蝦要兩、三個月才會成熟。」這就表示這一年的第一代磷蝦，或者應該說是「同梯」，會在五、六月成年。「如果有很多夠強的上升流的話，這一梯的磷蝦就會產卵，生出新一梯的磷蝦。如果那年環境真的不錯，搞不好還會有第三梯。產卵兩、三輪之後，一旦上升流慢下來，產卵活動逐漸減弱，只有少數成年磷蝦會再次在這裡過冬。所以不能說，好，過去三個禮拜這裡都有上升流，所以這裡應該有磷蝦。」有些動物會吃幼蝦，不過藍鯨不會，藍鯨會尋找有成年磷蝦的地方。

克羅的團隊繼續追蹤線索，勘查了加州外海，了解一下磷蝦密度高的海域的環境。這次他們又發現一個趨勢。磷蝦喜歡聚集在水深遽增的地方，像是大陸棚的間隙，或是海底峽谷。這是因為磷蝦白天的時候要潛入深海，通常要潛到至少九十公尺或更深的地方，才能避開天敵。磷蝦會成群結隊，緊緊靠在一起潛入深海。到了晚上再回到海面，各自散開在暗夜的保護下大快朵頤。牠們聚集在地貌陡峭的地方，可以得到平衡，白天可以利用深海區域，晚上又可以在離岸很近的地方享受剛剛升上來，充滿浮游植物的海水。磷蝦用兩種方法降低自己被魚類、鳥類吃掉的風險，一種就是晚上潛入深海，另一種就是聚在一起，好笑的是這兩招正中藍鯨下懷。畢竟對飢腸轆轆的藍鯨來說，還有什麼比見到海面下大約九十公尺處黑壓壓一大群磷蝦更開心的事呢？「磷蝦躲避魚類、鳥類，沒想到把自己送進藍鯨的血盆大口。」克羅說，「不過我覺得藍鯨不是磷蝦最大的天敵，因為一大堆動物都吃磷蝦。藍鯨並不是主導局面，而是跟著局面走。藍鯨是跟班，不是帶頭的。」

克羅與泰希把這些線索拼湊在一起，就知道藍鯨為何會一再前往加州外海的三個地點。這些地方都是岬角的下游，會形成比較強烈的上升流。而且這些地方的地勢也夠陡峭，磷蝦可以每天遷徙。舉個例子，法拉隆灣的上游就是手指形狀的雷耶斯岬角。法拉隆群島西邊緊鄰著海面下的陡坡。蒙特瑞灣的兩邊就是新年岬角與蘇爾岬角，這裡的海底又被一個大峽谷一分為二。聖塔芭芭拉海峽正好坐落在大陸棚上，而概念岬角又延伸到聖塔芭芭拉海峽之上。「這些地方並不是同時出現上升流，」克羅說，「每個地方的風速不一樣，所以有時候法拉隆灣出現上升流，有時候是蘇爾岬角以南一帶，有時候是海峽群島。藍鯨就在這些地方穿梭，看看哪裡的磷蝦最多。」

這才是重點，藍鯨在找磷蝦**最多**的地方。其實整個西岸並不是只有藍鯨喜歡的那幾個地方才有磷蝦，克羅的研究點出了藍鯨覓食習慣的一個重點：只要附近有大批磷蝦，藍鯨就不能浪費精力在磷蝦少的地方吃一點點塞牙縫。這就是體型太大的缺點，一定要吃很多才行，所以藍鯨不能淺嘗即止，一定要大吃大喝。藍鯨常常要權衡輕重，是應該待在原地，有什麼吃什麼好呢？還是應該多到外面晃晃，尋找更豐盛的大餐。梅特的衛星標示器顯示藍鯨會在一個地方短暫停留，很快又跑到別的地方一段時間，後來又回到原地，正好與克羅的發現不謀而合。「我們都知道看到一碗白飯跟看到滿漢全席的差別有多大，」梅特說，「藍鯨知道自己吃夠了沒有，要是覺得不夠，就會繼續尋找。藍鯨很少會守株待兔，空等對牠們沒有好處。」至於藍鯨記不記得前一年磷蝦最多的地方在哪裡，還是說只是隨意到處晃，碰到一大群再痛快大嚼，倒是個難解的問題。「我想藍鯨知道哪幾個老地方磷蝦最多，知道那些風力推動的強烈上升流的地方會有很多磷蝦，可是我覺得藍鯨跑到，比方說法拉隆群島，藍鯨不會知道牠們到的時候磷蝦多不多。牠們到了那邊可能會失望，就繼續往前。我們會在聖塔芭芭拉海峽的南端看到藍鯨，接著風力變弱，過了三、四天藍鯨就會變得浮躁。有些會留在原地，有些三天之後就會出現在法拉隆群島。藍鯨一天是可以游個一百六十到兩百四十公里的。」

現在大家總算知道藍鯨演化出如此巨大身體的一、兩個原因。對任何動物來說，體型愈大，行動相對消耗的能量就愈小。所以以正常速度游泳的藍鯨耗費的精力（以每磅體重的卡路里計算）比海豚或是體型比較小的鯨魚還要少。對一隻二十三公尺長的藍鯨來說，一．六公里也只是七十個身長而已。一百六十公里不過只是一日遊而已。「藍鯨對空間的概念跟我們差太多了，我們很難想像藍鯨對距離的概念。」克羅說。藍鯨可以輕輕鬆鬆穿梭寬廣的海域，可以享用海裡東一堆西一堆的食物。藍鯨身上儲存了相當多的脂肪，厚厚的鯨脂占藍鯨身體總質量將近四分之一，所以儘管有時候覓食難免不順利，藍鯨也能撐下去。磷蝦群零零散散，幸好藍鯨有巨大的身體當屏障，可見物競天擇對最魁梧的動物最有利。[4]

沒人知道藍鯨一天到底需要多少熱量，不過從大略估計的數字可以看出藍鯨需要多少能量。萊斯估計一隻七十二．五公噸重左右的藍鯨一天大概需要一百五十萬大卡的熱量，也就是說藍鯨需要的食物比其他動物都多。藍鯨在夏季進食最多，因為要儘快儲存熱量，運氣好的話一天可以吃進三百萬大卡。在北太平洋東部，藍鯨最愛吃的食物長度還不到二．五公分，要吃三百隻左右才有二十八公克，所以算起來藍鯨要吃約三．六公噸的食物，四千萬隻磷蝦才夠。不過要注意的是這個數字是最大值。在捕鯨船上拍到的一些照片，裡面的藍鯨從南極覓食地被拖上船開膛剖肚，胃裡的東西堆成好幾堆，好像從卸貨車倒出來的一樣。從這張照片跟很多資料看來，會以為藍鯨每天都吃好幾噸食物，這就跟以為聖誕晚餐就是人類正常用餐量一樣荒謬。

為了要能一次吃進大量食物，藍鯨演化出非常獨特的覓食生理結構。第一個就是鯨鬚，鯨鬚的成分是角蛋白，這是一種蛋白質，跟馬蹄和人類指甲的成分很類似。藍鯨的口腔頂部大約有三百至三百五十個鯨鬚板掛在那裡，每個鯨鬚板不到零．六公分粗，形狀像刀片。弓頭鯨的鯨鬚可達三公尺長，鬚鯨類的鯨鬚板則是寬得多，粗得多又短得多，最長的才不過一公尺。鯨鬚板面向藍鯨嘴裡的那一面邊緣有許多像毛髮一樣的硬毛，形成濃濃的一團。幾百萬隻磷蝦就是在這裡做垂死的掙扎，接著再墜入藍鯨的黑暗食道。藍鯨身體幾乎每個部分都很大，沒想到食道卻出奇地小。捕鯨時代曾有人這樣形容藍鯨的食道：「一塊兩公斤的麵包大概都會嗆死世界上最大的鬚鯨。」[5]

鬚鯨類覓食的方法差異很大。露脊鯨與弓頭鯨都是用撈的，張著嘴巴游泳，再從不斷流入的海水中過濾出浮游動物。相較之下，灰鯨不需要動來動去把水灌入嘴裡，用吸的就好了，灰鯨在海底尋找無脊椎動物的時候就常常吸水。藍鯨與其他鬚鯨多半要靠猛衝、大口吞覓食。牠們一次吞進一大口的獵物與海水，接著上下顎幾乎緊閉，把海水吐出，用鯨鬚困住獵物。要能一次吞進最大的量，需要一個特別的機制。藍鯨從「下巴」到臍部，也就是藍鯨半個身長左右的長度，都有一連串可膨脹的皺褶，形成一個囊袋。這個腹囊含有兩種組織，一種是溝溝皺皺，非常有彈性的鯨脂，覆蓋住同樣有彈性的肌肉。藍鯨在游泳或往前衝的時候張開下顎，灌進來的水會導致囊袋膨脹。藍鯨的下顎會下降將近九十度，腹囊就會像牛蛙的囊袋一樣鼓脹，藍鯨的寬度就會增加一倍。一位研究人員估計，藍鯨用這種方式覓食，連海水帶磷蝦一次可吞進九百公噸。這當然是一派胡言，不過由此可見，看到壯觀的畫面，即使是科學家也會暈頭轉向。還有人估計是一萬五千加侖的海水，聽來似乎比較合理，不過還是很誇張，那可是六十公噸的海水啊！一位生物學家曾說，藍鯨覓食時的猛衝是「動物界最大的生物力學動作」。[6]

藍鯨用來覓食的身體部位最神祕詭異的就是舌頭。鬚鯨類剛出生的時候舌頭是硬硬的肌肉，藍鯨寶寶就用舌頭吃奶。不過等到藍鯨寶寶斷奶之後，原本的肌肉纖維就會變成比較有彈性的組織，舌頭就會變得軟軟的，可以變形。捕鯨人常提到藍鯨的舌頭像果凍一樣黏黏稠稠，還寫道藍鯨的舌頭在甲板上溜過來滑過去，有夠危險。剝皮工人要是不小心，就會接到藍鯨致命的舌吻，丟了性命。

捕鯨船上的科學家研究了鬚鯨的口腔構造，不過還是不太曉得藍鯨覓食的時候如何使用口腔。在一九八〇年代初，美國生物學家蘭柏森深入研究鬚鯨類的覓食機制，研究了冰島捕鯨人處理的幾十隻長須鯨與塞鯨。他發覺鯨魚的舌頭真的超有彈性，他說剝皮工人用絞車拉鯨魚的舌頭，結果舌頭拉到正常長度的兩倍多，切斷之後才彈回去。一隻死掉的小鬚鯨在一九八一年三月在緬因州被沖上岸，蘭柏森與同僚採用創新的研究方法：他們把小鬚鯨的頭割下來，吊在兩條鐵鍊上，觀察鯨頭傾斜、旋轉的時候舌頭的動向。這是第一次有人近距離觀察鬚鯨舌頭的形狀在不同角度的變化。最驚人的是鯨頭往後傾斜四十至五十度的時候，舌頭就會滑到食道與喉嚨下方，整個翻面，塞滿嘴巴底部。想像一下，你把手伸進手術用手套再伸出來，鬚鯨的舌頭就是類似這樣，形成一個中空的囊袋。蘭柏森認為鬚鯨覓食的時候下巴張開就會這樣：「鬚鯨張著嘴巴快速往前衝，水就會灌進嘴裡，導致舌頭變形。」[7]這樣一來鬚鯨的腹囊就會膨脹，嘴巴的容量變得更大。不過蘭柏森覺得雖然舌頭與腹囊天生就有延展性，回彈的力量並不足以把海水從鯨鬚之間排出去。一定還有其他的部位出力，也許是肌肉，也許是其他地方。

十年過去了，蘭柏森還是不知道藍鯨與其他鬚鯨類在吞入滿嘴的海水與磷蝦之後是如何闔上下顎。人類很少想過咀嚼需要花多少力氣，所以可能會覺得這個問題很無聊，不過要記住張著嘴以每小時二十四公里猛衝的藍鯨會製造出驚人的流體拉力。想像一下，你以同樣的速度開車，上半身卻伸出天窗之外，再想像一下打開降落傘之後緊緊抓牢。藍鯨每次要趁獵物逃走之前閉上嘴巴，就得花上這麼大的力氣。

蘭柏森解剖鯨魚的屍體，發現鯨魚閉上嘴巴使用的部位叫做眶上突—下顎骨冠突韌帶，之前沒有人知道這個部位。這是顳肌的一個厚厚的纖維狀附屬物。顳肌是用來咀嚼的肌肉之一。蘭柏森發現鬚鯨死掉以後，下巴會自動張開大約七十度。要再張大一點就很困難了，他在研究中曾經用蒸汽絞車把鯨魚的下巴再拉開大一點，拉到八十五、九十度的時候，下巴肌肉就會嚴重緊繃。絞車放鬆之後，下巴又會彈回原來的位置。他發現這個新發現的部位既是煞車又是彈簧。從嘴巴張開到七十度的過程當中，眶上突—下顎骨冠突韌帶完全沒有作用，不過到了七十度至九十度之間就會開始出現阻力。等到了九十度，「就會突然出現一股高振幅的超強衝量」，下巴就再也不能打開更大。到了這個時候，鯨魚往前衝所製造的動力又反彈回來，形成一股拉力，把下顎闔上。闔上之後，其餘的工作就交給腹囊中具有彈性的肌肉與鯨脂，把磷蝦與海水擠向鯨鬚板。蘭柏森寫道：「這樣一來鯨魚就不會才吞一大口就馬上連海水帶食物一起吐回去。」[8]

藍鯨的覓食技術還有一個重要的地方，科學家一直百思不得其解。藍鯨吐出海水之後，到底是怎麼把卡在鯨鬚裡的獵物拿出來呢？維吉尼亞州漢普頓悉尼大學生物學家沃思拿清理游泳池的撈網做比喻。清理游泳池的人可以用手把網子裡面的髒東西掏出來，也可以把網子抖一抖，讓髒東西掉出來，或者是拿水沖網子的底部，把髒東西沖出來。沃思認為鬚鯨用三種類似的方法把磷蝦拿出來：可以用舌頭舔出來，甩甩頭把磷蝦甩出來，或是「水力沖水」，把水灌進嘴裡沖一沖。鬚鯨可能三種方法都或多或少用過，不過對鬚鯨來說，比較可能是用舌頭舔出來。牠們大概是用舌頭把鯨鬚板後面的磷蝦舔出來，再把舌頭的兩側捲起，把磷蝦弄成一堆再吞下去，不過沒人知道詳細的過程。沃思也坦白承認：「不可能像約拿一樣，看到活生生的鯨魚嘴裡的景象。」[9]

研究藍鯨生活的每一個層面都會遇到一個問題，這次也不例外，那就是觀察覓食的藍鯨非常困難。磷蝦會在晚間遷徙到深海，聚集成一群一群，正好可以當成藍鯨的一餐，所以藍鯨大部分都是在深海覓食。藍鯨偶爾也會在海面覓食，這時科學家就可以瞥見藍鯨膨脹的腹囊，卡特就在這裡看到機會。卡特是加州洛杉磯大學的研究生，在魁北克加入希爾斯的研究團隊，很快就發現想看在水面覓食的藍鯨，到聖羅倫斯河**就對了**。「這個地方的地勢實在太強了，把磷蝦推到水面來，有的時候就算光線很強，水面還是會有磷蝦，所以即使在中午也能看見猛衝覓食的藍鯨，真的很詭異，實在太難得了。」不過也很迷人，因為總算有機會蒐集藍鯨覓食行為與生物力學的統計資料。「我要去藍鯨在全世界最棒的覓食地，還會拿到藍鯨在海面覓食的數位影片。我要直接觀察藍鯨，看看牠們如何使用身體的覓食機制，這次藍鯨要現場示範給我看，我不用再猜測推敲，我也不用測量在海灘上晾了兩個禮拜，已經腫脹的藍鯨屍體。」

卡特從二〇〇四年開始拍攝在海面覓食的藍鯨、小鬚鯨與長須鯨的影片，分析這些鬚鯨使用的四種猛衝覓食技術。第一種叫做垂直猛衝，大翅鯨經常表演這種壯觀的特技，小鬚鯨有時候也會，就是張著嘴巴從水裡直直衝出來。卡特說：「藍鯨不常這樣做，希爾斯說他以前看過，可是我從來沒看過。」第二種叫做斜衝，就是從四十五度角左右衝出水面，再「以下巴著水」。小鬚鯨經常如此，但是藍鯨從來不會。第三種叫做側向猛衝，就是張著嘴巴往左或往右滾。第四種叫做腹面猛衝，就是下腹部的腹囊先出水。「有時候就看到一個腹囊，啥也沒看到，也沒看到下巴，就看到一個大肚子。」根據觀察，到目前為止藍鯨在海面最常使用的是側向猛衝與腹面猛衝兩種。

這些鯨魚的獵物明明都一樣，幹嘛要用這麼多種方法？「可能有一、兩個原因，有時候上升流把磷蝦往上推到岸邊的大陸棚，推到只有二十公尺深的地方，藍鯨的身體比這還長，可以同時碰到海面與海底，這就會決定藍鯨的身體能不能顛倒過來猛衝。」卡特說獵物密度可能是另一個原因：「對藍鯨來說，如果只看到腹囊浮出水面，就表示猛衝沒那麼激烈，只是彎曲、翻滾，只有腹囊露出水面，接著牠們慢慢把身體挺直，你就可以看到胸鰭，接著是眼睛，然後牠們會呼吸一口氣。這個過程非常慢。有的時候是下巴突出水面，想像一下三、四公尺高的下頷在你的船旁邊沿著海面前進，這是非常壯觀的場面。看到會覺得這些鯨魚很興奮，我想愈多磷蝦接近海面，鯨魚猛衝的強度就愈高，可能是故意把磷蝦逼到海面上，趁磷蝦還沒散開前大口吞下肚。」

卡特強調目前還沒有足夠的資料證明這一點：「不過鯨魚會猛衝總有個理由，牠們要用最快、最有效的方法抓到獵物。牠們會採取哪一種覓食策略，要看磷蝦是聚集在海面下方不遠處，還是分散在海面下一直到十至十五公尺深的地方。我還不曉得到底是採取哪一種策略，不過有時候看到海面下不遠的地方聚集了紅紅一大群磷蝦，真的**非常**密集，就會看到鯨魚下巴突出水面，用很強的力道猛衝。有時候從測深儀看到海面下十四公尺的地方有磷蝦，但是看起來稀稀疏疏的，鯨魚就慢慢彎曲、翻滾。」卡特說在多雲、下毛毛雨的天氣，鯨魚猛衝最激烈，在野外的研究人員遇到這種天氣最喜歡待在屋裡弄弄文書。「我們有的時候就是好天氣才肯出門的生物學家，喜歡在陽光普照的時候出門，不過我有點反其道而行，天色陰暗、有點下雨的時候，我就會開船出去。這樣有點不舒服，我的照相機也會有點弄濕，不過這是觀察鯨魚浮上海面覓食的最佳時機，因為磷蝦也是這個時候跑到海面。」

卡特想研究的另外一件事情是鯨魚覓食的時候，腹囊裡面的水怎麼辦？水進入鯨魚嘴巴的速度有多快？又是以多快的速度被擋在鯨鬚之外？為了研究這個問題，他採用新方法，拿出可以分解畫面的數位錄影。他一個畫面一個畫面地看，可以看到鯨魚吞了一口海水之後，肚子裡的海水在腹囊外側形成波峰。「鯨魚把水吞進去，水在腹囊後面聚成一團，形成一個大波浪，這個波浪就往前朝著鯨鬚板的方向移動。我已經測量出波浪移動的速度有多快。」他用軟體一次看一個畫面，把每個畫面當中移動的波浪用數位地標（就是一個點）標示出來，接著他再測量幾個畫面之間地標與固定參考點之間的距離的變化，這個參考點可能是胸鰭，可能是喙形上顎。他知道影片一秒鐘有三十個畫面，他只要把測量出來的距離除以時間，就可算出海水在鯨魚嘴裡的流動速度。舉例來說，如果波浪在連續五個畫面當中移動了零．六公尺，那移動速度大概就是每秒四．九公尺。

他把小鬚鯨、藍鯨與長須鯨的數據拿來比較，發現海水竟然是在藍鯨的嘴裡流動速度最快，真是大吃一驚。「這跟直覺正好相反，小鬚鯨動作很靈巧，藍鯨相對來說比較慢，所以一般人會覺得猛衝速度較快的鯨魚，海水反彈出腹囊的速度也比較快。水在藍鯨嘴裡流動的速度是每秒四．九公尺，在長須鯨嘴裡流動的速度是每秒四公尺，在小鬚鯨嘴裡則是每秒不到兩公尺，我那個時候想，這沒道理啊！」後來他發現速度之所以有差異，完全是因為這三種鯨魚體型大小不同。換句話說，海水在藍鯨嘴裡游動的速度是在小鬚鯨嘴裡游動速度的二．五倍，那是因為海水流動的距離也是二．五倍。「海水流出來的方式也差不多，藍鯨也好，小鬚鯨也好，使用身體覓食機制的方式都差不多。這對我來說真的很意外。」這裡還是要強調大小的差異，蘭柏森測量了一隻頭被割掉的小鬚鯨的腹囊容量，發現大概是六百公升左右。卡特估計這種體積的水流過小鬚鯨嘴巴的力道大概不到五百牛頓。（一塊大約九百公克的立方體放在地上大概是將近十牛頓的力道。）從來沒有人測量過藍鯨腹囊的容量，不過卡特保守估計在四萬九千公升左右。這麼多水以每秒四．九公尺的速度流動，會形成一個生物力學的海嘯，力道估計在九萬牛頓以上。

卡特繼續研究，發現即使是同一種鯨魚，海水排出腹囊的速度也不一樣。「這也許表示鯨魚會吞進一大口獵物，有時候也會吞比較小口。希爾斯說他看過小鬚鯨一次只吃幾條魚，有點像是吃零食。我也看過藍鯨在海面上小口小口吃東西，時間很短，一次大概十五到二十秒，這比一般大口吞快得多，大口吞通常需要六十秒左右。這種小口吞比較多是側面猛衝，大口吞就比較多是身體顛倒的腹面猛衝。」克羅、梅特還有其他人都說過，藍鯨的食量實在太大，所以只能挑選密度最高的磷蝦群下手。不過也許藍鯨變化一下覓食方式，在獵物比較稀疏的時候用比較不費力的方法覓食，就可以順利度過食物比較少的時候，等到食物變多再來補貨。

體型碩大的藍鯨到底是怎麼靠吃小巧玲瓏的磷蝦過活，謎底到現在還沒完全解開，要知道這個才能知道藍鯨如何演化成為世界上最大的動物。卡特開玩笑說他想做一個終極試驗：「我要到電子產品公司，做『磷蝦攝影機』。我要做一百個，也許做一千個。每一個都很小，大概只有二·五公分長吧！等我看到猛衝的藍鯨，就把攝影機丟到海裡，希望藍鯨會吞一、兩台下肚。」說不定磷蝦攝影機能捕捉到只有約拿看過的珍貴畫面呢！

第十二章　未來是藍色的

斯摩爾一九七一年的著作《藍鯨》書套版的開頭令人毛骨悚然：「藍鯨尚未絕種，不過歷經了人類屠殺、無知與漠視的悲慘歲月，實在讓人覺得絕種的那一天已經不遠。」即使過了十八年後，「紐約時報」的一篇文章還是寫道：「雄偉壯麗的藍鯨是世界上有史以來最大的動物，瀕臨絕種的危機比科學家想的還要嚴重許多。」這篇文章接下來提到一項「駭人」的研究，提到科學家發現南極現在只剩四百五十三隻藍鯨，「他們還以為應該有十倍多。」[1]艾利斯在一九九一年又提到同樣的研究，寫道：「地球史上最大的動物可能在我們的有生之年就絕種。」[2]我們現在該如何看待這些末日預言？藍鯨現在還有絕種危機嗎？

雖然殺戮已經停止了五十年，藍鯨還是沒有從先前的殺戮復育。國際捕鯨委員會在一九五五年宣布北大西洋禁獵藍鯨，十年之後又宣布全球禁獵。後來還有幾千隻藍鯨在印度洋遭到非法獵殺，不過這類活動到了一九七〇年代初也銷聲匿跡。經過這麼多年的全面禁獵，大家都覺得藍鯨也該有復育的跡象了，沒想到藍鯨還是在美國、加拿大、澳洲與智利的瀕臨絕種動物名單上。到了二〇〇二年，加拿大才正式把太平洋藍鯨族群與大西洋藍鯨族群區分開來，將兩種都列為瀕臨絕種。就在那一年，澳洲的一個科學委員會宣布「除非威脅藍鯨生存與演化的因素消失，否則藍鯨有可能在新南威爾斯絕種」。看來幾十年前大唱藍鯨末日悲歌，到了幾十年後情況還是一樣悲觀。

這樣說可能會惹那些杞人憂天的人不高興，不過這些悲觀的論調很多都是誤導。舉個例子，加拿大政府發表一份報告，指出之所以要把太平洋藍鯨族群列為瀕臨絕種，是因為「目擊藍鯨（看到藍鯨、聽到藍鯨）的次數很少，表示藍鯨目前的數量非常少（成年藍鯨遠遠不足兩百五十隻）」。[3]加拿大海域的情況是這樣沒錯，依據加拿大的動物保護標準，北太平洋藍鯨顯然已是瀕臨絕種，不過最近又發現一個蓬勃的藍鯨大族群會往返阿拉斯加與哥斯大黎加之間，而卑詩省海域只是這個族群活動範圍的一小部分，所以看事情要看整體。美國的法律也把所有藍鯨列為瀕臨絕種，但那是一九七〇年的決策，那個時候幾乎沒人目睹藍鯨。現在的情況已經大不相同，應該重新考慮才是。十年之內大概會有人重新評估，到時候應該不會有人說北太平洋東部的藍鯨瀕臨絕種。

其他地方的藍鯨面臨的可是截然不同的局面。重點來了，要判斷藍鯨是否瀕臨絕種，要把每一個族群分開來看。舉例來說，世界自然保護聯盟瀕危物種紅色名錄將北太平洋東部藍鯨族群列為「低危、需要保護」，把北大西洋藍鯨族群列為「易危」，只有南極藍鯨被列為「瀕危」（現存的藍鯨大約有一半是小藍鯨，因為缺乏資料，並沒有判定瀕危程度）。不過紅色名錄也把全球藍鯨列為瀕危，也就是說「在近期之內極有可能在野外絕種」。會把全球的藍鯨都列為瀕危，是因為「根據估計，全球藍鯨數量在過去三個世代減少了至少一半，假設一個世代大概是二十到二十五年」。[4]說全球藍鯨數量減少倒也沒說錯，真的，藍鯨減少了九成多，但是要知道被獵殺的藍鯨當中有三十三萬隻（超過八成七）是在南極。當然其他的藍鯨族群每一個都是因為人類捕鯨才會數量減少，但是沒有一個像南極藍鯨這麼嚴重。撰寫紅色名錄的專家也在附錄的小字裡面承認這一點。就算北半球所有藍鯨與小藍鯨復育到捕鯨時代之前的數量，全球算起來還是遠低於之前的五成。到時候藍鯨是不是又要被列為「全球瀕危」？

並不是說太平洋、大西洋與印度洋現在滿滿都是藍鯨，我們完全不用想保育的問題，絕對不是這樣。只是說如果把全天下的藍鯨族群統統歸類為「瀕臨絕種」，那「瀕臨絕種」這個詞就不值錢了。目前南極藍鯨族群還是**不到捕鯨時代之前總數的百分之一**，所以南極藍鯨是全球最瀕臨絕種的藍鯨族群，需要最高層級的保護。與南極藍鯨相比，其他藍鯨的處境就沒有這麼糟。北太平洋東部與西部的藍鯨數量在捕鯨時代之前加起來可能本來就只有五千隻，北大西洋藍鯨族群可能也大不了多少。大家在一九六〇年代才發現南半球還有個小藍鯨，之前根本沒人知道南半球到底有多少小藍鯨，至於現在有多少，也沒有個準確的估計數字。所以誠實的預測就不應該像新南威爾斯的那些科學家那樣悲觀，說我們再不出手干預，藍鯨就有絕種的可能，就算只說某個地方的藍鯨可能絕種還是不對。比較理性的做法應該是繼續研究藍鯨，了解藍鯨與環境的關係，確保人類沒有影響藍鯨與環境的關係。最重要的是千萬不要再允許任何國家以任何理由獵殺藍鯨。

在深入研究藍鯨的未來之前，可以先看看受到人類大幅獵殺的其他鯨種，比較有個概念。抹香鯨被人類獵殺了兩百多年，從第一批美國捕鯨人開始，一直到一九八六年國際捕鯨委員會宣布全面禁獵為止。有些抹香鯨族群仍然面臨嚴重威脅，不過現在抹香鯨在任何海域都不算瀕臨絕種，全球的族群規模大概在四十萬隻以上。抹香鯨比大部分的鯨種處境較好，背後有幾個原因。第一，捕鯨人會鎖定體型大得多的雄鯨，只獵殺少數的育種雌鯨。（藍鯨的情況正好相反，捕鯨人雌雄都鎖定，而且性成熟的雌藍鯨是捕鯨人眼中最大、最有價值的獵物。）抹香鯨也會棲息在深海，遠離大部分有害的人類活動，以不會受到人類過度捕魚影響的幾種烏賊為主食。

另外幾個鬚鯨族群在受到保護之後，復育的情況也很好，不過有些就沒那麼好了。東太平洋灰鯨就被獵殺到幾乎絕種，不過一九三八年全面禁獵之後，數量已經回到兩萬一千多隻，接近捕鯨時代之前的水準。從這裡又可以看到因為鯨魚的生活史，尤其是鯨魚近岸遷徙的習慣以及固定造訪某些育種海域的習慣，保護起來非常容易。相較之下，太平洋西部的灰鯨族群數量才一百多隻，嚴重瀕臨絕種。大翅鯨在經過人類過度獵殺的浩劫之後，復育情況也不錯，在科學家監測的幾個海域逐漸增加。藍鯨的近親長須鯨之前的死亡數字令人瞠目結舌，光是在南極就死了七十幾萬隻。現在北半球有不少長須鯨，不過南冰洋的現有數量跟原先數量比起來實在少得可憐。北極的弓頭鯨幾百年來都是歐洲捕鯨人的獵物，整體而言復育情況不錯，不過某些地方族群還是有絕種危機。南半球的露脊鯨現在復育情況也很好，北大西洋的族群自一九三〇年代受到保護以來，目前還是只有四百隻左右，而且依然面臨嚴重威脅。總而言之，鯨魚族群受到禁獵保護之後通常數量都會增加，不過各鯨種的行為與生理機制不同，受到人類活動影響的程度也不同，所以復育的速度也相去甚遠。

全球每個藍鯨族群面對的潛在危機都不一樣，每一種危機對族群的影響有多大，目前也不得而知。我們現在知道監測族群的數量是否增加實非易事，因為科學家對全球藍鯨族群結構所知有限；捕鯨時代之前的估計數據實在太籠統了，無法提供基準；藍鯨的分布範圍太廣泛，又很遙遠；藍鯨的動向很難捉摸，所以很難長期監測。舉例來說，大家一直都認為藍鯨已經在阿拉斯加灣銷聲匿跡，不過現在看來這些藍鯨只是改變動向而已。希爾斯看著藍鯨在一九九〇年代初從魁北克的明根群島消失，沒人知道背後原因，不過那些藍鯨現在應該在北大西洋西部的其他海域活得好好的。以往藍鯨很普遍的海域，現在可能沒有藍鯨出沒，但這並不表示藍鯨已經從地球消失。

藍鯨有一項優勢，那就是長壽。藍鯨可以活到五十歲，甚至久得多都有可能，很少情況會造成藍鯨自然死亡。極少數的藍鯨可能會在初春在北大西洋被風或海流引導的冰困住，至少二十八隻就是因為這樣死在紐芬蘭南岸，不過這些紀錄可以追溯到一八六八年，也就是說每五年只有一隻是因為這樣而死。其他族群沒有遇到類似的問題，這種情況只會發生在紐芬蘭與南極，再說藍鯨一向不會闖入積冰群。藍鯨另外一個天敵是虎鯨的攻擊，年輕的藍鯨尤其容易受傷害。在捕鯨時代早期，水手常說他們看到身軀壯大的藍鯨竟然成為一群虎鯨的獵物。有些故事實在很誇張，就像這個：

兩個殺手可以殺掉一個一百三十六公噸重的大海怪。兩隻虎鯨把長長的尖牙刺進大海怪的下巴，各咬一邊，再一起把大海怪的頭拉進水裡。虎鯨憋氣可以憋上二十分鐘，大藍鯨只能憋個五分鐘左右。就是因為這個差距，這兩隻殺手就把大獵物按在水裡，讓牠淹死。接著牠們拉開牠的嘴巴，扯斷牠的大舌頭，讓剩下完好的屍體漂走。即使是牠們的尖牙也刺不穿大海怪二．五公分厚的粗皮。[5]

這段話很多地方都是胡說，藍鯨憋氣可以憋二十幾分鐘，皮膚不會很粗，而且厚度絕對不到二．五公分，乍看之下大概又會以為是神話，其實這是真實事件，這是一群科學家一九七九年在下加利福尼亞半島外海看到的畫面，這也是第一次有人拍到藍鯨受到襲擊的照片、影片。大概三十隻虎鯨攻擊一隻年輕的藍鯨，把藍鯨的背鰭咬掉、尾鰭咬破，又咬掉藍鯨身上好幾大塊肉，最大的一塊大概有零．五五平方公尺。其中一隻虎鯨的確有把可憐的藍鯨的頭按在水裡。這次攻擊維持了至少五小時，結束之後藍鯨還活著，但是身負重傷，離死不遠了。希爾斯發現所有在下加利福尼亞半島辨識出身分的藍鯨當中，大概四分之一身上有虎鯨攻擊留下的疤痕，這表示虎鯨攻擊藍鯨是常有的事，只是很少成功。

現在藍鯨是不用擔心人類的魚叉了，不過人類還是會不經意地殺死少數藍鯨。北大西洋、北太平洋還有其他海域的藍鯨有時會被船隻撞死。一九九八年三月，一艘油輪駛進羅德島的納拉甘西特灣，引水船上的船員發現一隻大鯨魚的屍體被船頭刺穿，後來發現這是隻幼藍鯨，大概是在加拿大新斯科細亞省外海被撞死，一路帶到港口都沒人發現。（這隻鯨魚的骨骸目前在新貝德福德捕鯨博物館展出，玻璃纖維做成的新脊椎取代了原先破碎的脊椎。）在聖羅倫斯河，希爾斯的藍鯨檔案中大概有六分之一的藍鯨身上帶有船隻碰撞造成的疤痕或深深的傷口，其中一隻連尾鰭都沒了。每年大約有五千艘大船經過萊塞斯庫明，這裡也是藍鯨聚集的地點，從一九九七年開始，就有一艘以一小時三十海里行駛的渡船奔馳在南北兩岸之間。目前還沒有傳出這一帶的藍鯨被船撞死，不過希爾斯說：「如果是長達九十公尺的大船，那就像是人被一輛重型貨車撞上一樣，鯨魚大概會被撞到開膛剖肚，跌落海底，我們卻完全不知道。」

北太平洋東部是唯一藍鯨大量被船隻撞死的地方，不過從一九八〇年到二〇〇六年也只有六隻藍鯨被撞死。後來在二〇〇七年九月，在恐怖的三個禮拜之內，三隻藍鯨死在聖塔芭芭拉海峽，這三隻骨頭都碎了，顯然是被船撞死的。會不會是有什麼東西擾亂了藍鯨的方向感？有人認為是軍用聲納或毒海藻群發出的軟骨藻酸，不過從來沒有得到證實。會發生這場大屠殺，可能是海峽的航運太繁忙了，那年夏天海峽的磷蝦偏偏又多到不行，所以吸引了大批藍鯨聚集。之所以會相撞，一開始可能是藍鯨與船上的船員都沒看到對方，等到看到已經來不及了，所以即使是大船，航向藍鯨的時候聲音也是出奇地小。吉爾與莫莉絲的研究範圍是澳洲南部外海，那裡的航運也很繁忙。他們有一次看到船隻距離藍鯨都不到四百五十公尺了，那隻藍鯨才開始左閃右躲。

除了航運之外，現在人類活動並沒有給藍鯨帶來太大麻煩。不少北大西洋露脊鯨是被漁具糾纏而死，體型碩大的藍鯨比較不用擔心這個問題。希爾斯發現聖羅倫斯河的藍鯨很多身上都有魚網、魚鉤造成的疤痕，不過從一九七九年至今，只有三隻藍鯨是淹死的。比較大的問題是在藍鯨離岸較近的地區，賞鯨人愈來愈多。美國與加拿大將藍鯨列為瀕臨絕種物種，加以保護，這兩個國家的賞鯨船必須距離藍鯨至少九十公尺遠，也不能長時間跟在藍鯨後頭。愈來愈多觀光客到智利外海賞鯨，根據新規定，賞鯨船在智利外海必須距離藍鯨大約兩百七十五公尺遠。並不是每一艘賞鯨船都守規矩，有時候海上的賞鯨船太多，也會影響到藍鯨。希爾斯就看過六、七艘賞鯨船在聖羅倫斯河上追著一隻藍鯨跑，蒙特瑞灣也擠了一大堆賞鯨船，科學家在賞鯨旺季根本沒辦法研究。樂觀的人可能會說僅僅在二十五年前，加州外海根本沒有半隻藍鯨，科學家也好，賞鯨客也好，想看還看不著呢！

希爾斯在一九九六年七月第一天到冰島的時候，就從格林達維克小漁村搭船出海。他遇到將近五十隻虎鯨，還有一些小鬚鯨與幾隻大翅鯨。光是看到這些就足以讓希爾斯回味一輩子了，不過他印象最深刻的是遇到兩隻藍鯨仔鯨跟在母親身邊。在夏天在冰島外海看到藍鯨仔鯨沒什麼好奇怪的，真正讓希爾斯心裡不舒服的是他這麼容易就看到母鯨帶仔鯨。他每年都花上一百天在聖羅倫斯河，只看到十七隻仔鯨。現在到了北大西洋東部，才第一天就看到兩隻。後來還看到更多，希爾斯帶領團隊在十季之間僅僅花了四十天左右，在冰島看到的仔鯨數量就跟在聖羅倫斯河三十年看到的一樣多。

生育能力是任何物種復育的關鍵，母鯨帶著仔鯨到覓食地，就是一個好現象。看來北太平洋東部的藍鯨會定期育種，希爾斯與卡拉博克迪斯在下加利福尼亞半島看到很多仔鯨，加州外海也有很多。智利外海到處都是仔鯨，光是二〇〇六年就看到十隻。希爾斯到冰島第一天就發現北大西洋東部的仔鯨數量也愈來愈多。事實上，這整個族群數量也愈來愈多，可能超過一千隻。希爾斯不確定西部族群有沒有成長。（標準的標識再捕法在聖羅倫斯河不管用，因為樣本並不是隨機分布，有些藍鯨每年固定會回到聖羅倫斯河，但是有三分之一只出現過一次。）聖羅倫斯河的仔鯨這麼少，希爾斯大惑不解，為何其他地方的藍鯨繁殖速度比加拿大東部的藍鯨快得多？

他思考過幾個可能的原因。一個是在春季往北走的母鯨就是要遠離聖羅倫斯灣。「那就真的很意外。」希爾斯說。如果母鯨與仔鯨不會進入聖羅倫斯河，那希爾斯看到的藍鯨絕大多數都會是雄鯨，但是事實並非如此。「我們在這裡看到很多成熟的雌鯨，雌鯨、雄鯨的比例應該各占一半吧！雄鯨稍微多一些些，不過不會多出太多。」另外一個可能的原因是聖羅倫斯河的污染物可能影響到藍鯨的繁殖，科學家很久以前就發現河口赫赫有名的白鯨體內有大量污染物，而且河口的白鯨生育率也一直不如北冰洋的白鯨。那藍鯨會不會也受到水裡有毒物質的影響？

聖羅倫斯灣北岸人口不算多，當地居民不到四十萬人，沒有一個城鎮人口超過四萬，農業與重工業並不發達。不過這一帶位於北美五大湖與聖羅倫斯河的下游，北美五大湖與聖羅倫斯河都是大批都市人口聚集的區域。夏格內河盆地的水也流入聖羅倫斯灣，夏格內河也是幾間紙漿廠、造紙廠與鋁熔爐的聚集地。再說這裡一直都有空氣污染物，結果就是海洋生態系受到嚴重污染。在聖羅倫斯灣與河口，多氯聯苯、DDT、六氯環己烷等污染物應有盡有，簡直跟化學廠沒什麼兩樣，這些很多都是殺蟲劑的成分。雖然這些物質現在都已經禁止或限制使用，有些還是需要很長時間才會分解，當地的空氣與沉積物還是可以發現大量污染物。動物把污染物吃下肚，毒素就會累積在脂肪細胞中。食物鏈從浮游植物、磷蝦、魚類一直到鯨魚，每跳一級毒素濃度就愈高。體內有脂肪的海洋哺乳類也會累積污染物，不過一直到一九八〇年代末，沒有人知道聖羅倫斯河的鬚鯨體內到底有多少污染物，希爾斯決定研究這個問題。

自一九八八年起，明根研究站的研究人員就在採集聖羅倫斯河的鬚鯨的檢體，也把許多鯨脂樣本送到安大略省彼得伯勒的川特大學化驗，那裡可以檢驗出幾十種長期存在的污染物。初步結果發現藍鯨體內DDT的濃度比大翅鯨、長須鯨、小鬚鯨都高，不過樣本很少就是了。負責分析的科學家認為藍鯨分解DDT的速度可能比其他鬚鯨慢。後來的一項研究將大翅鯨與藍鯨比較，發現兩者體內多氯聯苯濃度差不多，但是藍鯨體內的多氯聯苯氯化程度更高。這實在出人意表，因為大翅鯨會吃魚，藍鯨只吃磷蝦。生物在食物鏈裡的階級愈高，體內長期存在的化合物的濃度就愈高，而魚類在食物鏈中至少比磷蝦高出一級，所以一般會以為大翅鯨體內的濃度較高，不會跟藍鯨差不多，更不可能比藍鯨少。最後，這項研究也發現大翅鯨的仔鯨體內污染物的濃度和母鯨一樣高，顯然長期留在體內的污染物會透過哺育傳給下一代。研究並沒有採集到藍鯨仔鯨的樣本，說來好笑，當初就是因為沒看到藍鯨仔鯨，才會展開這項研究，不過雌藍鯨應該也會透過哺育將污染物傳給仔鯨。

所以藍鯨在聖羅倫斯河生產仔鯨數量比較少，是不是因為環境污染影響生育？這些污染物的確對其他物種造成嚴重影響，巢居的鷹與隼吃進DDT對健康影響很大，產下的卵會變得很脆弱，大多數在孵化之前就破掉了。小鬚鯨曾在北美五大湖相當普遍，研究發現多氯聯苯會嚴重影響雌小鬚鯨的生育能力。但是比起其他深受影響的鯨種，這些化合物在聖羅倫斯河藍鯨體內的濃度低得多。就算是藍鯨的鄰居白鯨體內化合物的含量也比藍鯨高至少一百倍。不過希爾斯在冰島海域採集了不少藍鯨的檢體，發現這個生殖力強的族群體內的污染物含量要少得多。所以也許少量的污染物就會影響藍鯨的生殖能力。無論如何，污染物對聖羅倫斯河其他鬚鯨的育種並沒有造成影響。「光是在明根，大翅鯨一年就生出十五隻仔鯨。長須鯨二〇〇五年就生出十一隻仔鯨。」希爾斯說，「也許我們在這裡看到的大翅鯨與長須鯨不會跑到河口的上游，所以不會到污染最嚴重的地方覓食。也許磷蝦體內的脂肪團的多氯聯苯含量更高，我們現在還不確定。聖羅倫斯河的磷蝦的分析資料不多。」希爾斯很想做這項研究，但是加拿大政府沒興趣資助。「我打電話給一位毒物學家，他說：『他們不想知道，他們不想再聽壞消息了。』他們聽了白鯨的壞消息，已經受夠了。」

至於藍鯨的復育，不只在北大西洋，還有在全世界所有海域的復育，還有可能受到兩個因素影響，不過這兩個因素也需要深入研究才能徹底了解。第一個就是氣候變遷，氣候變遷會影響藍鯨最重要的覓食海域，好消息是雖然隨著環境變化，上升流每年出現的地方都不一樣，甚至每個禮拜都不一樣，藍鯨還是可以找到食物充足的上升流海域。衛星標示器回傳的資料也一再顯示藍鯨為了覓食可以不辭勞苦長途跋涉。北太平洋東部的藍鯨發現阿拉斯加灣的獵物減少，就會在夏季跑到更南的海域覓食。但是目前沒人知道海面平均溫度升高對全球磷蝦族群的影響有多大。南冰洋冬季平均氣溫在過去三十年已經升高了攝氏兩度，而且某些地方的海冰也一直後退。海冰減少，浮游生物也會隨之減少。科學家已經發覺在南極的某些區域，磷蝦的數量在過去三十年已經減少了八成。不過南極其他區域的海冰倒是愈來愈多。氣候變遷對所有物種來說都是揮之不去的隱憂，對人類也不例外，但是對藍鯨的影響到底有多大，目前還是未知數。

第二個潛在的問題是海裡的噪音愈來愈多，軍艦與商船現在都會定期進行試驗，發出大聲的低頻率聲脈衝，找出潛艇的位置，或者尋找海底的石油與天然氣。大部分的海洋生物都不會受這些聲音影響，但是鬚鯨不一樣。藍鯨與長須鯨發出的聲音很小，牠們的耳朵就只習慣這種聲音，很多科學家擔心一直給牠們聽大聲的人造聲音會傷害牠們。已經有明顯的證據顯示有些喙鯨就是死在中頻率的海軍聲納之手，從一九九五年至今，軍事試驗已經引發三起大規模喙鯨擱淺事件。

克羅、克拉克與卡拉博克迪斯等人一九九七年在加州聖尼古拉斯島外海進行為期五周的試驗，研究長須鯨與藍鯨對低頻率聲音的反應。美國海軍允許他們使用一艘軍艦的聲納系統，研究人員仔細監測了這一帶的鯨魚，看看牠們聽到聲音之後，覓食行為與叫聲會不會改變。研究人員也儘量辨認個體，看看同樣一批鯨魚是會回到這裡，還是會避開這裡。研究發現鯨魚對聲音並沒有特別反應，鯨魚主要還是跟著磷蝦跑，不怎麼受噪音影響。這是好現象，不過克羅等人認為低頻率聲音的影響可能要慢慢累積才會顯現出來，就好像溫室氣體在大氣層慢慢累積一樣。如果藍鯨為了要找伴侶，真的會隔著很遠的距離溝通，那要在吵鬧的大海中溝通想必非常困難，也會影響藍鯨的復育。如果真是這樣，那個在一九七〇年代振奮鼓舞環保人士的畫面，也就是孤伶伶的藍鯨在空蕩蕩的大海呼叫同伴的畫面，可能需要修正了。可能要改成很多藍鯨都在呼叫，但是因為海裡實在太吵了，誰也聽不見誰。

歷經捕鯨時代的大屠殺後，南冰洋現在還剩多少藍鯨？三人委員會在一九六三年估計只剩六百隻，之後這個問題就爭議不斷。十年之後，南冰洋的藍鯨數量大概在一百五十到八百四十隻之間。研究人員從一九七〇年代末至今完成了三項南極大陸周邊海域的調查，每一項都花了幾年時間才完成。雖然這幾項調查沒有一項是要計算藍鯨的數量，觀察人員的確記下了他們看到的所有鯨種，科學家就用這些資料估計現存藍鯨的數量。初步的結果並不樂觀，第一輪的調查在一九七八到一九八四年之間完成，結果發現只有四百五十三隻。「紐約時報」與其他文章就引用這個數字，大呼藍鯨快要絕種了。第二輪調查在一九八五至一九九一年完成，估計南冰洋約有五百五十九隻藍鯨，雖然比之前的數字多了二成三，還沒有到開香檳慶祝的地步。第三輪調查到了二〇〇一年還沒完成，不過初步估計是一千一百隻，比之前的數據幾乎多了一倍，但是大部分的科學論文還是說南極藍鯨在數十年的禁獵保護之後，還是沒有復育的跡象。

這裡必須要強調，這樣「數鯨頭」的誤差範圍是很大的。這就跟截線抽查法一樣，族群估計值是從實際目睹的次數推算的，但是在二〇〇一年之前，勘查船隊一年頂多看到七隻藍鯨，因為數量實在太少，藍鯨的統計模型就比小鬚鯨之類比較普遍的鯨種來得不可靠。不過如果南極藍鯨的數量真的從一、兩百隻成長到一千多隻，那真是個好現象。布蘭屈在華盛頓大學攻讀博士學位的時候，就來研究藍鯨的數量到底是不是真的增加。他一開始先蒐集所有南冰洋鯨魚與生態系統研究的資料，再與日本人的資料（最早可溯及一九六八年）結合起來。接著他思考一些生物因素，比方說藍鯨幾歲達到性成熟、藍鯨的壽命有多長、生產仔鯨的頻率，還有雄鯨、雌鯨的比率（這些統統都沒有定論，只能抓個大概）。他也參考了其他鬚鯨類數量增加的速度，看看能有多快。研究完成之後，他的統計模式顯示南極藍鯨每年數量增加百分之一．四到十一．六，最有可能的成長率應該在百分之七．三。他認為一九九六年的族群規模應該是一千七百隻左右，比之前的估計值高出許多。

布蘭屈在國際捕鯨委員會二○○三年在柏林召開的會議發表初步研究結果，之前評估南極藍鯨族群的科學家都投以懷疑的眼光。他們很多人都認為這麼大的增幅在生物學上是不可能發生的，因為藍鯨每兩、三年才生出一隻仔鯨，而且除了南極之外，只有冰島外海的藍鯨族群也在增加，據說是一年成長百分之四．九，即使是這個數據都還有爭議。隔年布蘭屈發表根據反對意見修正過的模型，這次那些科學家可就「一致認為這項研究比先前的研究進步許多」。有些還是質疑那個百分之七．三的數據，布蘭屈也大方承認實際的數據可能更低，也可能更高，不過他也說重點是藍鯨的數量逐漸增加，而不是愈來愈逼近絕種。後來在二○○七年發表的追蹤研究也證實藍鯨的數量的確在增加，同時表示最近一次調查涵蓋了南緯六十度以南無冰海域的百分之九十九．七，結果發現藍鯨的數量超越以往，估計約有兩千兩百八十隻。

一般人可能認為環保主義者與科學家聽到這個消息會同聲歡呼，沒想到他們的反應有點冷淡。一部分的原因可能是有些人質疑布蘭屈的研究方法。布蘭屈採用的統計模型極其複雜，即使學過統計學的人可能都搞不懂。但是先前顯示南極藍鯨瀕臨絕種的調查方法同樣複雜難懂，這些調查方法當時在一九八九年可是大肆占據新聞版面。相較之下，媒體似乎對藍鯨族群復育的消息沒那麼感興趣，這也難怪，就像記者常說的，報紙頭版頭條絕對不會是「飛機平安降落」。赫赫有名的「自然」雜誌的一位審查人把布蘭屈的論文打了回票，竟然還說：「如果這個研究結果說的是真菌而不是鯨魚，那我看這篇論文根本發表不了。」

這一切的背後也有政治的力量介入。環保團體與研究學者一向不喜歡讓太多好消息見報。他們要靠政府與民間的資助過活，如果他們保護的是瀕臨絕種的動物，那才會有更多人關注、贊助他們的工作。所以藍鯨慢慢復育就好了，因為這樣可以證明他們做的事情已經奏效，如果藍鯨復育得太厲害，百分之七對藍鯨族群來說算很厲害了，那好像就不必勞駕大家搶救了。「不用再擔心南極的藍鯨了，研究顯示牠們數量還挺多的呢！」不過在這種情況，實在不應該這麼自大。想像一下，你在一九二九年股市大崩盤之前在紐約證券交易所投資了二十四萬美元買股票，一夜之間你的持股價值只剩三百六十美元。你沒有跳樓了此殘生，而是把全部的三百六十美元拿出來投資，鎖定每年百分之七的報酬率，這樣可以打敗大盤，但是十年後你還是只有六百一十九美元，五十年後，你的持股值九千兩百六十二美元。你要到哪一年才會看到回本的希望呢？同樣的道理，就算南極藍鯨的數量是以每年百分之七成長（這還算夠樂觀了），那也要到二〇六八年才會接近捕鯨時代之前的數字。

過度強調藍鯨的復育情形還有一個風險，那就是國際捕鯨委員會的內部鬥爭。一九七二年，美國在委員會在倫敦召開的年會拿出第一份暫停商業捕鯨的提案。那個時候國際捕鯨委員會有十四個會員國，只有四國投贊成票。提案需要四分之三多數同意才能通過，當然就敗北了。接下來的十年，每年都有人提出類似的提案，每年都跨不過門檻。不過在一九七九年之後，國際捕鯨委員會歷經了迅速的轉變，新加入了二十三個會員國，壯大門面。這些會員國很多都是美國與環保團體招募來的，目的是要衝破暫停商業捕鯨的門檻。這招果然有效，一九八二年，國際捕鯨委員會在英格蘭的布萊頓開會，提案拿到二十五張贊成票，只有七票反對，還有五國棄權。商業捕鯨就在一九八六年告終（幾個投贊成票的國家，如牙買加、貝里斯、菲律賓與埃及，在提案通過之後沒多久就退出委員會了，有人說他們是人家拉來的人頭，看來此言不假）。在短短幾年間，國際捕鯨委員會就從一群共享商業捕鯨利益的國家，搖身一變成為志在消滅捕鯨業的非捕鯨國的聯盟。日本在退出國際捕鯨委員會十年之後，又在二〇〇二年在挪威、俄羅斯與冰島的支持下重返。日本一再遊說恢復商業捕鯨，要求國際捕鯨委員會允許獵捕他們認為可以永續生存的鯨種，最明顯的例子就是小鬚鯨，結果日本年復一年都失敗，不過在新世紀的開始，鐘擺似乎開始滑向另外一邊。二〇〇二年，國際捕鯨委員會又多了七個會員國，接下來的五年又多了二十一個會員國，這些國家幾乎沒有一個有捕鯨的歷史。環保團體經常批評日本用金援向開發中國家買票。到了二〇〇七年，國際捕鯨委員會有七十七個會員國，贊成與反對商業捕鯨的大概各占一半，兩個陣營都掌握不了四分之三的多數，不過日本領軍的陣營擴張的勢頭不弱。

日本人遊說重新開放商業捕鯨，主要是提出兩項理由。第一是鯨魚的食量太大，會影響到倚重漁業的國家的生計。每次只要有人罵日本在國際捕鯨委員會買票，日本人就回敬說開發中國家會支持捕鯨，是因為他們「擔心如果鯨魚族群持續擴張，海裡的魚一定會被吃光」。[6]日本科學家常說鯨魚每年要吃約三億到四．五億公噸的魚，比人類吃的多出三到六倍。就算這個數據是真的，那也跟南冰洋扯不上什麼關係，因為南極鬚鯨幾乎只吃磷蝦，而磷蝦的商業價值又很低。說到南冰洋，日本人又拿出另外一個理由，說太多鯨魚都在吃磷蝦，競爭太激烈，瀕臨絕種的鯨種會吃不到磷蝦，活不下去。日本農林水產省官員小松正之寫道：「到底是什麼在妨礙藍鯨的復育？大家都認為兇手不是人類，而是小鬚鯨。」[7]

日本人幾年來都聲稱南極有七十六萬隻小鬚鯨，比商業捕鯨全盛期的數量還要多出許多。國際捕鯨委員會的科學委員會在一九九〇年接受了這個數據，認為是當時最可靠的估計值，不過最近很多人也質疑這個數據，後來的調查發現小鬚鯨的數量從那時候開始下滑了六成五之多。小鬚鯨的數量應該不是突然下滑（調查的方法可能有問題），不過科學委員會在二〇〇一年表示沒辦法準確估計小鬚鯨族群的數量。但是日本捕鯨利益團體還是堅稱七十六萬的數據，他們說只要控制捕鯨的數量，小鬚鯨完全沒有絕種的問題（撇開道德問題不談，他們現在每年殺幾百隻小鬚鯨的確不會害南極小鬚鯨絕種）。的確，小松認為這種規模的捕鯨是藍鯨的未來的關鍵：

> 如果我們希望藍鯨復育到原先的規模，那就一定要殺掉大量的小鬚鯨。我們人類干預了自然法則，既然我們人類違反了自然法則，影響了自然界的平衡，我們就有義務負起責任，恢復自然界的平衡。[8]

許多科學家都說這種說法忽略了一個事實，那就是南極的生態系統以前曾經供給大得多的鯨魚族群，所以現在根本不會有爭奪資源的問題。不管怎麼說，要是認為日本人真心為藍鯨著想，那就太天真了。國際捕鯨委員會的長期代表大隅清治就毫不掩飾如果有一天藍鯨又變多了，日本人打算怎麼做，他說：「我們衷心期盼這個珍貴的資源有一天會（復育），數量變多，到時候人類又可以開始理性使用這個資源了。」[9]說「理性使用」真是天大的笑話，人類獵捕藍鯨從來就沒理性過。

說任何一個國家快要重新開放商業捕鯨，允許商船獵捕藍鯨，那也是危言聳聽。這種情況在短期內應該不會發生，但是日本人可能馬上又要開始提倡「殺藍鯨做研究」。一九八七年，也就是商業捕鯨正式終止的隔年，日本開啟了所謂的「科學捕鯨」計畫，每年殺幾百隻鯨魚，一直到現在還在進行。國際捕鯨委員會允許會員國核發「科學捕鯨」的特別許可，所以日本人這樣做並不犯法，但是「科學捕鯨」計畫在道德上、科學上都飽受批評。沒人能否認就是因為科學家研究了捕鯨時代留下的鯨魚屍體，我們對鯨魚生物學才能了解這麼多，但是除了日本科學家之外，沒幾個科學家會覺得為了研究繼續殺藍鯨有什麼意義。真的，日本人二十年來殺了一萬多隻藍鯨，「科學捕鯨」計畫發表在同行評審的期刊裡的論文還是寥寥無幾。（相較之下，日本人對「非致命」鯨魚研究的貢獻就極其珍貴，南極的SOWER調查就是一例。）「科學捕鯨」研究計畫得到日本政府大力資助，日本人這樣做主要是希望為商業捕鯨打開一扇巧門，靜待商業捕鯨重新開放的那一天。

「科學捕鯨」研究計畫獵捕的鯨魚可以加工處理，也可以做成食品販賣，國際捕鯨委員會允許這種做法，因為可以募集研究經費。現在在亞洲市場還是可以買到鯨肉，不過並非所有的鯨肉都是來自合法捕獲的鯨魚。在二〇〇〇年之前，日本的研究幾乎都聚焦在小鬚鯨，不過在一九九〇年代，一群平民科學家到日本與南韓市場購買鯨肉，他們做的DNA分析顯示大概只有一半是小鬚鯨肉。他們拿到至少二十四隻長須鯨、一隻大翅鯨、一隻藍鯨與一隻藍鯨長須鯨混種的基因藍圖，發現那隻藍鯨長須鯨混種是在一九八九年被冰島捕鯨人獵殺，這下子罪證確鑿，誰也別再說科學捕鯨是「適當管控的活動，只鎖定數量充足的鯨種」。

科學捕鯨最令人擔心的趨勢就是擴張速度相當快，也波及最近才開始復育的鯨種。日本人從二〇〇〇年開始擴展他們掛羊頭賣狗肉的研究，每年捕殺五到十隻抹香鯨，接著又是五十隻布氏鯨、一百隻塞鯨，而且他們每年還照樣獵殺五百多隻小鬚鯨呢！二〇〇五年，日本人又多殺了五百隻南極小鬚鯨，還增加了十隻長須鯨，一季下來總共殺了一千兩百四十三隻鯨魚。這樣還不夠的話，日本人又在二〇〇七年宣布他們要展開新計畫，在第一季就要殺五十隻長須鯨與五十隻大翅鯨。日本人說這個長期研究計畫的目的是要鎖定「小鬚鯨、大翅鯨與長須鯨，也許還有南極生態系的**其他鯨種**，這些鯨種都是南極磷蝦的主要天敵。」[10]在此同時，冰島的捕鯨人殺了一隻長須鯨，這是二〇〇六年十月禁獵以來冰島人殺的第一隻長須鯨。他們的理由是北大西洋長須鯨的存量已經復育到一個程度，可以承受有限度的捕鯨。

這些事情怎麼看都覺得只會愈演愈烈，難怪科學家與環保主義者不會一看到藍鯨族群增加就敲鑼打鼓。日本人可就不一樣了，一看到某些鯨種數量增加就唯恐天下人不知，就算拿出多數科學家都嗤之以鼻的數據也在所不惜。日本政府甚至宣稱大翅鯨與長須鯨已經復育將近三成，但是國際捕鯨委員會的科學委員會說這兩個鯨種成長率絕對不可能超過百分之十．六。目前還沒人宣布要獵藍鯨，但要是認為以後也不可能發生，那就太天真了。萬一藍鯨數量遽增，那恐怕就在劫難逃了。要說血淋淋的捕鯨史給了我們什麼明確的教訓，那就是捕鯨業無法自我約束。最有商業價值的藍鯨恐怕永遠無法高枕無憂。

藍鯨最大的敵人可能是人類的無知，我們對藍鯨的了解從一九八〇年代開始大增，但是還有很多未解開的謎團。科學家要想知道氣候變遷對藍鯨的影響，就必須更深入了解藍鯨如何覓食。科學家要想保護藍鯨最重要的棲息地，就必須更深入了解藍鯨複雜又難以捉摸的遷徙行為。比起一百年前的科學家，現在的科學家更了解藍鯨冬季的行蹤，但是可能永遠無法了解透徹，這樣也好。藍鯨這個有史以來地球上最大的生物並沒有虧欠人類。人類卻幾乎把世界上最神奇的動物追殺一空，對藍鯨的虧欠還沒償還完畢。我們應該繼續研究藍鯨的生活，用法律保護藍鯨不受殺戮，不過最重要的是我們應該放過藍鯨，還給藍鯨平靜的生活。

後記

寫這本書是一趟為期三年的旅程，長途旅行總會有些難忘的回憶、艱困的難關，還有結交新朋友的機會，這次也不例外。

希爾斯對我的恩情，我看我這輩子是還不完了。我以為他研究藍鯨三十年，應該會比較保護藍鯨，不喜歡一個自以為可以寫藍鯨書的外來人。沒想到他花了一堆時間跟我分享他的經驗（我每次拜訪他，天空就下起雨來，算是我送他的「謝禮」吧！），希爾斯幾十年來累積了這麼多心得，都沒有付諸文字。我希望這本書能略盡棉薄之力，把他的智慧與讀者分享。

我第一次和卡拉博克迪斯一同搭船出海的時候，就在他的船上暈船嘔吐，特別感謝他的包容體諒。他不但不介意，一個月後還邀請我跟他的團隊一起出海一個禮拜。後來我們多次交談，我發現他非常樂意和我分享他的發現，毫不保留。他也和希爾斯一樣，很想跟社會大眾分享他的豐富經驗。沒有他的幫忙，我絕對不可能完成這本書。

還要感謝華盛頓大學的布蘭屈多次抽空協助，又不斷給我加油打氣。他把他的研究慢慢講解給我聽，真的很有耐心，他也和我分享他那浩瀚的藍鯨文獻資料庫裡面的許多文獻，很多現在已經很難找了。他也幫我細心審閱整本書稿，糾正所有錯誤，我寫對的地方他也不吝讚美。

也要感謝「薩維森前捕鯨隊俱樂部」的創辦人梅克強，他跟我一起閱覽捕鯨業文獻，協助我判斷哪些是事實、哪些是神話，他查核資料真的是孜孜不倦，甚至跑到桑德菲奧德的捕鯨博物館，親自測量魚叉的長度，好讓我可以把確切的資訊寫進書裡。雖然他的健康狀況不是很好，他還是多次與我通電話、傳真，分享他在南極神奇的冒險經歷。多虧他安排，我才能訪問將近百歲的捕鯨老手貝克曼，沒有幾位記者能有這份殊榮。非常謝謝貝克曼先生與麥希森不吝分享他們擔任捕鯨砲手的生涯故事。

費雪說故事的能力一流，我聽著聽著，真的覺得身歷其境，好像和他一起置身捕鯨船一樣。他和夫人羅莉娜也幫忙蒐集、掃描南極捕鯨時代的幾張照片，我真的非常感激。讀者如果對費雪還有與他一起到南極的捕鯨人有興趣，我強烈推薦他自行出版的著作《設得蘭捕鯨回憶》。

唐尼爾維克羅茲幫我搜尋許多科學論文，找到一些我自己絕對找不到的外國資料。他攻讀博士學位，又剛成家不久，忙得不可開交，還是抽空讀了這本書的部分書稿，提供了一些意見，在此特別致謝。

感謝史丹芙、柏翠葛與奧蕾森耐心回答我對於她們的研究內容提出的問題，提供錄音資料，告訴我藍鯨聲學的知識。另外也要感謝康明斯審閱這本書聲學章節的部分內容、提供幾十年前的論文的重印本，並且幫我釐清早期藍鯨聲學研究人員扮演的角色，他現在已經退休，不在美國海軍服務了。

感謝熱心又耐心的卡特，還有他那棒到不行的影片，幫助我了解藍鯨的覓食習慣。我相信他一定會是第一個發明「磷蝦攝影機」的人。

此外還要感謝一路上所有接待過我的人。班琳與明根研究站的團隊接待我住進他們在魁北克的「家」，給我好吃好喝，又讓我有說有笑。感謝「約翰馬丁號」的船長貝萊弗邀請我去他那美輪美奐的家吃飯，特別感謝他在我於加州獨自行動時的陪伴。

我也很感謝紐約州漢普斯德霍夫斯特拉大學的梅爾維爾學者布蘭特，提供《白鯨記》中有關藍鯨的見解。

最後照例還是要感謝溫蒂、傑米與艾瑞克，謝謝你們三年來在晚飯時間聽我講鯨魚故事。

中英對照表

人名

凡爾納 Jules Verne
大隅清治 Seiji Ohsumi
小松正之 Masayuki Komatsu
巴洛 Jay Barlow
巴納姆 P. T. Barnum
加藤秀弘 Hidehiro Kato
卡托納 Steven Katona
卡拉博克迪斯 John Calambokidis
卡波布蘭科 Cabo Blanco
卡恩 Benjamin Kahn
卡特 Brian Kot
古蒂特雷茲 Alejandro Acevedo-Gutiérrez
史丹芙 Kate Stafford
史卡蒙 Charles Scammon
史考特 Robert Falcon Scott
市原忠義 Tadayoshi Ichihara
布萊斯 Edward Blyth
布蘭屈 Trevor Branch
瓦特金斯 William Watkins
吉布森 John Gibson
吉爾 Peter Gill
吉爾派翠克 Jim Gilpatrick
艾利斯 Richard Ellis
西巴爾德爵士 Sir Robert Sibbald
西格斯貝克 Johann Siegesbeck
西脇昌治 Masaharu Nishiwaki
伯恩斯 R.H. Barnes
伯梅斯特 Hermann Burmeister
克拉克 Chris Clark
克羅 Don Croll
希爾斯 Richard Sears
杜赫斯特 Henry William Dewhurst
沃思 Alex Werth
貝克曼 Hans Bechmann
裴里曼 Wayne Perryman
裴恩 Roger Payne
彼得森 Alex Peterson
拉爾森 Carl Anton Larsen
林奈 Carolus Linnaeus
法蘭西斯 John Francis

阿希 Christopher Ash
威勒 John Wheeler
柯普 Edward Drinker Cope
查德維克 Douglas Chadwick
柏翠葛 Catherine Berchok
胡克蓋特 Rodrigo Hucke-Gaete
莫瓦特 Farley Mowat
莫莉絲 Margie Morrice
韋伯 Douglas Webb
唐尼森 J. N. Tønnessen
唐尼爾維克羅茲 Thomas Doniol-Valcroze
夏樂頓 Ernest Shackleton
庫克 James Cook
泰希 Bernie Tershy
班可 Fred Benko

班琳 Andrea Bendlin
紐柯克 Sharon Nieukirk
紐頓 George Newton
紐賓 Nubbin
馬歇爾 Greg Marshall
勒杜克 Rick LeDuc
康明斯 William Cummings
康格里夫 William Congreve
康薇 Carole Conway
強森 A.O. Johnsen
梅克強 James Meiklejohn
梅林傑 David Mellinger
梅特 Bruce Mate
梅爾維爾 Herman Melville
連恩 Lauriat Lane Jr.
麥克洛林 W. R. D. McLaughlin

麥克修 J. L. McHugh
麥克維 Scott McVay
麥希森 Alf Mathisen
麥金塔 Neil Mackintosh
斯科斯比 William Scoresby
斯摩爾 George Small
湯普森（捕鯨人） John Thompson
湯普森（海軍科學家） Paul Thompson
萊斯 Dale Rice
費雪（生物學家） F. C. Fraser
費雪（捕鯨人） Gibbie Fraser
奧蕾森 Erin Oleson
楚爾 Frederick True
瑞秋卡森 Rachel Carson
嘉樂蒂 Bárbara Galletti

福因　Svend Føyn
維利耶　A. J. Villiers
德拉羅什　Anthony de la Roche
摩爾　Sue Moore
薛維爾　William Schevill
藍普　Christian Ramp
蘭柏森　Richard Lambertsen

動物

三趾鷗　kittiwake
大西洋海雀　Atlantic puffin
大翅鯨　humpback whale
小黑頭鷗　Bonaparte's Gull
小嘴黑鱸　smallmouth bass
小藍鯨　pygmy blue whale
小露脊鯨　pygmy right whale
小鬚鯨　minke（*Balaenoptera acutorostrata*）
弓頭鯨　bowhead
巴基鯨　Pakicetus
毛鱗魚　capelin
牛蛙　bullfrog
北方藍鯨　Northern blue whale
北美野山羊　mountain goat
北海獅　northern sea lion
北象海豹　northern elephant seal
卡辛氏海雀　Cassin's Auklet
布氏鯨　Bryde's whale
玉筋魚　sand lance
甲殼動物　crustacean
白眼魚　walleye
白鯨　beluga
灰海豹　gray seal
灰鯨　grey whale
抹香鯨　sperm whale
虎鯨　orca
虎鯨夏慕　Shamu the orca
長須鯨　fin whale（finback）
南非小斑馬　quagga
南極小鬚鯨　*Balaenoptera bonaerensis*
南極磷蝦　*Euphausia superba*
南極藍鯨　Antarctic blue whale
帝王企鵝　emperor penguin
候鴿　passenger pigeon
格陵蘭鯨　Greenland whale
海狗　fur seal
海豚飛寶　flipper the dolphin

浮游動物 zooplankton
隼 falcon
瓶鼻海豚 bottlenose dolphin
喙鯨 beaked whale
斑海豹 harbour seal
毯魟 manta ray
港灣鼠海豚 harbour porpoise
游走鯨 Ambulocetus natans
絨鴨 eider duck
塞鯨 Sei whale
鼠海豚 porpoise
寬鼻鯨魚 broad-nosed whale
箭毒蛙 poison dart frog
蔓腳類海生甲殼動物 barnacle
齒鯨 odontocete
橈腳類 cope pod
穆斯科鯨 Musco whale
磷蝦 krill
磷蝦類euphausiid
磺底鯨 sulphur-bottom
鵜鶘 pelican
鯨豚類動物 cetacean
鯨類 Cetacea
鯨鬚 baleen
鯨鬚板 Baleen plate
露脊鯨 right whale
鬚鯨 baleen whale
鬚鯨科 Balaenopteridae
鬚鯨屬 *Balaenoptera*
鮣魚 remora, sucker fish

地名、研究機構

二至七畫

七島 Sept-Iles
下加利福尼亞半島 Baja Peninsula
大西洋中洋脊 Mid-Atlantic Ridge
大陶半島 Taitao Peninsula
小巽他群島 Lesser Sunda Islands
巴斯海峽 Bass Strait
文圖拉 Ventura
爪哇島 Java
加拉巴哥群島 Galapagos Island
加斯佩半島 Gaspe Peninsula
卡波布蘭科 Cabo Blanco
卡斯卡迪亞研究中心 Cascadia Research Collective

古地中海 Tethys Sea
古利德維肯 grytviken
史密森尼學會 Smithsonian Institution
弗里曼特爾 Fremantle
弗洛勒斯島 Flores
弗萊明角 Flemish Cap
瓦爾迪維亞 Valdivia
伊里安查亞 Irian Jaya
安蒂科斯蒂島 Anticosti I.
米歇爾岬 Pointe a Michel
伯斯峽谷 Perth Canyon
貝科莫 Baie-Comeau
里木斯基 Rimouski

八至十畫

亞南極 subantarctic
亞速群島 the Azores
孟加拉皇家亞洲學會 Royal Asiatic Society of Bengal
拉姆巴塔島 Lembata
拉瑪克拉村 Lamakera
拉瑪樂拉村 Lamalera
拉霍拉 La Jolla
明根 Mingan
明根島鯨豚研究站 Mingan Island Cetacean Study（MICS）
明根群島 Mingan Islands
波特努夫塞默市 Portneuf-sur-Mer
法拉隆灣海洋保育區 Gulf of the Farallones Marine Sanctuary
阿拉斯加灣 Gulf of Alaska
阿洛島 Alor
阿留申群島 Aleutian Islands
阿森松島 Isla Ascension
阿德萊德 Adelaide
亭可馬里 Trincomalee
南冰洋 Southern Ocean
南極聚合帶 Antarctic convergence
帝汶島 Timor
科可瓦索灣 Gulf of Corcovado
科莫多島 Komodo
科莫多國家公園 Komodo National Park
科提茲海 Sea of Cortez
美林卡 Melinka

茅利塔尼亞 Mauritania
迪戈加西亞 Diego Garcia
哥斯大黎加圓突區 Costa Rica Dome
夏洛特皇后群島 Queen Charlotte Islands
夏格內河 Saguenay River
桑德菲奧德 Sandefjord
泰道沙克 Tadoussac
海底峽谷 submarine canyon
班達海 Banda Sea
索洛島 Solor
紐芬蘭大淺灘 Grand Banks
翁拜海峽 Ombai Strait
馬塔梅克研究站 Matamek Research Station

十一至十五畫

婆羅洲 Borneo
理查德斯托克頓學院 Richard Stockton College
莫斯蘭丁海洋實驗室 Moss Landing Marine Laboratories
荷巴特 Hobart
設得蘭群島 Shetland
堪察加半島 Kamchatka Peninsula
斯瓦爾巴特 Svalbard
智魯島 Chiloe
發現灣 Discovery Bay
萊塞斯庫明 Les Escoumins
隆格潘特德明根 Longue-Pointe-de-Mingan
塔斯馬尼亞 Tasmania
新年岬角 Point Ano Nuevo
新南威爾斯 New South Wales
新斯科細亞大陸棚 Scotian Shelf
楠塔基特島 Nantucket
概念岬角 Point Conception
聖塔芭芭拉海峽 Santa Barbara Channel
聖羅倫斯河 St. Lawrence River
聖羅倫斯灣 Gulf of St. Lawrence
雷耶斯岬角 Point Reyes
圖佛德灣 Twofold Bay
福雷斯特維爾 Forestville
維多利亞 Victoria
維德角 Cape Verde

十六畫以上

書籍、戲劇電影

of the New York Academy of Sciences
《寂靜的春天》 *Silent Spring*
《現代捕鯨史》 *History of Modern Whaling*
《設得蘭捕鯨回憶》 *Shetland's Whalers Remember*
「發現報告」 Discovery Reports
《與鯨共舞》 *Among Whales*
《藍鯨》 *The Blue Whale*
瀕危物種紅色名錄 Red list of threatened and endangered species
《鯨目動物自然史》 *The Natural History of the Order Cetacea*

其他

二至五畫

二甲硫 dimethyl sulphide
上升流 upwelling
上升流地帶 upwelling area
大象金寶 Jumbo the Elephant
六氯環己烷 HCH
引水船 pilot boat
日內瓦管制捕鯨公約 Geneva Convention for the Regulation of Whaling
水中聲源定位 sound fixing and ranging
水中聽音器 hydrophone
水平層 horizontal layer
世界自然保護聯盟 World Conservation Union
加利福尼亞洋流 California Current
加速計 accelerometer
可回收資料記錄器 recoverable data loggers
打滑率 slip percentage
生物聲探測器 bioacoustic probe
生物聲辨識牌 bioacoustic tag
生產 calving
生殖 breeding
生殖族群 breeding stock
白星航運公司 White Star Line
白體 corpora albicantia

六至八畫

全國曲棍球聯盟 National Hockey League
全球觀測自動中繼系統 Argos system
冰緣線 ice edge
回音定位 echolocation
回聲測深儀 echo sounder
地面站 ground station
多氯聯苯 PCB
帆板運動員 sailboarder
托里斯號 Thoris
次聲波 infrasonic
低污染蠟燭 clean-burning candle
吸盤 suction cup
尾鰭 fluke
尾鰭凹刻 notch
角蛋白 keratin
刺網 gill net
和聲 harmonics
固態 solid-state
奔跑 course
定位信標 locator beacon
抹香鯨鯨腦油 spermaceti
拖曳車 tractor-trailer
拖網漁船 trawler
東太平洋脊 East Pacific Rise
板塊構造學說 plate tectonics
波尼上升流 Bonney Upwelling
泡綿條 foam collar
泛音 overtone
表型 phenotype
近親繁殖 inbreeding
長鏡頭 telephoto lens

九至十畫

南方士兵號 Southern Soldier
南方探險家號 Southern Venturer
南方掃帚號 Southern Broom
南冰洋鯨魚與生態系統研究 Southern Ocean Whale and Ecosystem Research
南極洲環流 Antarctic Circumpolar Current
威廉斯科斯比號 William Scoresby
威鯨王子展 The Prince of Whales

恆風 prevailing wind
柯氏效應 Coriolis effect
炸彈長矛 bomb-lance
相位偏移 phase shift
美國棒球聯盟 American League
英國殖民部 British colonial office
俯仰角 pitch angle
俯仰感測器 pitch sensor
原型標本 holotype
恩尼斯多先生號 Don Ernesto
扇椰子樹 lontar palm
捕鯨站 whaling station
捕鯨統計局 Bureau of Whaling Statistics
挪威語 Norse
氣動煞車 air brake
氣槍 air gun
泰諾 Tylenol
海克托捕鯨公司 Hector Whaling
海底山 seamount
海底地震 undersea earthquake
海洋盆地 ocean basin
浮游植物潮 phytoplankton bloom
真空泵 vacuum pump
神鷹快遞號 Condor Express
胸鰭 pectoral fin
胸鰭拍水 fin-slapping
航空攝影測量 aerial photogrammetry
航標船 buoy boat
高倍望遠鏡 high-power binocular

十一至十二畫

乾船塢 dry dock
偏航角 yaw
動物攝影機 Crittercam
區域群體 range herd
國家地理學會 National Geographic Society
國際捕鯨委員會 International Whaling Commission
國際管制捕鯨公約 International Convention for the Regulation of Whaling
基因多樣性 genetic variance
基因藍圖 genetic blueprint

基音 fundamental tone
密紋唱片 LP
屠宰工 lemmer
斜溫層 thermocline
深海聲道 deep sound channel
猛衝 lunge
異花受粉 cross-pollination
眶上突—下顎骨冠突韌帶 frontomandibular stay
舷外發動機 outboard
覓食地點 feeding site
軟式飛艇 blimp
軟骨藻酸 domoic acid
軟鐵 soft iron
都卜勒頻移 Doppler shifting
魚叉號 Lancing
魚群探測器 fish finder
創始者效應 founder effect
單筒觀測鏡 spotting scope
喉腹褶 throat pleat
喙形上顎 rostrum
測深儀 depth sounder
無線電發射器 radio transmitter
無線電遙測術 radio telemetry
發現號 Discovery
硝酸鹽 nitrate
硬殼橡皮艇 rigid-hulled inflatable
等溫層 isothermic layer
超音脈衝 ultrasonic pulses
超質大陸板塊 supercontinent
黃體酮 progesterone

十三至十六畫

奧林匹克挑戰者號 Olympic Challenger
微帕斯卡 micropascal
新塞維利亞號 New Sevilla
楠塔基特雪橇行 Nantucket sleight ride
極軌道 polar orbit
極高頻發射器 VHF transmitter
禁獵區 sanctuary
詹姆斯克拉克羅斯爵士號 Sir James Clark Ross
對偶基因頻率 allele frequency
截線抽查法 line-transect method

滾轉角 roll angle
漂網 drift net
綜合海洋監視系統 Integrated Undersea Surveillance System
蒸汽絞車 steam winch
蒸發器 evaporator
雌激素 estrogen
噴氣孔 blowhole
噴氣孔前衛 splash guard
標識再捕法 mark-recapture method
潟湖 lagoon
衛星標示器 satellite tagging
調幅 amplitude-modulated
適應性波束定向 adaptive beamforming
積冰群 pack ice
頻率降低 downsweep

十七畫以上

磷酸鹽 phosphate
聲波 sound wave
聲紋 voiceprint
聲納 sonar
聲納浮標 sonobuoy
聲納導流罩 sonar dome
聲脈衝 sound pulse
聲能 sound energy
聲透鏡 acoustic lens
聲發波道 SOFAR channel
聲源準 source level
聲學錄音組合 acoustic recording packages
鎂片 magnesium
歸檔標示器 archival tag
濾食 filter-feeding
薩維森公司 Christian Salvesen and Co.
薩維森前捕鯨隊俱樂部 Salvesen Ex-Whaler’s Club
藍鯨單位 blue whale unit
雜交 interbreed
雙軌帆船 Hobie Cat
額隆 melon
鯨夾 whale claw
鯨魚九三研究計畫 Whales’93
攝食生態學 feeding ecology
躍身擊浪 breaching
顳肌 temporalis muscle

圖片來源

Maps: Lightfoot Art and Design

Isabel Beasley/IWC:p.29; Kate Stafford:p.30; Richard Sears:p.34; New Bedford Whaling Museum:p.40; Hvalfangstmuseet (Whaling Museum), Sandefjord, Norway:p.63; Hvalfangstmuseet (Whaling Museum), Sandefjord, Norway:p.65; James Meiklejohn:p.74; Hvalfangstmuseet (Whaling Museum), Sandefjord, Norway:p.77; Gibbie Fraser:p.84; Richard Sears:p.120; Richard Sears:p.123; Richard Sears:p.129; Richard Sears:p.134; Dan Bortolotti:p.142; Cascadia Research:p.145; Richard Sears:p.146; John Calambokidis:p.157; Cascadia Research:p.161; Kate Stafford:p.164; Cascadia Research:p.184; Cascadia Research:p.188; Kate Stafford:p.207; Richard Sears:p.235; Peter Gill and Margie Morrice, Blue Whale Study:p.239; Isabel Beasley/IWC:p.269

你喜歡貓頭鷹出版的書嗎？

請填好下邊的讀者服務卡寄回，

你就可以成爲我們的貴賓讀者，

優先享受各種優惠禮遇。

貓頭鷹讀者服務卡

謝謝您講買： ______________________________ (請填書名)

為提供更多資訊與服務，請您詳填本卡、直接投郵（免貼郵票），我們將不定期傳達最新訊息給您，並將您的建議做為修正與進步的動力！

姓名：______________ □先生 □小姐　民國______年生　□單身　□已婚

郵件地址：□□□ ________ 縣市 ________ 鄉鎮市區 ______________

聯絡電話：公(0　)__________　宅(0　)__________　手機__________

■您的E-mail address： ______________________________

■您對本書或本社的意見：

您可以直接上貓頭鷹知識網（http://www.owls.tw）瀏覽貓頭鷹全書目，加入成為讀者並可查詢豐富的補充資料。
歡迎訂閱電子報，可以收到最新書訊與有趣實用的內容。大量團購請洽專線 (02) 2500-7696轉2729。
歡迎投稿！請註明貓頭鷹編輯部收。

廣 告 回 信
台灣北區郵政管理局登記證
台北廣字第000791號
免 貼 郵 票

104

台北市民生東路二段141號5樓

英屬蓋曼群島商家庭傳媒（股）城邦分公司

貓頭鷹出版社　　收